黄河水利委员会治黄著作出版资金资助出版图书

黄河下游区域工程地质

戴英生　著

黄河水利出版社
·郑　州·

内 容 提 要

本书系作者以区域工程地质学说为主轴,吸取相关学科学说的精华而融会贯通之,可以说以此为基础,穷毕生之力探讨根治黄河方策而撰写的专著。全书分六章,第一章概述黄淮海平原及其外围区域地质地貌结构特征;第二章简述黄淮海平原及外围大地构造轮廓及其形成演化史与平原地壳构造活动方式;第三章阐述黄淮海平原古地理的演化与古气候变迁;第四章详述黄河的形成发育与下游古黄河河道变迁史,并深入探讨了其中的若干问题;第五章深入探讨了黄淮海平原治理开发的重大区域工程地质问题;第六章剖析总结了历代治河方策及其成功经验与失败教训,并且重点探讨了今后黄河的治理开发途径与渤海的改造利用。

本书可为今后修改黄河治理开发规划及制订黄河流域国土整治计划与黄淮海平原经济区划提供工程地质依据,同时可供相关专业人员学习参考。

图书在版编目(CIP)数据

黄河下游区域工程地质/戴英生著. —郑州:黄河水
利出版社,2015.11
ISBN 978 - 7 - 5509 - 1278 - 6

Ⅰ.①黄… Ⅱ.①戴… Ⅲ.①黄河 - 下游 - 区域工
程地质 Ⅳ.P642.42

中国版本图书馆 CIP 数据核字(2015)第 269533 号

组稿编辑:李洪良 电话:0371 - 66026352 E-mail:hongliang0013@163.com

出 版 社:黄河水利出版社
    地址:河南省郑州市顺河路黄委会综合楼14 层   邮政编码:450003
发行单位:黄河水利出版社
    发行部电话:0371 - 66026940、66020550、66028024、66022620(传真)
    E-mail:hhslcbs@126.com
承印单位:河南省瑞光印务股份有限公司
开本:787 mm × 1 092 mm 1/16
印张:13
字数:300 千字   印数:1—1 000
版次:2015 年11 月第1 版   印次:2015 年11 月第1 次印刷
定价:48.00 元

前　言

　　黄河因水黄而得名。水之所以呈黄色,是因为沙多。多沙的原因在于河出积石峡便穿越广袤无垠的黄土高原与沙漠高原。加之域内气候干燥,土质疏松,暴雨集中,成为流域的主要产沙区。每到汛期,大量泥沙注入黄河,形成高含沙洪水,奔腾澎湃,狂泻于下游河道。于是,大量泥沙沿程落淤,造成河床严重淤积,致使河床日复一日、年复一年淤垫升高而成为悬河。悬河乃是不稳定之河。因此,下游黄河的安危系于泥沙。虽然泥沙多产于中游,但最大危害却集中于下游,故而治黄重点也应在下游。治理的首要任务,自然是除害,其次是兴利。确切地说,治黄的基本方针是"除害兴利,害在前利在后,只有先除害才能兴利。寓兴利于除害之中,乃是治黄的基本策略"。

　　以农耕文化为主体的中华民族的先民们,在进入华北平原拓展之时,就不断与黄河洪水进行不懈地斗争,写下了无数可歌可泣的治水诗篇,彪炳于史册。如鲧禹治水的传说即为其例。当然,传说不等于史实。不过,也可从中悟出古人治水之艰辛。尤其是战国修建堤防拦约洪水以来,河患与日俱增,治黄已成历朝历代统治者的重要国策,特别是西汉、北宋与明清,曾多次掀起治河方策的大争论。尽管每次争论均以大河自行改道而告终,然争论的起因与结局确实给人印象深刻。同时,后人亦可从中汲取教益。作者在研读文献史料时感慨殊多,且从中悟出两个发人深省的问题:一是必须深入开展华北平原成因、地质地貌结构与地质构造活动特点的研究,同时应深入探索这些问题对治黄观念更新的启迪与演变所产生的影响;二是尚须继续深入总结近两千年来工程治河的成败得失,以及具独创性治河思路历史人物的治河方策的再评价,剖析其历史价值,如王景治河、潘季驯治水之方略,以便从中汲取教益,拓展治黄新思路,避免重蹈前人覆辙。

　　作者在研究黄河的过程中对这两个问题进行了较为深入的探索,论述亦较为详尽,可供读者参考。作者之所以穷毕生之力研究黄河,缘由有二:一是乐趣(此即好知者不如乐知者);二是使命感(人的本能)。舍此,无其他杂念。

　　作者在几十年研究探索治黄方策的历程中,为了更深入更广泛地探讨黄河流域复杂的自然环境与地质现象,足迹遍布大河上下,通读了前人的著述与文献,以区域工程地质学说为立足点,汲取相关学科之精华,使之交叉,且博采众家之长而融会贯通之,独创研究根治黄河的全新学科——黄河区域工程地质学(权称"黄学"),以独特的视野观察黄河流域自然现象,用新颖的学术思想剖析黄河问题,从而提出根治黄河的良策。

　　在这里需要指出本著作提出的值得读者们认真思考的问题是:黄河河源的界定与论述、各河段流域水系网的形成与变迁;黄河干流河段与河道类型的划分和河流形成机理与发育控制机制;以及流域古地理、古气候、古水文等现象的演化,不仅论述详尽,而且还升华到新的理论高度,使之更具普遍性与指导意义,不单适用于黄河,同时可供研究其他大江大河的专家学者们参考借鉴。

再者，作者在年届古稀、耄耋之时，目睹黄河研究现状，深感有必要将平生研究黄河所积累的第一手材料，秉灯整理，形诸于笔端付梓，以飨读者。此可谓以老马自诩而自嘲吧！若后世有志于探索黄河问题者能将上述问题列为专题深入研究，对黄河的认识会更深入，也就不负作者厚望之殷了，则幸甚矣！

此外，《黄河下游区域工程地质》系《黄河中游区域工程地质》的姊妹篇，后者于1986年1月由中国地质出版社出版发行。因此，本书出版乃是《黄河中游区域工程地质》的延续，两者珠联璧合，通读之，可知晓黄河流域区域工程地质问题全貌。

还有，作者退休前，于20世纪80年代中期对今黄河下游河道及太行山、嵩山等地进行了地质调查研究，参加者有 阎太白 、李永乐、杨国平、阎明、杨俊川、刘同合等。再者，20世纪90年代初，作者对禹河故道进行了实地考察，随同考察者有何为乾。

此外，书中涉及的诸多试验与样品鉴定由众多单位与人员完成，兹列述如下，以志不忘：

郑州东郊237孔剖面样品古地磁研究，委托国家地震局地质研究所测定，1988年6月提交试验报告。

微古动植物化石鉴定，由地矿部华北石油地质局地质研究所实验室负责，付茂兰、朱达今、郭书元、王海新等鉴定。另有部分样品由北京市地矿局兰朝玉鉴定。

黏土与重矿物由河南省煤田地质实验室郑小凤鉴定。

全新统土样 C^{14} 年龄由中科院地化所乔玉楼测定。

土样物理力学性质测定，由河南省地矿局水文地质二队实验室完成。

黄土室内研究鉴定及化学分析，由河南省地矿局岩石矿物测试中心负责，分析者曾解金；镜片鉴定，由陕西省地矿局水文地质一队完成，鉴定者张馥珍；黏土矿物鉴定，由煤炭科学研究院西安煤田地质研究所负责，测试者任忠胜；有机质及孢粉含量分析，由地矿部、地科院水文地质研究所负责，孢粉鉴定者童国榜；热释光测试，由北京地震科学技术开发公司负责，测试者计凤桂；物理力学与水理性质测定，由河南省地矿局水文地质二队实验室完成。

书中插图，系河南省地质工程公司王利清绘。

凡上述单位与个人的帮助与协作，作者深表感谢，尤其是在研究下游黄河的历程中，深得龚思旸、杨保东两同志帮助鼓励，特致谢忱！

作者撰写本书的目的，意在抛砖，如果一石击起千重浪，引来诸多方家争鸣辩论，则万幸矣！

作 者

2015年6月

目　录

前　言

第一章　黄淮海平原及周边区域地质与地貌结构特征 ……………………………… （1）

　　第一节　区域地貌与地壳结构 ……………………………………………………… （1）

　　第二节　黄淮海平原及周边地区结晶基底的组成与主要特征 ………………… （6）

　　第三节　黄淮海平原及周边地区沉积盖层的组成与主要特征 ………………… （10）

第二章　黄淮海平原区域地质构造的基本特征 ……………………………………… （59）

　　第一节　黄淮海平原及其外围的大地构造轮廓 ………………………………… （59）

　　第二节　黄淮海断块的形成与演变 ……………………………………………… （64）

　　第三节　海黄裂谷系的形成与发育方式 ………………………………………… （70）

第三章　黄淮海平原古气候与古地理环境的演化 …………………………………… （78）

　　第一节　黄淮海平原古气候的变迁 ……………………………………………… （78）

　　第二节　黄淮海平原古地理环境的变迁 ………………………………………… （96）

第四章　下游黄河的形成发育与下游古河道变迁 …………………………………… （104）

　　第一节　黄河的形成发育 ………………………………………………………… （104）

　　第二节　下游黄河古河道变迁及黄淮海平原古水系网的演化 ………………… （119）

第五章　黄淮海平原治理开发的重大区域工程地质问题 …………………………… （136）

　　第一节　区域稳定性 ……………………………………………………………… （136）

　　第二节　下游黄河稳定性 ………………………………………………………… （163）

第六章　黄河的治理开发 ……………………………………………………………… （180）

　　第一节　历代治河方策 …………………………………………………………… （180）

　　第二节　当代黄河治理开发方策 ………………………………………………… （182）

　　第三节　黄河治理与开发途径 …………………………………………………… （191）

参考文献 ………………………………………………………………………………… （199）

第一章 黄淮海平原及周边区域地质与地貌结构特征

第一节 区域地貌与地壳结构

一、区域地貌结构特征

黄淮海平原,介于东经 113°23′~119°07′与北纬 31°38′~40°17′之间,为中国东部最大的大陆平原。展布范围:北界燕山,南抵大别山,西连太行—熊耳山,东邻千山(辽东半岛)—五莲山(山东半岛),中央低平,四周山系环绕,为长方形盆地,总面积 35 万余 km²。

然而,虽是平原,但盆地地势起伏仍很明显。总的说来,中部高、南北两头低,原因是泰山横亘于中部,西侧嵩山东延后倾伏于平原,故而形成中部隆起。况且,两隆起之间出现狭窄的低洼走廊。

可是,平原地势,除泰山隆起外,一般高度为 20~200 m。周边山地最高点高程:西部最高 3 058 m(山西五台山),次高者 2 400 m(伏牛山摩天岭)。可是,山麓地带海拔高度为 100~200 m,山前平原为 50~100 m;中部平原,西部 25~50 m,东部 5~25 m;东部滨海低平原低于 5 m。而泰山呈穹隆状,顶部海拔高 800~1 000 m,最高点 1 532 m。从山顶向四周降低,山麓地带降至 50~100 m。

然而,平原地势变化不仅受基底构造控制,而且还与区域地貌演变有密切关系。大致以今黄河为界可划分海黄、黄淮两平原及泰山隆起与渤海四个次级地貌单元(见图 1-1)。各次级地貌单元的基本特征分述如下。

(一)海黄平原

海黄平原除东南部边缘位于黄河之南外,其他地区均展布于大河之北。北抵燕山,南界黄河及泰山,西连太行山,东邻渤海。地势西南高东北低,呈楔形,面积约 14.08 万km²。

区内水系发育,以发源于太行山的海河水系为主,次为北缘滦河水系与展布于东南部的马颊河、徒骇河、金堤河、小清河等平原型水系,以及发源于泰山的大汶河等。由于诸河支系发育,形成平原水系网。诸河系的共同特点为河道弯曲、河床宽浅、纵比降小、水流缓慢。

平原的地貌结构主要由下列四类次级地貌单元组成。

1. 黄土台塬

呈台阶状、宽阔平坦的长条状平原,由中晚更新世至近代风积黄土堆积而成,称黄土台塬。断续展布于燕山南麓、太行山东麓及泰山北麓等地。

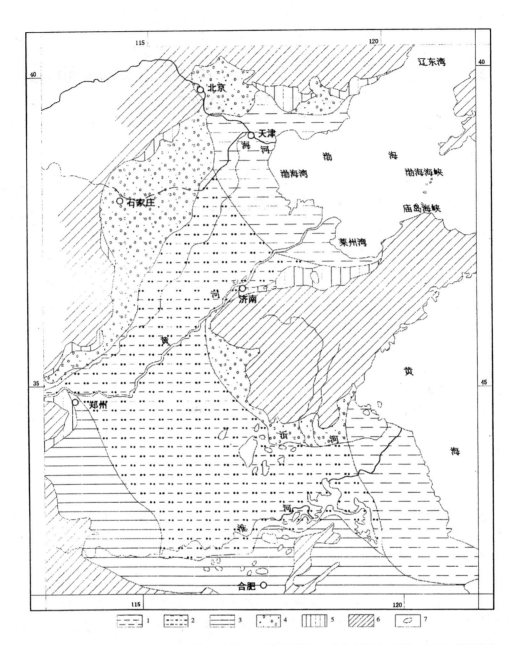

1—河湖海积平原；2—河泛平原；3—冲湖积平原；4—冲洪积平原；5—黄土台塬；6—基岩山地；7—基岩残丘

图 1-1 黄淮海平原地貌结构简图

2. 冲洪积平原

冲洪积平原为呈波浪起伏的山麓平原，由冲洪积扇群组成，主要展布于平原西部的山前地带，又称山前洪积倾斜平原。

3. 河泛平原

河泛平原指展布于平原中部的冲积平原。其结构下部为前早晚全新世冲湖积层，上部主要为晚全新世中后期以来黄河泛滥的冲积层，故称河泛平原。

4.河湖海积平原

河湖海积平原指展布于平原东部渤海之滨的河湖海积平原,海拔高度低于 5 m,由河湖海积相交互堆积而成。

(二)黄淮平原

黄淮平原位于黄河之南,西界伏牛山,东邻泰山丘陵与苏北平原,南连大别山。地势西北高,东南低,呈不规则的四边形,面积约 10.72 万 km^2。

该平原水系网发育,有两大河系:一是淮河;二是沂河。前者发源于桐柏山,东流入洪泽湖。支流十分发育,呈树枝状。但两岸水系不对称。北岸支流多发源于华北平原中部隆起带,属平原型河流,故而宽长,支系发育,弯曲度大;南岸者则发源于大别山,源近流短,纵比降大,弯曲度小。沂河发源于鲁山,南流至沭阳折向东,入黄海。

黄淮平原地貌结构亦由下列四类次级单元组成。

1.黄土台塬

台塬的成因,与海黄平原者雷同。唯分布范围较小,仅存在于平原北段郑州以西的边缘地带。

2.冲湖积平原

该类型平原展布于黄淮平原西南部,由第四纪冲湖积堆积而成。原面宽阔平坦,但仍有一定的起伏。尤其是南部合肥以北地带,多孑立的基岩残丘。

3.河泛平原

黄河泛滥平原,展布于黄淮平原中部,为组成平原的主体部分。原面平坦,由北向南缓缓倾斜。徐州一带地形起伏较大,出现众多的基岩残丘。

然原体构成,下部为前晚晚全新世冲湖积层,被覆其上者为近代(南宋至明清)黄河泛滥堆积层。

4.冲洪积平原

黄淮平原山前地带之冲洪积扇发育强度,远不如海黄平原,仅展布于平原东北部边缘山麓,由冲洪积扇群组成,称山前冲洪积倾斜平原。

(三)泰山丘陵

泰山丘陵展布于华北平原中段东侧,介于海黄与黄淮两平原之间,东侧以岩石圈断裂与胶东半岛分界,面积约 2.4 万 km^2。

域内地势起伏大,以海拔高度低于 500 m 的丘陵为主,尚有高程 500～1 000 m 的中低山夹杂其间,如泰山、鲁山、蒙山等。同时,布满众多的山间中新生代红色盆地。因此,山区地貌结构复杂。总体来说,呈穹隆状,水系以山体顶部为原点,向四周辐射,形成放射状水系。

然而,泰山丘陵主要由太古界杂岩构成,唯有顶部零星被覆古生代与中新生代沉积盖层,故而山势巍峨,屹立于平原中部东侧。

(四)渤海

渤海位于海黄平原东侧,东以山东与辽东两半岛为屏障,形成周边环陆的不规则带状湖泊,呈北东向展布,水域面积约 7.8 万 km^2。其组成除渤中海域外,北有辽东湾,西有渤海湾,南有莱州湾,东有海峡与群岛。

然渤海通过海峡与黄海连通,海峡间大小岛屿罗列,形成岛链,北为长山岛,南为庙岛。可是岛屿间的若干水道,则为海峡,宽大者:北有渤海海峡,南有庙岛海峡。

总的来说,渤海不仅水域面积小,而且水浅,除渤海海峡西口深达65 m外,其他水域均不超过25 m。特别是渤海湾与莱州湾,一般深5~15 m;辽东湾深5~20 m;中部海域深20~25 m。但各海域底部平坦,为堆积平原。

严格说来,渤海非海,而是咸水湖。晚更新世前乃是海黄平原的淡水湖,可是晚更新世古太平洋洋面出现三次大幅度抬升,由于海水入侵,湖水被咸化,则称为海。当古海水东撤,退出湖区,则又转化为淡水湖,如此往复转换。最近一次海水入侵,乃是早全新世,距今约一万年。

其实,渤海与海黄平原为同一构造体,即平原的东延部分,是为组成该平原的次级地貌单元。因其自然环境不同,故而单独列述。

(五)黄淮海平原块状地貌的形成机理

黄淮海平原四周被岩石圈或壳层断裂切割成为断块状地貌。由于诸断裂为高角度张性,平原处于下降盘,而整体下沉,四周山体位于上升盘,不断抬升。新生代以来华北陆块断裂构造运动强烈,黄淮海平原亦随之大幅度下沉而成为盆地。盆地内部各地貌单元间多被壳层或盖层断裂切割,形成了次级块状地貌。可是,各块状地貌体的构造活动特性不尽一致。其形态与演化的动力机制也有明显的差别,例如:

海黄平原(包括渤海)为张性裂谷体系,构造活动特点:由东北向西南方向收敛,沉降速度北大南小,呈锥形。地势变化,西南高、东北低。

黄淮平原由淮阳平原与泰山丘陵组成,主要特点如下:

淮阳平原为北升南降的掀式斜断块平原,因通(许)徐(州)隐伏隆起横亘于北部,故而缓慢隆升。加之位于海黄裂谷南侧,受其扩张推挤而抬升。南部位于大别板块俯冲带,受东秦岭大别微陆块俯冲活动影响而产生垂直差异性断裂活动。因此,出现一系列的断裂与隆起。不过,总体活动趋势还是下沉。故此,该平原北高南低,南部洼地易积水成涝。

泰山丘陵四周被深断裂或大断裂切割而隆起,矗立于平原中东部,长期遭受剥蚀,上升突起的时代主要是第四纪。

二、区域地壳结构特征

黄淮海平原地壳,具多层结构,原内及周边壳体被大断裂切割成若干断块。因此,平原由大小不等的断块拼凑而成,而诸断块形成的时代与方式不同,形状与组成物质及厚度也不尽一致,特分述之。

(一)原始地壳形成时代与组成物质

黄淮海平原陆壳的形成始于太古代,完成于早元古代。太古代时,今燕山与大别山之间为洋壳。据张兆忠等的研究,组成该时代地壳的原岩主要为超基性、基性火山岩与碎屑岩。然而,中部太行山、嵩山及泰山等地,中下部以基性火山岩及碎屑岩为主,上部则为酸性火山岩与碎屑岩。由此可见,诸地域壳体此时已隆升为岛弧。

(二)现代地壳结构与厚度变化

黄淮海平原及其周边山地地壳,以莫霍面作为与上地幔的分界线。再以康拉面为界划分上下两部分:上部由沉积盖层组成,称硅铝层;下部由玄武质岩层组成,称硅镁层。地壳厚度与康拉面埋藏深度的变化分述如下。

1. 地壳厚度的变化

总的来说,平原及周边山区地壳厚度变化趋势是:平原薄,山区厚,而平原自身的变化则是北薄南厚。具体变化状况如图1-2所示。

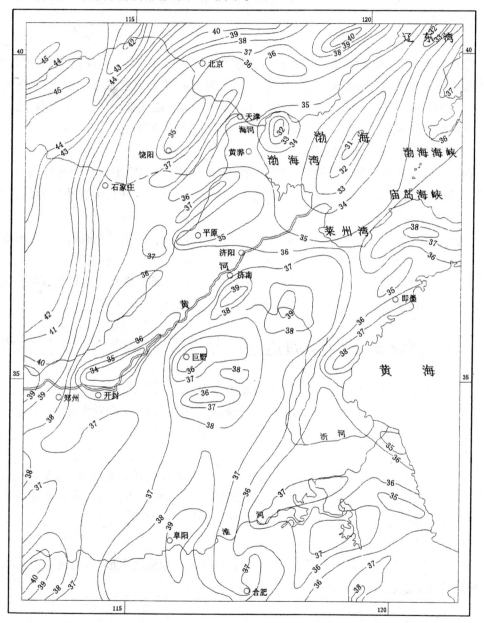

图1-2 黄淮海平原及周边地壳厚度(km)等值线图

海黄平原地壳一般厚35~38 km。变化态势为东部薄,向西逐渐增厚,最厚为太行山东侧的山前地带,达38 km;最薄为南部开封槽地,仅34 km。

黄淮平原地壳一般厚 37~38 km,最厚处为阜阳与泰山两地,达 39 km。最薄处为平原东北部巨野及其以南地带,约 36 km。

渤海海域地壳一般厚 32~35 km,渤海中部最薄,仅 31 km。

燕山、太行山及嵩山山区壳体一般厚 38~44 km,最厚在五台山一带,达 45 km。

辽胶半岛地壳一般厚 36~37 km,最厚系昆嵛山与马耳山等地,达 38 km。最薄为即墨西侧,仅 35 km。

2.康拉面埋藏深度的变化

康拉面埋深(上地壳厚度),大体是地壳厚度的一半或稍多一点。据魏梦华等研究,黄淮海平原及周边地区康拉面埋深:平原为 18~20 km,其中中东部埋深较浅,西南部埋深较大。渤海一般埋深 17~18 km,渤中最浅,仅 16 km。西北部山区,一般埋深 21~23 km,最深为太行山顶部,达 24 km。东侧辽胶半岛埋深 19~20 km。

(三)岩石圈的组成与底界埋藏深度

由地壳与上地幔上部固态物质组成的地球表层,称为岩石圈,其下部为地幔软塑与软流圈。然而,软流圈的物质组分与岩石圈基本相同。但地温较高,密度较小。故此,该圈乃成为地球内部物态的转换层。

据国家地震与石油勘探部门对黄淮海平原所进行的地震测深与大地电磁测深所获结果,平原与外围山区岩石圈底界埋深是不一致的。总体变化趋势为平原浅,山区深。各地区具体埋深状况为今黄河以北的北部平原,60~67 km;南部平原及泰山地区,80 余 km;燕山及太行山隆起区,80~120 km;渤海海域,仅 43~54 km。

第二节　黄淮海平原及周边地区结晶基底的组成与主要特征

地球是个水球,形成的初期,全球表面被覆海水而形成水圈,其时代称太古代,即泛大洋时代。之后,地壳经过一系列的构造变动,升升降降,上升者成陆,下降者为海槽。在海陆的往复变迁运动中,总的来说,起初大陆呈星点状分布,称为陆核。往后,陆核不断增生扩大,形成占今日地球表面积29%的陆地。分成若干地块,称大陆板块,历时30余亿年。

然,黄淮海平原及周边地区,于早太古代晚期个别地区出现陆核以来,历经多次区域地壳运动,至早元古代末,全区回返成陆。在多次构造运动中,历经数次区域变质与岩浆入侵,在高温高压作用下,原岩发生强烈变质而成为深变质与中深变质岩系,这些岩系构成本区地壳基底,称结晶基底,简称基底层。

然,本区基底层由早太古代、晚太古代及早元古代三套地层组成,各套地层的形成环境、原岩特性、变质程度与分布状况等不尽一致,特分述之。

一、早太古代深变质岩系

本区下太古界出露寥寥,除燕山迁西外,其他地区均未发现。因首先研究并测制剖面的地点在迁西,故称迁西群(见表1-1)。

表 1-1 华北平原及周边地区基底地层对比表

地层系统	分段	地层年龄界限(亿年)	嵩山	大别山	泰山	胶东	辽东	燕山	太行山	豫东	淮北	鲁北	冀中	豫北
上覆盖层			Pt_2^2	Pt_2^1	Pt_3^{2-2}	Pt_3^{2-1}	Pt_3^2	Pt_2^1	Pt_2^1	$\in_1$	Pt_3^2	$\in_1$	Pt_2^1	$\in_1$
		—17—												
下元古界	上段 Pt_1^2		嵩山群	宿松群	(缺失)	粉子山群	辽河群	(缺失)	甘河群	嵩山群	嵩山群	(缺失)		(缺失)
		—20—												
下元古界	下段 Pt_1^1		(缺失)	大别群		胶东群		双山子群	五台群					
		—25—												
太古界	上太古界 Ar_2		登封群	(未出露)	泰山群	(未出露)	鞍山群	单塔子群	阜平群	登封群	泰山群	泰山群	(未揭露)	阜平群
		—31—												
太古界	下太古界 Ar_1		(未出露)	(未出露)	(未出露)	(未出露)	(未出露)	迁西群	(未揭露)	(未揭露)	(未揭露)	(未揭露)		(未揭露)

迁西群由片麻岩、麻粒岩、浅粒岩、变粒岩、辉石岩、角闪岩等组成,夹多层条带状铁矿层,出露厚度逾 1 000 m。同位素年龄距今 31 亿~36 亿年,属早太古代。可是,燕山西段称下桑干河群,层位与迁西群相当,只是名称不同。

二、晚太古代深变质岩系

晚太古代深变质岩系出露于多处的上太古界,尽管层位相同,但地层名称、岩石特性与变质状况并不一致,分述如下:

(1)登封群。分布于嵩山、豫东等地,底部未出露,下部由片麻岩、变粒岩、角闪片岩、混合岩等组成,偶夹大理岩,混合岩化强烈。原岩以基性、中基性至中酸性火山岩为主,夹凝灰岩、泥灰岩、白云岩、黏土岩及硅质页岩。出露厚度大于 3 380 m。上部为石英片岩、浅粒岩,夹绿泥石片岩及千枚岩,原岩为沉积碎屑岩,变质程度较浅,厚 821 m。全套地层同位素年龄(Rb–Sr 法测定)为 27 亿~30 亿年。

(2)泰山群。分布于泰山、鲁北及淮北等地。因泰山剖面出露较全,且研究程度较高,故定名为泰山群。

该套地层由黑云斜长片麻岩、云闪斜长片麻岩、黑云变粒岩及角闪岩等组成。混合岩化与花岗岩化作用强烈。原岩以泥质碎屑岩及基性火山岩为主,岩相变化大,同位素年龄距今约 25 亿年,属晚太古代,出露厚度约 1 000 m。

(3)阜平群。分布于太行山及豫北等地。主要由各种片麻岩、变粒岩、角闪岩、浅粒岩、大理岩等组成,下部变质深,出现麻粒岩及榴苏角闪岩,并夹条带状透镜体铁矿。原岩为基性火山岩及碎屑——碳酸盐岩建造。区域变质程度主要为角闪岩相,局部为麻粒岩相。混合岩化与花岗岩化作用强烈,形成了各种混合岩与混合花岗岩。整套地层厚度大于 4 000 m,同位素年龄距今 25 亿~31 亿年。

(4)单塔子群。分布于燕山等地,角度不整合于下伏迁西群之上。主要由各种片麻岩、片岩、变粒岩夹大理岩及磁铁石英岩组成。原岩以基性及中酸性火山碎屑沉积为主,并夹沉积碎屑岩与碳酸盐岩,混合岩化与花岗岩化作用强烈。同位素年龄距今 25 亿~27.7 亿年。

(5)鞍山群。分布于辽东半岛一带,底部未出露。露出部分厚 13 000~16 000 m。下部为角闪片麻岩、黑云片麻岩、角闪岩及黑云变粒岩夹大理岩,原岩以基性火山岩为主,并夹沉积岩;上部为各种片岩、浅粒岩、千枚岩,夹条带状铁矿层,原岩为中酸性火山岩与细粒沉积碎屑岩建造。

本套地层受多期混合岩化与花岗岩化作用,形成了不同类型的混合岩与混合花岗岩,并有大量的伟晶脉岩穿插其中。同位素年龄距今 28 亿~31 亿年。

三、早元古代中深变质岩系

早元古代地层,按接触关系、岩石特性与变质程度可划分上下两段,且多露布于黄淮海平原外围山区,平原内部除冀中埋深太大未揭示外,其余地区亦多缺失,如豫北、鲁北与泰山等地。尽管部分地区有所出露,但地层发育不全,不是缺失上段,就是没有下段。唯太行山、胶东与大别山等地剖面发育齐全。

另外,该套地层不管分布于何地,均角度不整合于下伏地层之上。而且,上下段之间亦呈角度不整合接触。关于这套地层的标准剖面、岩石特性与变质状况述之如后。

(一)下元古界下段

(1)五台群。分布于太行山等地,以结晶片岩、角闪斜长片麻岩、变粒岩等为主,含大量火山喷发的变质绿岩,局部为富钠火山岩夹磁铁石英岩与镁质大理岩。变质程度:从绿片岩相到铁铝榴石角闪岩相。原岩为中基性至酸性火山岩及细粒碎屑沉积岩与碳酸盐岩,并有伟晶脉岩与花岗岩入侵。角度不整合于下伏阜平群之上,厚数千至万余米,同位素年龄距今 20 亿~25 亿年,属早元古代。

(2)双山子群。分布于燕山等地,角度不整合于下伏单塔子群之上。由各种片麻岩、片岩、斜长角闪岩、变粒岩、白粒岩、磁铁石英岩、石英岩、角闪岩组成,上部出现大理岩夹板岩与片岩,厚 8 367 m。其层位可与太行山五台群对比,但混合岩化作用较弱,原岩亦非常近似。

(3)胶东群。分布于山东半岛东部,由黑云片岩、黑云变粒岩、黑云斜长片麻岩夹大理岩、石英岩等组成,厚 12 370~26 310 m。原岩为一套基性火山岩及海相沉积碎屑岩与碳酸盐岩建造,不同程度地混合岩化,层位可与五台群对比。

(4)大别群。露于大别山一带,由各种片麻岩、石英片岩、浅粒岩、辉长岩、石英岩、磁铁浅粒岩、混合片麻岩、混合岩、混合花岗岩等组成,出露厚度 8 946 m。原岩为基性火山岩与沉积碎屑岩,混合岩化与花岗岩化作用强烈,层位可与山东半岛胶东群对比。

(二)下元古界上段

(1)嵩山群。分布于嵩山、豫东与淮北等地,角度不整合于登封群或泰山群之上。由石英岩、石英片岩、白云岩、绿泥石绢云片岩及千枚岩组成。底部为变质砾岩,厚 1 835 m,系中等变质,同位素年龄(Rb - Sr 法测定)距今 17.99 亿~19.83 亿年。

(2)甘河群。分布于太行山一带,角度不整合于五台群之上。其组成:下部为变质砾岩、变质长石石英砂岩及板岩,厚 880 m;中部为千枚岩、板岩夹变质基性火山岩,厚 5 500 m;上部为白云质大理岩、千枚岩、石英岩;底部为变质砾岩,厚 2 820 m。全套地层变质程度属中浅变质,同位素年龄距今 17 亿~20 亿年。

(3)辽河群。出露于辽东半岛等地,角度不整合于鞍山群之上。但分布于半岛地区者仅见上段。其组成主要为石英岩、千枚岩、片岩、变质凝灰岩、浅粒岩、变粒岩夹大理石岩,厚 4 000~8 000 m。变质程度主要为绿片岩相,局部达角闪岩相,以中等变质为主,同位素年龄超过 17 亿年。

(4)粉子山群。仅展布于山东半岛东部,角度不整合于胶东群之上。由长石石英岩、大理岩、云母片岩夹石墨片岩等组成,厚 3 000~7 680 m,属中等变质岩系。同位素年龄距今 17 亿~20 亿年,层位可与甘河群对比。

(5)宿松群。分布于大别山一带,角度不整合于大别群之上,为中深变质岩系,出露厚度不详。其组成:下部为片麻岩、片岩、混合岩夹大理岩,上部为片麻岩、片岩、大理岩,两者都含磁铁矿层。采用 K - Ar 法测定的同位素年龄有两组:一组是 16.64 亿年;另一组是 16.7 亿年,可能偏低,实际年龄值应超过 17 亿年,其层位可与嵩山群对比。

第三节　黄淮海平原及周边地区沉积盖层的组成与主要特征

辽阔的华北地区,自早元古代末吕梁运动褶皱回返成陆之后,结束了海洋型地槽沉积,只有部分地区在中晚元古及早古生代为海水所浸漫,但均为地表浅海,故而海相沉积建造厚度不大,然大部分地区长期裸露于地表遭受剥蚀。尤其是晚奥陶至早石炭世,全区暴露于地表,长期遭受剥蚀,因此整个华北地区该时段地层全部缺失。另外,中晚石炭世亦有海水入侵,部分地区出现海陆交互或滨海相沉积。可是,绝大部分地区在漫长的岁月里,隆起者长期遭受剥蚀,低洼地带则积水成湖,并接受堆积。于是,晚古生代末以来,几乎所有内陆湖盆均堆积了红色碎屑岩建造。关于华北平原及周边地区中晚元古代以来被覆的沉积盖层列述于后。

一、中上元古代沉积盖层

(一)中元古代沉积盖层

黄淮海平原与周边地带的中元古代地层可划分为上下两部分,然广义的华北地区中元古代沉积盖层,下部为长城系,上部为蓟县系。但,嵩山等地下部缺失,只见上部,称汝阳群。平原南部边缘的大别山区,下部为苏家河群,上部为信阳群(见表1-2)。除上述两地外,其余地区的中元古代地层,不是缺失就是发育不全。关于该套地层的分布与主要特性述之如下。

1.下部沉积盖层

1)长城系

长城系分布于燕山、太行山及冀中等地,角度不整合于下伏双山子群或甘河群之上,为一套海进沉积系列。底部为砾岩,下部以碎屑岩为主,夹含铁岩层,上部为硅镁质碳酸盐岩,局部夹中基性火山岩,富含球藻类化石及叠层石。然而,采用U-Pb法测定下部地层海绿石年龄距今16.43亿年,采用U-Pb法测定上部地层海绿石年龄距今14.8亿年。因此,该套地层同位素年龄可定为距今14亿~17亿年。

2)苏家河群

苏家河群露布于大别山地区,角度不整合于宿松群之上。其组成可分上下两部分,下部为片麻岩、石英片岩、角闪片岩、石英岩、大理岩、石墨片岩,局部夹混合岩及浅粒岩,原岩为滨海与浅海相泥砂质及碳酸盐岩,局部夹基性火山岩,厚2 842 m;上部为片麻岩、石英片岩、绿帘阳起片岩、角闪片岩、绢云片岩,局部轻度混合岩化,厚2 016 m,原岩为滨海相泥砂质沉积岩及中基性与酸性火山岩。

据微古化石组合分析,其层位相当于燕山区的长城系,属早中元古代。

2.上部沉积盖层

1)蓟县系

蓟县系仅出露于燕山一带,整合于下伏长城系之上,为一套广泛海进到海退系列的海相沉积建造。下部以硅镁质碳酸盐岩为主,上部为泥砂质细粒碎屑岩夹碳酸盐岩类及铁、

表 1-2　华北平原及周边地区中上元古界对比

分层对比（地区）/地层系统	地层年龄界限（亿年）	嵩山	大别山	泰山	胶东	辽东	燕山	太行山	豫东	淮北	鲁北	冀中	豫北
上覆盖层		ϵ_1	ϵ	ϵ_1	J	ϵ_1	ϵ_1	ϵ_1	ϵ_1	ϵ_1	ϵ_1	ϵ_1	ϵ_1
上元古界　上段 Pt_3^2	-5.7-	（缺失）	（缺失）	土门组	（缺失）	震旦系	（缺失）	（缺失）	（缺失）	（缺失）	（缺失）	（缺失）	（缺失）
上元古界　下段 Pt_3^1	-7.0-	罗圈组			蓬莱群		青白口系			中下震旦统			
中元古界　上段 Pt_2^2	-9.0-	洛峪群	信阳群	（缺失）	（缺失）	（缺失）	蓟县系	长城系	（缺失）	（缺失）	（缺失）	长城系	（缺失）
	-11-	汝阳群											
中元古界　下段 Pt_2^1	-14-	（缺失）	苏家河群				长城系						
下伏地层	-17-	嵩山群	宿松群	泰山群	粉子山群	辽河群	双山子群	甘河群	嵩山群	嵩山群	泰山群	（未揭露）	阜平群

锰、磷岩层。厚约 5 000 m,微古植物除蓝绿藻外,尚出现褐藻及叠层石等。顶部岩层中的海绿石同位素年龄距今 11.34 亿年及 11.52 亿年。据此,该套地层年龄距今 11 亿~14 亿年,属晚中元古代。

2)汝阳群

汝阳群厚 1 300 m,露布于嵩山等地,角度不整合于下伏嵩山群之上。为一套以碎屑岩为主的陆源碎屑岩至碳酸盐岩沉积建造。中上部岩层富含叠层石及微古植物化石,而藻类化石以单细胞浮游藻类为主。部分岩层中的海绿石同位素年龄(K - Ar 法测定)距今 11.29 亿~12.15 亿年。为此,其层位可与蓟县系对比。

3)信阳群

信阳群分布于大别山等地,角度不整合于下伏苏家河群之上。其组成:下部为石英片岩、角闪片岩,夹大理岩及炭质层,原岩以中酸性凝灰岩为主,夹沉积碎屑岩与碳酸盐岩。厚度变化甚大,从 120 m 到 3 000 余 m;上部为石英片岩、角闪岩及变粒岩,厚 1 000 ~ 6 000 m,然而,下部石英片岩锆石同位素年龄(U - Th - Pb 法测定)距今 13.9 亿年。但,侵入其中的闪长岩年龄值距今 7.96 亿年。据此,信阳群宜定为晚中元古代,层位相当于华北区蓟县系。

(二)晚元古代沉积盖层

黄淮海平原及其周边地区,晚元古代地层可划分为上下两部分,分别以青白口与震旦系为代表。但,各区剖面发育不全,不是全部缺失,就是只有下段而无上段,或者只有上段,而无下段,没有一个完整剖面,唯嵩山区发育稍好,除顶部缺失外,上下两段俱存。关于该套地层具体发育与分布状况详述之。

1. 下部沉积盖层

1)青白口系

青白口系出露于燕山一带,平行不整合于蓟县系之上,为一套海退序列沉积建造,厚 853 m,由砂泥质碎屑岩与碳酸盐岩组成,含大量古褐藻与叠层石化石,并出现古片藻。顶部砂岩海绿石同位素年龄(K - Ar 法测定)距今 8.99 亿年。据此,该套地层距今年代界限可定为 9 亿~11 亿年,属早晚元古代。

2)洛浴群

洛浴群分布于嵩山地区,整合于下伏汝阳群之上,为一套浅海陆棚相陆源碎屑至碳酸盐岩建造,含叠层石及微古植物化石甚丰,厚 520 m。海绿石同位素年龄(K - Ar 法测定):下部距今 11.38 亿年,中部距今 10.12 亿年,上部缺数据。但,上覆地层年龄距今 7.27 亿年。由此判断,洛浴群相当于青白口系,时代可划归早晚元古代。

2. 上部沉积盖层

震旦系在华北区虽有所发育,但分布不广,地层不全。然,我国东部该系分布地域广,剖面发育好,层段、岩性与厚度稳定,研究程度较高者只有华南地区。为此,其代表性的层型剖面乃是鄂西北峡东。

峡东震旦系剖面分两统四组。下统称莲沱组(砂页岩夹凝灰岩,底部为砾岩);上统分三组,即下部南沱冰碛组,中部陡山沱组(碳酸盐岩夹黑色炭质页岩及燧石层)与上部灯影组(碳酸盐岩)。然莲沱组角度不整合于下伏崆岭群和黄陵花岗岩之上,底界同位素年龄距今8.74亿年,顶部距今7.39亿年。可是,南沱冰碛组又微角度不整合于下伏莲沱组之上,与上覆陡山沱组亦呈微角度不整合接触,而陡山沱组下部灰岩的全岩Rb-Sr法测定年龄为6.93亿年。故此,南沱冰碛组的年龄界限应为6.93亿~7.39亿年。

另外,20世纪70年代后期,于鄂西马槽园盆地(山间盆地)发现一套厚2 625 m的碳酸盐砾岩与砂砾岩,上部夹钙质板岩及泥质白云岩,与下伏神农架群(侵入神农架群的辉绿岩脉K-Ar法测定年龄距今9.27亿年)及上覆莲沱组均呈角度不整合接触,称马槽园组。其上部同位素年龄距今8.6亿年,其层位相当于华北区青白口系,底界年龄距今约11亿年。故此,震旦系上统底界年龄距今7.39亿年,而顶界则为5.7亿年。由是观之,该系距今年龄值:顶部界限为5.7亿年,底界为9亿年,时代属晚晚元古代。

然而,华北区震旦系剖面发育较全者系辽南与辽东,为滨海与浅海相沉积,厚2 200~4 400 m,可划分为上下两统。下统称复州群,为砂页岩夹泥灰岩,含大量藻类化石与叠层石,厚250~160 m,角度不整合于下伏下元古界辽河群之上;上统名辽南群,与上覆下寒武统平行不整合接触,由碳酸盐岩及砂页岩组成,以碳酸盐岩为主,厚1 469~2 669 m,富含藻类化石及叠层石。从上下地层接触关系与所含化石剖析,该套地层相当于鄂西北峡东剖面的震旦系,顶、底界年龄距今分别为5.7亿年、9亿年。

另外,胶东半岛蓬莱群,嵩山区罗圈组与淮北中下震旦统,大致相当于辽东震旦系中下部或中上部,岩性亦近似。唯罗圈组为厚60~92 m的冰碛层,被下寒武统辛集组平行不整合被覆。据所含海绿石K-Ar与Rb-Sr法年龄测定,下部距今7.27亿年,中上部四个海绿石年龄分别为6.17亿年、6.56亿年、6.56亿年及6.74亿年。层位大致相当于长江三峡剖面的南沱冰碛组。不过,其上部为不含冰碛砾石的杂色、黄绿与暗紫色页岩夹粉砂岩,厚111 m,可能相当于三峡剖面陡山沱组。其下部为厚195 m的浅黄、黄灰与暗色含冰碛砾石的砂质页岩与浅黄色巨厚泥、硅质冰碛砾岩及黄色巨厚层、中厚层泥质、白云质冰碛砾岩,层位有可能与南沱冰碛组相当。那么,罗圈冰碛组顶部同位素年龄可取数据中的最大值,距今6.74亿年。

还有,泰山土门组,角度不整合于下伏泰山群之上。为砂页岩夹灰岩,厚260余m,含叠层石,顶部被下寒武统馒头组平行不整合覆盖。据所含化石及地层接触关系判断,层位大致相当于辽东半岛震旦系中上部。

二、古生代沉积盖层

古生代华北区地壳基本处于稳定状态,因而沉积物广泛被覆。早古生代为地台型浅海或滨海相沉积,晚古生代以陆相碎屑沉积建造为主。然晚奥陶至早石炭世,全区地壳发生大面积缓慢隆升,长期遭受剥蚀。因此,上奥陶至下石炭统全部缺失。但,华北平原及周边古生代沉积盖层可划分为两亚界四系九统十六至十八组(见表1-3)。除胶东古生界全部缺失外,其余各地都有分布。关于此套地层的岩石特性与主要特征分述如后。

表 1-3 黄淮海平原及周边地区古生代地层对比

分层对比	嵩山	大别山	泰山	胶东	辽东(半岛)	燕山	太行山	豫东	淮北	鲁北	冀中	豫北
上覆盖层	T	J	J	J	K	T	J	T	T	J	T	T
二叠系 P_2	石千峰组 上石盒子组	石千峰组 上石盒子组	凤凰山组 上石盒子组	缺失	缺失	双泉组 上石盒子组	(缺失) 上石盒子组	石千峰组 上石盒子组	石千峰组 上石盒子组	凤凰山组 上石盒子组	缺失 上石盒子组	缺失 上石盒子组
二叠系 P_1	下石盒子组 山西组	下石盒子组 山西组	下石盒子组 山西组	缺失	缺失	下石盒子组 山西组	下石盒子组 山西组	下石盒子组 山西组	下石盒子组 山西组	下石盒子组 山西组	下石盒子组 山西组	下石盒子组 山西组
石炭系 C_3	太原组	太原组	太原组	缺失	缺失	太原组	太原组	太原组	太原组	太原组	太原组	太原组
石炭系 C_2	本溪组	本溪组	本溪组	缺失	缺失	本溪组	本溪组	本溪组	本溪组	本溪组	本溪组	本溪组
奥陶系 O_2	上马家沟组 下马家沟组	上马家沟组 下马家沟组	上马家沟组 下马家沟组	缺失	上马家沟组 下马家沟组	上马家沟组 下马家沟组	峰峰组 上马家沟组 下马家沟组	上马家沟组 下马家沟组	上马家沟组 下马家沟组	上马家沟组 下马家沟组	峰峰组 上马家沟组 下马家沟组	峰峰组 上马家沟组 下马家沟组
奥陶系 O_1	(缺失)	(缺失)	亮甲山组 冶里组	缺失	亮甲山组 冶里组	亮甲山组 冶里组	亮甲山组 冶里组	缺失	缺失	亮甲山组 冶里组	亮甲山组 冶里组	亮甲山组 冶里组
寒武系 ϵ_3	凤山组 长山组 崮山组	土朗组 崮山组	凤山组 长山组 崮山组	缺失	凤山组 长山组 崮山组	凤山组 长山组 崮山组	凤山组 长山组 崮山组	凤山组 长山组 崮山组	凤山组 长山组 崮山组	凤山组 长山组 崮山组	凤山组 长山组 崮山组	凤山组 长山组 崮山组
寒武系 ϵ_2	张夏组 徐庄组 毛庄组	张夏组 徐庄组 毛庄组	张夏组 徐庄组 毛庄组	缺失	张夏组 徐庄组 毛庄组	张夏组 徐庄组 毛庄组	张夏组 徐庄组 毛庄组	张夏组 徐庄组 毛庄组	张夏组 徐庄组 毛庄组	张夏组 徐庄组 毛庄组	张夏组 徐庄组 毛庄组	张夏组 徐庄组 毛庄组
寒武系 ϵ_1	馒头组 辛集组	馒头组 猴家山组	馒头组 五山组	缺失	馒头组 碱厂组	馒头组 昌平组	馒头组 缺失	馒头组 辛集组	馒头组 猴家山组	馒头组 五山组	馒头组 缺失	馒头组 缺失
下伏地层	罗圈组	信阳群	土门组	蓬莱组	震旦系	青白口系	长城系	嵩山群	中下震旦统	泰山群	长城系	草平群

注: 左栏地层系统划分为——上古生界(二叠系、石炭系、奥陶系)、下古生界(寒武系)。

·14·

（一）早古生代沉积盖层

1. 寒武系

本区寒武系的发育，除太行山、冀中、豫北等地缺寒武系底部外，其余各地剖面较全，共分三统九组。唯有下寒武统底部组名不统一，其余层位的名称是一致的。

1）下寒武统

该统分上下两组。上组通称馒头组，下组各地名称不一，尽管层位相当，可是命名随研究者、时间与地点不同而有差别。兹将该组地层的分布、名称与岩石特性分述之。

（1）辛集组。露布于嵩山、豫东等地。出露于嵩山者平行不整合于罗圈组之上，展布于豫东者则角度不整合于嵩山群之上。厚51～139 m，由南向北变薄。下部为磷块岩及砂页岩；中上部为白云岩、角砾岩与灰岩等，含石膏；顶部泥质条带灰岩，产三叶虫等化石。

（2）猴家山组。分布于大别山、淮北等地，分别角度不整合于信阳群及平行不整合于中下震旦统之上。厚80～140 m，为碎屑岩与碳酸盐岩交互沉积相，底部夹磷块岩。

（3）五山组。出露于泰山及鲁北等地。露布于泰山者平行不整合于土门组之上，而展布于鲁北者则角度不整合于泰山群之上，以碎屑岩石为主，夹碳酸盐岩，厚数十米。

（4）碱厂组。露布于辽东半岛，平行不整合于下伏震旦系之上，分上下两部分。下部以碳酸盐岩为主，上部为页岩夹灰岩，厚20～45 m。

（5）昌平组。出露于燕山地区，平行不整合于青白口系之上。下部为角砾岩及砂岩，上部为白云岩及灰岩，厚55～95 m，产三叶虫、古油栉虫及软舌螺等化石。

（6）上部馒头组。除胶东外全区广泛分布，岩性稳定，下部以砂页岩为主，上部以白云岩及灰岩为主，厚数十至百余米。多与下伏地层整合接触，唯有太行山与冀中平行不整合于长城系之上。豫北则与阜平群呈角度不整合接触。原研究地点为山东长清县馒头山，故名馒头组。

2）中寒武统

该统广泛分布于全区，岩性岩相极为稳定，已划分三组，不仅与上覆及下伏地层整合接触，而且各组之间也同样是整合接触。关于各组岩石特性简述之。

（1）下部毛庄组。以紫色页岩为主，顶部夹鲕状灰岩，厚32 m，常超覆于下伏馒头组、震旦系及前震旦系之上，盛产三叶虫化石。

（2）中部徐庄组。以紫、灰、绿色页岩与鲕状灰岩互层为主，产三叶虫化石，厚50～100 m。

（3）上部张夏组。以灰色厚层鲕状灰岩为主，富含三叶虫化石，厚170 m左右。

3）上寒武统

该统广泛分布于华北地区者，岩性稳定，与上覆地层呈整合接触，已划分为三组。然展布于大别山地区者，只划分两组，中上部未细分。关于各组地层的岩石特性详述如下：

（1）下部崮山组。以紫红色竹叶状灰岩及紫黄色页岩为主，含三叶虫类蝴蝶虫、蝙蝠虫等化石，厚25～50 m。

（2）中部长山组。最初命名地点在河北唐山赵各庄北面的长山沟。以紫色灰岩夹竹叶状灰岩为主，上部多灰白色厚层及薄层灰岩，含三叶虫类庄氏虫与长山虫等化石，厚40余 m。

(3)上部凤山组。以蓝灰色薄层灰岩夹黄绿色页岩及竹叶状灰岩为主,含三叶虫类方头虫、褶盾虫等化石,厚100余 m,与上覆奥陶系多呈整合接触,局部出现平行不整合接触现象。

另外,大别山区相当于长山、凤山组中上部者并层,称土坝组,岩性与上述两组基本相同,唯白云质碳酸盐岩与砂质岩石含量较高。

2. 奥陶系

中下奥陶统广泛分布于华北地区。然黄淮海平原及其周边,除嵩山、大别山、豫东与淮北四区缺失下统外,其余地区此套地层普遍发育,与上覆地层呈平行不整合接触,与下伏寒武系,除上述四区为平行不整合外,余为整合接触。同时,各组之间亦呈整合接触。

可是,全区岩性岩相稳定,分两统四组,各组地方名称基本统一,只有部分地区个别组命名不一。关于各组地层发育状况与主要特征分述之。

1)下奥陶统

下奥陶统,分上下两组:

(1)下部冶里组。原剖面研究地点在河北省开平冶里。由薄层灰岩夹页岩组成,底部为厚层灰岩,含铁矿结核,产无羽笔石等化石,厚118 m。

(2)上部亮甲山组。原研究地点在河北省秦皇岛亮甲山。其岩石特性下部为白云质灰岩,上部为厚层含燧石结核灰岩。产珠角石等化石,两者合计厚132 m。

2)中奥陶统

中奥陶统,分上下两组:

(1)下部下马家沟组。原研究地点为河北省唐山马家沟。由白云岩、灰岩及页岩组成,底部为砂砾岩,厚100 m许,含牙形石化石。

(2)上部上马家沟组。由白云岩与灰岩组成,厚44～322 m,富产头足类牙形石等化石。然分布于太行山、冀中与豫北等地者,下部为马家沟组(包括上下马家沟组),上部为峰峰组(峰峰,即河北省邯郸附近的峰峰煤矿)。以白云质灰岩为主,底部有一层杂色疙瘩状白云岩与上马家沟组分界,厚25～220 m,富含牙形石化石。

(二)晚古生代沉积盖层

晚古生代前期,海水又再度入侵华北区。但时进时退,因此中晚石炭世,区内广泛出现海陆交互相含煤沉积建造。可是,晚石炭世末,海水完全撤退,故而二叠纪只发育了陆相碎屑沉积建造。由于全区缺失上奥陶至下石炭统,所以中石炭统平行不整合于下伏中奥陶统之上。

还有,黄淮海平原及周边地带,除胶东与辽东半岛缺失上古生界外,其余地区剖面发育良好,且岩性岩相稳定,划分为两系四统六组,特分述之。

1. 石炭系

该套地层为中国北方重要的含煤建造。除缺失下统外,中上统分布广泛,地层剖面完整,划分为两统两组。

(1)中统本溪组。原名本溪系,原命名地点为辽宁本溪牛毛岭。岩性:下部为紫色页岩夹铝土页岩,厚15 m;中部黄色砂岩、砂质页岩,夹页岩、薄层煤与透镜状灰岩,厚75 m;上部黄色页岩、细砂岩,夹灰岩及铝土页岩,厚55 m。所含动物化石以蜓科、腕足类及单体珊瑚为主,植物化石以巨大脉羊齿与脉状网羊齿居多。

(2)上统太原组。昔称太原系,原命名地点在山西太原西山月门沟。由灰黑色砂岩、页岩、炭质页岩夹煤层及灰岩组成,厚数十米,为我国北方重要的含煤地层。化石含量丰富,动物化石以蜓科、腕足类、头足类、瓣鳃类、海百合等为主,植物化石以假蛋形脉羊齿——斜方鳞木居多。

本组与上覆二叠系山西组及下伏本溪组均为整合接触。

2.二叠系

华北区本系地层发育良好,亦为重要的含煤建造,已划分为下列两统四组。

1)下二叠统

区内本统划分为两组,地层结构与岩石特性分述如下:

(1)山西组。原命名地点在山西太原附近,为陆相含煤建造。岩性为砂页岩夹煤层,含菱铁矿结核,厚30~100 m。所产化石以羊齿类植物为主。另外,蜓科与腕足类等动物化石也丰富。

(2)下石盒子组。旧称石盒子系,命名地点在山西太原东面石盒子沟。后来划分上下两组,下组属早二叠世晚期,上组属晚二叠世早期。

本组由一套杂色页岩、泥岩与砂质页岩组成,底部夹薄煤层,含铁锰质结核,整合于下伏山西组之上,厚100~200余 m。产鳞木、木贼类及蕨类等植物化石。

2)上二叠统

本统广泛分布于黄淮海平原及其边缘地带,为湖相碎屑岩系建造。根据岩性与化石群落的差异划分为下列两组。

(1)上石盒子组。整合于下伏下石盒子组之上,为砂岩、页岩与泥岩互层,厚200~370 m,产以栗叶单网羊齿等为代表的晚期华夏古植物群。

(2)石千峰组。原定名地点在山西太原西侧石千峰。除太行山、冀中、豫北等地缺失外,其余地区分布广泛。但,有的地区名称不一,泰山及鲁北称凤凰山组;燕山区叫双泉组,然而本组整合于下伏上石盒子组之上,与上覆盖层多呈平行不整合或整合接触。以红色砂岩与黏土页岩为主,夹泥灰岩及薄层石膏,厚80~400 m。砂岩具交错层与波痕等沉积构造,富含介形虫、叶肢介、角齿鱼等动物化石。

三、中生代沉积盖层

中三叠世前,黄淮海平原地壳处于稳定状态,大部分地区裸露地表,遭受剥蚀,只有黄淮平原北部及海黄平原南部大型拗陷洼地为内陆湖泊,接受堆积。此外,平原北部尚存在小型湖泊,形成了局部湖相沉积建造。

然而,晚中三叠世至白垩纪,平原地壳活动强烈,形成了一系列的拗陷及内陆湖泊接受堆积。于是,部分地区展布侏罗、白垩系碎屑沉积建造。与此同时,域内火山活动与岩浆入侵非常活跃,湖盆沉积建造多夹火山喷发岩与凝灰质火山碎屑岩。

再者,平原外围山区前中生代地层多处见到印支与燕山期侵入的花岗岩体(见图1-3)。关于中生代沉积盖层的组成与主要特征简述如下。

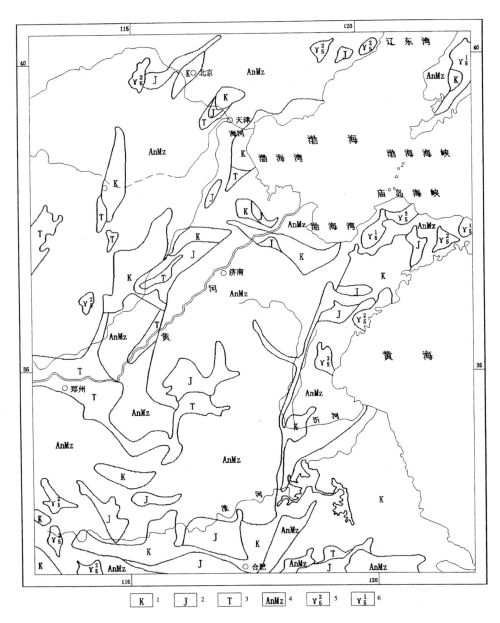

1—白垩系;2—侏罗系;3—三叠系;4—前中生界;5—燕山期花岗岩;6—印支期花岗岩

图1-3 黄淮海平原中生界分布略图

（一）早中生代沉积盖层

黄淮海平原三叠纪地层发育不佳,只有豫东、豫北、冀东南、冀东(中三叠统下组顶部缺失)等地堆积中三叠统下组及下三叠统,淮南、鲁西局部分布下三叠统。然而,全区缺失中三叠统上组与上三叠统。淮北、鲁北及冀中三叠系全部缺失。

该套地层的产地可划分豫东、豫北、冀东三区。下三叠统分两组,下部为刘家沟组,上部为和尚沟组;下三叠统为二马营组。冀东并层,淮南、鲁西下三叠统未分组(见表1-4)。

表1-4 黄淮海平原中生代地层对比

地层系统			豫东	淮北	淮南	鲁西	鲁北	冀中	冀东	冀东南	豫北
上覆地层			E_2	N	E_1	E_2	E_2	E_2	E_2	E_2	E_2
中生界	白垩系	K_3	(缺失)	张桥组	张桥组	王氏群	王氏群	无极组	无极组	马头组	缺失
		K_2	(缺失)	响导铺组	响导铺组	王氏群	缺失	缺失	缺失	缺失	
		K_1	高守群	泗县组 黑石渡组	朱巷组	青山组	青山组	丘城组	港西组	丘城组	
	侏罗系	J_3	(缺失)	缺失	周公山组	分水岭组 汶南组	分水岭组	临城组	缺失	临城组	缺失
		J_2	义马组		圆筒山组	三台组	(缺失)	(缺失)	下花园组	(缺失)	
		J_1	(缺失)		(缺失)	坊子组	坊子组				
	三叠系	T_3	(缺失)		(缺失)	(缺失)	(缺失)				
		T_2	二马营组		下三叠统	下三叠统			中下三叠统	二马营组	二马营组
		T_1	和尚沟组 刘家沟组							和尚沟组 刘家沟组	和尚沟组 刘家沟组
下伏地层			P_2	P_2	P_2	P_2	P_2	P_2	P_2	P_2	P_2

另外,下三叠统为滨湖与浅湖相红色碎屑沉积,以砂页为主,厚500 m左右,与上覆二马营组及下伏古生界呈整合接触。

下中三叠统二马营组为红黄紫绿杂色河湖相沉积,以细砂岩与黏土岩互层为主,厚200~600 m,与上覆地层呈角度不整合接触。

(二)晚中生代沉积盖层

区内侏罗、白垩系发育不佳。除下下侏罗统全区缺失外,豫北缺失上中生界;冀东南与冀中缺失侏罗系与中白垩统;冀东缺失中上侏罗与中白垩统;鲁北缺失中侏罗至上侏罗统下段与中白垩统;豫东亦缺失中侏罗至上侏罗统下段与中上白垩统。唯鲁西与淮南两地发育较全,除缺失下侏罗或下下侏罗统外,余则均可见及。

由于研究程度不同,各地对侏罗、白垩系的分组与命名不尽一致。例如,上下侏罗统,豫东称义马组,鲁西、鲁北叫土方子组,冀东名下花园组;中侏罗统,淮南称园筒山组,鲁西名三合组;上侏罗统,淮南称周公山组,鲁西划分为汶南与分水岭两组;上上侏罗统,淮北定名为黑石渡组,鲁北为分水岭组,冀中与冀东南为临西组,豫东命名为高寺群;下白垩统,淮北称泗县组,淮南叫朱巷组,鲁西、鲁北名青山组,冀中与冀东南叫丘城组,冀东称港西组;中白垩统,淮南、淮北通称响导铺组;上白垩统,淮北、淮南称张桥组,冀中、冀东叫无极组,冀东南名马头组,鲁北称王氏群。再者,鲁西中上白垩统亦定名为王氏群,与鲁北上白垩统同名。

本盖层沉积环境不稳定,岩性岩相变化大。就整体而言,为一套湖相碎屑沉积,夹多层火山喷发岩。但,不同时空沉积差别非常明显。例如:

下侏罗统以含煤沉积建造为主,局部夹基性火山岩,厚500~1 000 m,角度不整合于下伏地层之上。

中侏罗统为中基性火山喷发岩与粗粒碎屑沉积岩互层,厚1 000~2 700 m,与下伏地层呈角度不整合或平行不整合接触。

上侏罗至下白垩统分布范围较广,为中酸性火山岩、火山碎屑岩及湖相与湖沼相沉积。沉积岩上部以灰色细粒碎屑沉积为主;下部主要为灰、灰黑色中细粒碎屑沉积,夹粗粒碎屑层。厚2 100余m,富含介形虫、轮藻、蕨类等动植物化石。角度不整合或平行不整合于下伏地层之上。然而,侏罗白垩系间的接触关系亦复如此。

中上白垩统为河湖相与湖相红色碎屑岩夹基性火山岩建造,厚200~3 200 m,含介形虫化石。角度不整合于下伏地层之上,局部为平行不整合,与上覆新生代沉积盖层均呈角度不整合接触。

四、新生代沉积盖层

(一)早第三纪红色岩系建造

黄淮海平原早第三纪古地理环境及其演化差异甚大。古新世时,周口、亳县及清江以东地带陷落成湖,接受堆积,其他广大地区则隆起而遭受剥蚀;始新世时,平原中部仍然隆起,西部、东北部及东南部,则断陷成湖,接受堆积;渐新世时,除中部继续隆起外,豫东南及淮北亦隆起而遭受剥蚀,其余地区,如豫东、淮南、海黄平原北部及其东西两侧继续陷落接受堆积(见图1-4)。早第三纪黄淮海平原中部及四周山区长期隆升剥蚀,成为域内断陷湖盆丰富的物质补给源。加之当时气温高,氧化作用强烈,故此沉积物以红色为主,称红色岩系。关于早第三纪红层分布与主要特征概述之。

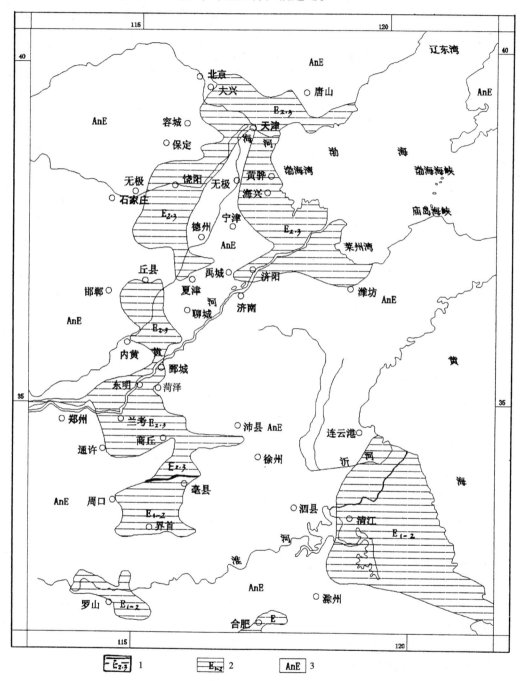

早第三纪红色岩系(E):1—始新与渐新统并层;2—古新至始新统;3—前下第三系

图1-4 黄淮海平原早第三纪红色岩系分布略图

1.古新统

古新统仅分布于平原南部,为一套棕红褐色泥岩与灰白色砂岩互层,厚300~700 m,与下伏地层呈角度不整合或平行不整合接触,盛产轮藻化石。地层划分:淮南(大别山前)分痘母、望虎墩与海形地三组,豫东南与淮北统称清浅组(见表1-5)。

表1-5 黄淮海平原早第三纪地层对比

分层对比 地层系统		地区	豫东南	淮北	淮南	鲁西南	海黄平原
上覆地层			N_1	N_1	N_1	N_1	N_1
下第三系	渐新统	E_3	(缺失)	(缺失)	戚家桥组	宋庄组	东营组 上沙河街组
	始新统	E_2	界首组 双浮组	界首组 双浮组		汶口组 官庄组	下沙河街组 孔店组
	古新统	E_1	清浅组	清浅组	痘母组 望虎墩组 海形地组	(缺失)	(缺失)
下伏地层			T	K	J	K	K

2.始新统

全区广泛分布始新统,豫东南与淮北划分为两组,下部为双浮组,上部为界首组;海黄平原及豫东一带亦划分为两组,下部为孔店组,上部为下沙河街组;鲁西南也分两组,下部为官庄组,上部为汶口组,唯淮南始新统与渐新统未具体划分,通称戚家桥组。关于各组岩石特性分述如下。

1)始新统下部各组岩石特性

(1)孔店组。下部厚250~1 200 m,为棕红、紫红色砂岩、砂砾岩、砾岩与深红、棕色泥岩,底部为角砾岩;上部厚50~700 m,为灰、深灰色泥岩夹灰绿色砂岩、页岩、油页岩、泥灰岩,局部夹石膏层与煤线。全组均产介形虫化石,平行不整合于下伏白垩系之上。

(2)双浮组。褐、棕褐色泥岩、粉砂质泥岩与棕色粉砂岩、细砂岩、砂砾岩及杂色砾岩互层,富含轮藻化石,厚718 m,角度不整合于下伏古新统清浅组之上。

(3)官庄组。底部为红色砾岩、砂砾岩与棕红、紫红色泥岩,下部为灰白色砂岩夹灰色泥岩,上部为灰、灰绿色泥岩,灰质泥岩,夹紫红色泥岩。产费氏冠齿兽、中国原始古马及介形虫等化石。厚650~1 250 m,平行不整合于下伏白垩系之上。

2）始新统上部各组岩石特性

（1）下沙河街组。下部为棕红色砂岩、砂砾岩夹棕红与紫红色泥岩及深灰色泥岩夹泥灰岩、白云岩、油页岩与砂岩，局部夹石膏和岩盐，厚114～1 600 m；上部为灰、深灰、灰黑色泥岩夹页岩、油页岩、生物灰岩、泥灰岩、白云岩及砂岩，厚76～1 800 m。全组富含介形虫化石。

（2）界首组。棕红、棕、棕褐色泥岩与红棕色粉细砂岩、含砾砂岩，杂色砂砾岩、砾岩互层，厚467 m。

（3）汶口组。下部紫红色砾岩夹含砾泥岩与含石膏泥岩；中部，灰色泥岩与灰绿、灰白色含石膏泥岩、石膏互层，富含介形虫化石；上部，灰、灰黑色泥岩、页岩、油页岩互层，夹泥灰岩、白云岩；顶部，灰色泥灰岩、灰质泥岩，夹薄层砂岩与油页岩，产介形虫化石。全组厚200～2 113 m。

3. 渐新统

渐新统主要分布于海黄平原及黄淮平原北部，而豫东南与淮北两地缺失。地层划分也不尽一致。海黄平原分两组：下部为上沙河街组，上部为东营组。而鲁西南未细分，统称宋庄组。有关各组岩石特性简述之。

1）上沙河街组

下部，棕红、紫红色泥岩与灰白、棕灰色砂岩，含砾砂岩互层，夹石膏层，厚50～800 m；上部，灰、深灰色泥岩、泥灰岩，夹生物碎屑灰岩，鲕状灰岩及白云岩、油页岩、砂岩，厚30～1 000 m。全组富产介形虫化石，整合于下伏下沙河街组之上。

2）东营组

棕红、灰绿色泥岩与灰绿、灰白、棕色砂岩互层，夹砂砾岩。富含介形虫化石，厚10～1 200 m，与上覆中新统呈角度不整合接触。

3）宋庄组

下部为棕褐色泥岩与浅棕色砂岩互层，中部为浅灰、棕褐色石膏质泥灰岩、泥岩、泥灰岩夹砂岩，上部为红棕、棕灰色泥岩，夹灰白色砂岩。厚1 300 m，含轮藻与介形虫化石。平行不整合于下伏汶口组之上，与上覆中新统呈角度不整合接触。

另外，还有分布于淮南（大别山前拗陷）地区未详细分层的戚家桥组，岩性：下部，棕红、灰白色砂砾岩、砂岩与棕红、紫红色泥岩互层，厚300～700 m，整合于下伏痘母组之上，产冠齿兽、戈壁恐角兽、中国厚龟等化石，层位与孔店组相当；中部，棕红、灰色砂砾岩、砂岩与砂质泥岩、泥岩互层，夹薄层石膏及泥灰岩，厚400～1 100 m，产鳄类、两栖犀类、啮齿类等脊椎动物化石，含轮藻及介形虫化石甚丰，层位相当于下沙河街组；上部，深灰、紫红色泥岩与灰白、棕色砂岩互层，局部夹石膏、岩盐、油页岩、泥灰岩及石膏质泥岩等，厚530～1 350 m，富含介形虫化石，层位可与上沙河街组对比；顶部，棕红、灰绿色泥岩与灰绿、灰白色砂岩互层，夹砂砾岩，厚200～1 000 m，与上覆中新统呈角度不整合接触，其层位相当于东营组。

（二）晚第三纪红色岩系建造

晚第三纪，黄淮海平原地壳活动特点与早第三纪时大为不同，东南部隆起，西北部及中部拗陷下沉，因而形成巨型内陆湖盆。加之四周山地大幅度隆升剥蚀，大量碎屑物通过河流源源不断地输入湖盆。于是,出现巨厚的河湖相红色岩系建造,并广泛超覆于下第三系及前第三系(见图1-5)。

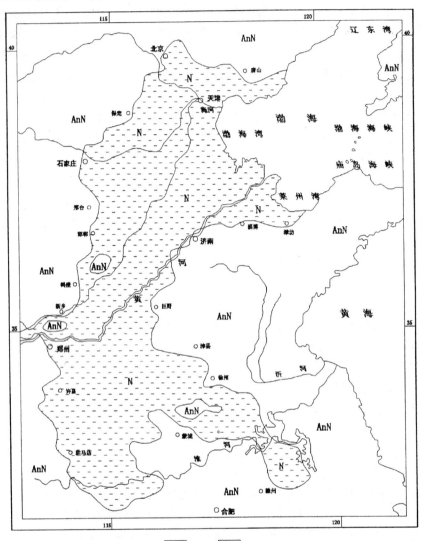

1—晚第三纪红色岩系;2—前上第三系

图1-5 黄淮海平原晚第三纪红色岩系分布略图

然而,上第三系沉积建造分上下统:下统为中新统,上统为上新统。有关地层命名,除淮南地区下统为下草湾组,上统称正阳关组外,其他地区(海黄平原、鲁西南、淮北、豫东)名称统一,中新统称馆陶组,上新统叫明化镇组(见表1-6)。尽管地层名称有别,而岩性基本雷同。关于此两组地层的岩性与主要沉积特征分别简述。

(1)馆陶组(包括下草湾组)。下部为厚层灰白色砂岩、砂砾岩、夹黏土岩;上部为浅棕、棕红色黏土岩与灰绿、灰白色砂岩互层。厚300~1 100 m,富含介形虫化石,角度不整合于下伏下第三系及前第三系之上。

表1-6 黄淮海平原晚第三纪地层对比

分层对比 / 地区 / 地层系统			豫东	淮北	淮南	鲁西南	海黄平原
上覆地层			Q_1	Q_1	Q_1	Q_1	Q_1
上第三系	上新统	N_2	明化镇组	明化镇组	正阳关组	明化镇组	明化镇组
	中新统	N_1	馆陶组	馆陶组	下草湾组	馆陶组	馆陶组
下伏地层			E_2	E_2	E_{3+2}	E_3	E_3

（2）明化镇组（包括正阳关组）。下部为浅棕、灰黄色黏土岩夹灰绿、浅棕色砂岩；上部为灰黄、棕黄色黏土岩与灰绿、灰白、浅棕色砂岩互层，夹砂砾岩。厚500～2500 m，产介形虫微古化石，整合于下伏馆陶组之上，与上覆下第四系呈平行不整合接触。

（三）第四纪松散沉积建造

第四纪以来，黄淮海平原地壳活动总的态势是：北（海黄平原）降南（黄淮平原）升，四周隆起。虽说南北两断块整体态势一升一降，但，次级断块下沉与上升速率差异明显，因而相对降落者贮水成湖。

另外，平原内部相对抬升的高地与四周不断隆起的山区长期遭受剥蚀，成为湖泊堆积物的补给源。

再者，在此期间内全球气候不稳定，冷暖呈周期性演变，并出现几次冰川活动，平原周边山岳地带普遍存留其堆积物或冰蚀地貌遗迹。

由于区域气候多异变，旱涝已成为该地质时代的灾变，这种灾变的副产物在平原沉积建造中有明显反映。因此，黄淮海平原及其周边山区第四纪松散沉积建造，成因不一，类型繁多，兹一一述之。

1. 冰碛相沉积建造

黄淮海平原周边山岳地带发现第四纪冰川活动遗迹，除冰蚀地貌外冰川堆积物亦多有见及。总括起来从老到新共有五层，大体是：早更新世两层，中更新世一层，晚更新世两层（见表1-7）。这说明：更新世时本区曾出现五次大的冰川活动。有关平原周边山岳地带第四纪冰碛层的分布、地层划分、岩性及其主要沉积特征详述如下。

表 1-7 黄淮海平原及周边地区第四纪地层对比

地层系统		分层对比	层底距今年龄（万年）	古气候事件	太行山东坡	燕山南麓	胶辽半岛	大别山北麓	海黄平原	黄淮平原 东部平原	黄淮平原 西部台塬
全新统	上统	Q_4^3	0.3		洪积层	刘斌屯组	庄河组	冲湖积层	歧口组	冲积层	（缺失）
	中统	Q_4^2	0.75	冰后期		尹各庄组	大孤山组		高湾组	河沼积层	黄土黑垆土
	下统	Q_4^1	1.0			肖家河组	普兰店组		杨家寺组	冰水湖积层	黄土黑垆土
上更新统	上统	$Q_{3(2)}^2$	3.0	冰期	百花山冰碛层	百花山冰碛层	火山岩	（缺失）	欧庄组	湖相积层	新黄土组 黄土 上段
		$Q_{3(2)}^1$	5.0	同冰期	黄土	黄土	黄土	河沼积层		冰水湖积层	黄土 下段
	下统	$Q_{3(1)}^2$	7.0	冰期	北冶山冰碛层	碧云寺冰碛层	步云山冰碛层	冰碛层		湖积砂砾	黄土古土壤
		$Q_{3(1)}^1$	10		古土壤	黄土古土壤	（缺失）	（缺失）		湖积砂黏土夹砂层	老黄土组 上部 上段
中更新统	上统	$Q_{2(2)}^2$	50	间冰期	洪积层	周口店组	金牛山组（洞穴堆积）	网纹红土	杨柳青组	冰水湖积砂土层	中部
		$Q_{2(2)}^1$	70		洪积层	龙骨山冰碛层	金坑冰碛层	冰碛层		湖积黏土	下部 下段
	下统	$Q_{2(1)}^2$	90	冰期	井陉冰碛层	底砾层	玄武岩			湖积砂黏土	
		$Q_{2(1)}^1$	120	间冰期	（缺失）	（缺失）	（缺失）	冲湖积层		冰水湖积黏土	（缺失）
下更新统	上统	$Q_{1(2)}^2$	150		獐阜冰碛层	泥河湾组	黏泥岭冰碛层	冰碛层	固安组	湖积砂黏土	
		$Q_{1(2)}^1$	170	冰期	泥河湾组		八漏河组	（缺失）		冰水湖积黏土	
	下统	$Q_{1(1)}^2$	190	同冰期	红崖冰碛层	朝阳冰碛层	大站冰碛层			湖积砂黏土	
		$Q_{1(1)}^1$	248	冰期	N₂	N₂	K	K	N₂	冰水湖积黏土 N₂	P
下伏地层 P_2											

· 26 ·

1）太行山东坡冰碛层的分布与主要特征

太行山东麓及山间盆地所露布的第四纪冰川堆积,可划分为红崖、赞皇、井陉、北冶及百花山五层,各层的岩性与主要特征如下:

(1)红崖冰碛层。为杂色泥砾层,系砂、黏土、砾卵石与漂砾等混杂堆积。砾卵石粒径一般10～20 cm,大者超过50 cm,甚至有大于1 m者。漂砾表面多擦痕、磨光面、压裂压坑等现象。古孢粉组合,以云杉、冷杉、藜、蒿等属为主。

该套泥砾层角度不整合于下伏上新统之上,古地磁年龄距今190万～248万年,时代属早早更新世早期。

(2)赞皇冰碛层。为一套红色泥砾,广泛分布于太行山东坡,厚10～30 m,平行不整合于下伏泥河湾组之上。其组成以砾石、卵石为主,混杂红色黏土及岩屑,无层理,杂乱堆积。卵石粒径一般8～15 cm,小者2～5 cm,大者达1 m以上。岩石成分以石英砂岩为主,次为片麻岩及火成岩。卵石形状多滚圆或半滚圆,多凹坑、擦痕。所含古孢粉,木本者占优势,次为草本。然而,木本以松属、云杉、冷杉为主,草本则多为蒿、藜、虎耳草、菊、禾草及卷柏等科属。

据区域地层对比,本泥砾层古地磁年龄距今150万～170万年,时代当属晚早更新世早期。

(3)井陉冰碛层。为棕黄色泥砾层。一般厚2～10 m,局部厚20～30 m,平行不整合于下伏赞皇冰碛层之上。系砾卵石与褐黄、深黄色黏砂土混杂堆积。砾石成分以石英岩为主,次为带棱角的灰岩、泥岩及火成岩碎石。砾径一般5～20 cm,大者达40 cm以上,表面多压坑、压裂及擦痕等现象。所含古孢粉,以云杉为主,次为桦属、藜、蒿、菊科等耐寒植物。

据区域地层对比,本泥砾层的时代属早中更新世中期,距今70万～90万年。

(4)北冶冰碛层。展布于滹沱河上游第二级阶地,海拔高约400 m,冰碛层厚6 m左右,为褐黄色冰川泥砾,卵石大小不一,一般直径10～15 cm,大者达50～70 cm。岩石成分以灰岩为主,次为片麻岩、石英岩等。磨圆度差,多为次棱角,表面多冰溜条痕。为早晚更新世晚期堆积,距今5万～7万年。

(5)百花山冰碛层。灰黄色泥砾层,局部夹黏土团块。太行山前地带,地表20～25 m以下广泛分布,为灰黄色砂质黏土夹砂砾层。所含古植物孢粉:木本以松柏、云杉、桦属为主;草本则有蓼科、蒿属;蕨类,有水龙骨科及石松属等。该期冰川发生于晚晚更新世晚期,距今1万～3万年。

2）燕山南麓冰碛层的分布与主要特征

燕山地区第四纪冰川发育良好,除晚早更新世早期冰碛层相当于太行山赞皇冰碛层缺失外,其余各层均有露布,特详述之。

(1)朝阳冰碛层。出露于北京市周口店等地,平原地区钻探已普遍揭露,埋深300 m左右,山前地带埋深较浅。为杂色与绛红色泥砾,局部泥砾呈灰与褐色。砾石风化剧烈,分选差,成分以安山岩为主,次为花岗岩。砾径一般5～8 cm,大者达40 cm左右,最大者达1 m以上,表面多条痕,磨圆度好。所含古孢粉:木本以云杉、冷杉、松属为主,并有少量油杉、枫杨等属;草本多为藜科,次为蒿属、菊科、虎耳草、禾本科、卷柏属等。

该泥砾层厚 10～110 m,与下伏上新统及上覆泥河湾组呈平行不整合接触,时代属早早更新世早期,其层位可与太行山红崖冰碛层对比。

(2)龙骨山冰碛层。露布于北京市周口店,南口、谭柘寺等地,平原地区亦广泛分布,埋深多在 250 m 左右。为棕、棕红色泥砾,局部呈灰色,顶部砾石层半胶结,多棱角,砾径一般 3～5 cm,成分以砂岩、石英岩、火成岩及灰岩为主,个别砾石具风化现象。古孢粉组合主要为藜科、卷柏属、阴地蕨等。

本泥砾层厚 40～80 m,与下伏早早中更新世底砾层及上覆晚中更新世周口店组均呈平行不整合接触,时代属早中更新世中期,其层位可与太行山井陉冰碛层对比。

(3)碧云寺冰碛层。分布于北京市香山、百花山等地,平原区一般埋深 80～150 m。为黄褐色泥砾层,厚约 20 m,泥砂混杂,分选差。砾石成分以安山岩、灰岩、辉绿岩、砂岩为主,砾石表面光滑,砾径一般 5 cm 左右,大者达 50 cm 以上。

然而,泥砾层与下伏早晚更新世早期黄土及上覆晚晚更新世早期黄土呈整合接触,时代属早晚更新世晚期,距今 5 万～7 万年,其层位可与太行山北冶冰碛层对比。

(4)百花山冰碛层。露布于北京市百花山、周口店、斋堂及永定河第二级阶地,平原地区埋深 7～20 m 以下,为灰黄色泥砾层,厚约 30 m。砾石成分以灰岩、石英岩、火成岩为主,砾径一般 2～3 cm,大者达 8 cm,最大者达 30 cm,磨圆度差。古孢粉组合:木本以云杉、榆、桦属为主;草本则多菊科、蒿属。哺乳动物化石则有披毛犀、原始牛、赤鹿及纳玛象等。底部泥砾层所产木本化石 C^{14} 年龄为 2.93 万 ±0.14 万年及 3.2 万年。据此,该冰碛层底界年龄可定为距今 3 万年。而顶部与上覆下全新统肖家河组呈平行不整合接触,距今年龄约 1 万年。那么,其时代应属晚晚更新世晚期。

3)胶辽半岛冰碛层的分布与主要特征

辽东与山东半岛第四纪冰川发育较好,冰积物保存也较好。除晚晚更新世晚期冰碛层缺失外,其余时代的冰碛层均有露布,特详述之。

(1)大站冰碛层。多展布于辽东半岛,为红色泥砾,砾石具磨光面与擦痕。角度不整合于下伏白垩系之上,与上覆八漏河组(早早更新世晚期湖积层)呈平行不整合接触。其层位可与燕山朝阳冰碛层对比,时代属早早更新世早期。

(2)黏泥岭冰碛层主要分布于辽东半岛一带。上部为褐黄与灰白色粗砂砾及黏土,具冻囊现象;下部为灰白色粗砂与砾石层,砾石多为棱角状或次圆状,具磨光面、压坑、压裂等现象。孢粉含量少,仅见松、蒿等种属。

该冰碛层整合于下伏八漏河组之上,与上覆下中更新统玄武岩呈角度不整合接触。其层位可与太行山赞皇冰碛层对比,时代属晚早更新世早期。

(3)金坑冰碛层。分布范围较广,为棕红色泥砾,厚 50 m 左右。砾石具风化现象,表面多擦痕及压坑,杂乱堆积,有直立和斜立者,漂砾粒径大者达 2 m 许。

本泥砾层平行不整合于下伏玄武岩之上,与上覆金牛洞组亦呈平行不整合接触。其层位可与燕山龙骨山冰碛层对比,时代属早中更新世中期。

(4)步云山冰碛层。多露布于辽东山岭地带,为棕黄与褐黄色泥砾。砾石大小混杂,分选差,多直立或斜立者,具磨光面及压裂现象,多有风化严重者。砾径一般 2～5 cm,大者达 50 cm 左右。在本溪同层位洞穴堆积中发现披毛犀、猛玛象、野猪、鬣狗等哺乳动物化石群。然而,该泥砾层平行不整合于下伏中更新世金牛洞组之上,与上覆晚晚更新世黄土亦呈平行不整合接触,其层位可与燕山碧云寺冰碛层对比,时代属早晚更新世晚期。

4)大别山北麓冰碛层的分布与主要特征

20世纪60年代初,安徽省地质研究所李毓尧等对大别山第四纪冰川进行了初步调查,撰写了《大别山第四纪冰川遗迹初步观察》一文。文中叙述了大别山北麓霍山等地广泛堆积第四纪早期的冰川沉积物。如:冰川砂砾层,被覆于基岩之上,露布高程90~160 m。为砾石夹砂,砾石大小不一,无分选,成分以花岗岩及变质花岗岩为主,风化强烈,胶结紧密,厚0.6~2 m;层状砂砾及砂层,厚3~6 m,褐黄色,以砂层为主,水平层理及交错层发育,多为中粗砂,砾石磨圆度好,广布于冰碛层之上,为冰水沉积;冰川纹泥,系冰湖沉积,为灰白与褐黄色相间的带状黏土,厚0.2~1.7 m,条带厚0.2~2 mm。

在高程300~500 m的山坡地带,第四纪中期的冰川堆积物与冰蚀地貌多有见及。如磨子潭、石槽街等地展布的冰窖、冰槽及悬谷,其底部所堆积的冰川砂砾层,色褐黄,砂砾与卵石混杂堆积,无分选,胶结紧密。卵石直径大者达70 cm,小者30 cm左右,多呈棱角状,风化严重。

另外,在海拔高度1 000~1700 m的山岭及其两侧洼地,晚第四纪的冰川遗迹所见不鲜。如冰蚀地貌之刃脊、冰斗、冰坎及冰蚀洼地(山间盆地)等普遍存在。洼地中堆积的冰碛层多为冰川泥砾,厚2 m左右,色黄,泥砂砾石混杂堆积,胶结紧密,分选性差。砾石多为次棱角状,以花岗岩成分为主,大小不一,砾径一般约10 cm,部分为风化砾石。然而,泥砾层尚夹青泥透镜体,一般厚15 cm左右,长1~2 m,常常被厚约1 cm的褐红色风化铁壳所包裹。

2. 风积黄土相建造

黄土,为干寒气候环境的产物,南北两半球均有展布,主要发育于干旱与半干旱气候域,尤以北半球分布最广。特别是黄河流域的黄土高原,可谓是世界黄土的发育中心。不仅土层厚(最厚达300 m左右),而且地层发育齐全,从早更新世至全新世均有堆积,这在地球其他地区是难以见及的。

另外,黄土成因与名称,往日地学界歧见颇多,风成、水成、冰成之说的争论竟长达两个世纪,且无定论,近年来此类争论日渐式微。原因是近年来中国研究黄土的学者日益减少,也就无人对此争论感兴趣了。

据作者多年研究,界定黄土,除地域气候环境因素外,尚须仔细观察研究黄土的颜色、孔隙结构、湿陷性与颗粒组分等要素,如干旱与半干旱地区的黄色、具大孔隙与湿陷性,粉粒(粒径0.05~0.005 mm)含量超过60%的土,则为黄土。

由于黄土含铁、锰、铬等元素,在低温气候环境中常缓慢氧化,而变成黄色,故黄土色黄。还有,形成黄土的物质虽有来源于当地者,可是远源补给是主要的。况且远源物质的搬运介质是风,分选作用强。于是,组成黄土的骨架颗粒乃以粉粒为主。不仅如此,而黄土堆积区气候干旱少雨,尘埃物质堆积后密实作用弱,故黄土结构疏松,固结程度低,多大孔隙,湿陷性强,所以黄土又称湿陷性大孔隙土。

还有一个值得商讨的问题,就是黄土远源物质的来源,已往的研究者多认为:中国高原黄土物质的补给源是西部大沙漠。可是,西部沙漠多形成于晚更新世,此前则是巨型湖泊而非沙漠,怎么会成为黄土物质的补给源呢? 据作者考查,青藏高原及帕米尔高原等地,早更新世的冰川乃是冰盖,并形成辽阔的冰原,堆积物至今仍广泛遗存。然而,高山谷冰川的发育为中更新世。这些广袤被覆于西部高原的冰碛(包括冰水积)层,为巨厚的高原黄土堆积提供了丰富的物质基础。且高原第四纪冰川的初始发育与黄土的开始形成期是同步的,两者堆积层底界年龄完全一致,可见两者的依存关系。然,沙漠的形成却远远滞后于黄土的初始发育期,不可能成为中早期黄土形成的物质补给源。不过,晚近期发育的黄土接受沙漠物质的补给是毋庸置疑的了。

然而,高原黄土分布范围,随干旱气候域的时空变化而变化,因为第四纪以来,青藏高原及东部太行山与秦岭等山脉地势随时间的推移而迅速升高。这样,东南部温湿气旋北进强度日益减弱,范围也渐次缩小。相反,北极干冷气旋南下的强度则日益增强。故此,西部干旱气候域向东南扩展与时俱进,而黄土尘埃随风飘落,不断东扩。

根据陕西洛川与河南洛阳黑石关剖面对比,洛川黄土底界年龄距今 243 万年,而黑石关黄土底界年龄(古地磁测定)距今只有 120 万年。前者为早更新世黄土底界年龄值,后者为中更新世黄土底界年龄值,两者的分界线在崤山。即崤山之西更新世黄土地层剖面发育齐全,之东,则缺失下更新统。由此可知,高原黄土的发育是由西向东扩展的。

关于黄淮海平原黄土的分布,主要被覆于燕山南麓、太行山至伏牛山东麓与泰山北麓之台塬地带,成为台塬的组成物。地层发育、物质组成与土壤特性等基本相同,兹举洛阳黑石关与郑州邙山剖面详述之。

(1)洛阳黑石关黄土。黑石关剖面出露的黄土可划分为两部分:下部为中更新统,称老黄土组;上部为上更新统,称新黄土组。两者呈角度不整合接触(见图1-6)。

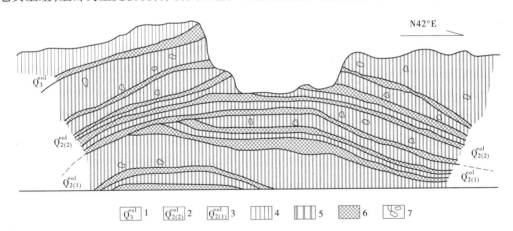

1—晚更新世;2—晚中更新世;3—早中更新世;4—新黄土(风积,下同);
5—黄老土;6—古土壤;7—钙质结构核

图1-6 洛阳黑石关黄土剖面图

老黄土组,分上下两段。下段老黄土厚 11.9 m,又划分为上、中、下三部分:

①下部古土壤夹黄土,厚约 3 m,角度不整合于下伏三叠系之上。据古地磁测定,顶、底界年龄距今分别为 90 万年及 120 万年。

古土壤呈深棕红色,随地形(古侵蚀面)的变化而呈弧形弯曲,底部钙质结核淀积成层，为非自重湿陷性黄土。

古孢粉组合：乔木花粉全为松属，含量为100%；灌木及草本植物孢粉，以蒿属为主，含量占54%，次为藜科、禾本科与桑科。

矿物组合：骨架矿物占55%~65%，以石英、长石、绿帘石、辉石、霓石、方解石、黑云母、褐铁矿、角闪石等为主，粒径0.01~0.05 mm，多棱角及半棱角状，辉石、角闪石与黑云母（出现褐铁矿化）；胶结物占30%~40%，主要为黏土矿物、石膏与碳酸盐，呈微晶及鳞片状，粒径0.001 mm左右，局部具凝胶结构，而黏土矿物中伊利石含量占49%~55.7%，高岭石占29.44%~30.01%，绿泥石占20.86%~21.01%，孔隙约占5%，多为原生，形状不规则，个体小，次生孔隙呈管状，长约1 mm，多充填炭屑及碳酸盐。

物理化学性质：颗粒组分，粒径>0.05 mm者占4.4%~5.3%；粒径为0.05~0.005 mm者占63.03%~69.2%；粒径<0.005 mm者占25.5%~32.6%。大孔隙系数为0.07~0.019。有机质含量为0.35%，pH值为7~7.9。

主要化学成分：SiO_2，占65.12%；Al_2O_3，占13.1%；Fe_2O_3，占4.62%；FeO，占0.52%；CaO，占2.57%；MgO，占2.68%；CO_2，占5.74%；SO_3，占0.01%；其余（包括MnO、TiO_2、P_2O_5、K_2O、Na_2O，下同）占5.64%。

黄土呈褐黄色，微红，密实，具黑色腐殖网纹，含少量钙质结核，为非自重湿陷性黄土。

古孢粉组合：主要为藜科。

矿物组合：骨架矿物占70%~75%，主要为石英、长石，次为方解石、黑云母、褐铁矿、绿帘石、绿泥石、白云石、阳起石等少量，多呈半棱角状，粒径0.01~0.04 mm，少量0.15 mm，石英表面光滑，长石多高岭石化，碎屑分布不均，多成集合体；胶结物占20%~25%，为黏土矿物及碳酸盐，粒径多在0.001 mm，呈微晶鳞片状分布，黏土矿物中伊利石含量占51.06%，高岭石占28.86%，绿泥石占20.08%；孔隙占1%~5%，以次生为主，孔径0.2~0.5 mm，多为方解石所填充。

物理化学性质：颗粒组分，粒径>0.05 mm者占3.8%~5.6%；粒径为0.05~0.005 mm者占69.6%~71.7%；粒径<0.005 mm者占24.5%~24.8%。大孔隙系数为0.033，有机质含量为0.52%，pH值达7.9~8.1。

主要化学成分：SiO_2，占57.18%；Al_2O_3，占11.81%；Fe_2O_3，占4.21%；FeO，占0.4%；CaO，占8.87%；MgO，占2.09%；CO_2，占10.56%；SO_3，占0.02%；其余，占4.86%。

②中部巨厚层黄土，厚7.4 m，棕黄色，较密实，局部钙质密集，具少量大孔隙。其顶部古地磁年龄距今70万年。有关该层黄土的物质组成与主要特性阐述如下：

矿物组分：骨架矿物占75%，以石英、长石为主（占65%），方解石次之（占5%），角闪石、阳起石、黑云母、辉石、绿帘石等少许，粒径0.01~0.03 mm者多呈半棱角状，石英具波状消光，长石具双晶纹；胶结物占15%，主要为黏土矿物、碳酸盐及铁矿，粒径0.001 mm左右，分布不均匀，呈团粒状，黏土矿物成分以伊利石为主，占61.69%，高岭石含量次之，占24.76%，绿泥石又次之，占13.55%；孔隙占10%，以次生孔隙为主，长形管状孔隙发育，多充填褐铁矿，孔径0.1~0.3 mm。

化学成分：SiO_2，占59.23%；Al_2O_3，占12.55%；Fe_2O_3，占3.86%；FeO，占0.89%；CaO，占6.48%；MgO，占2.72%；CO_2，占9.04%；SO_3，占0.026%；其他，占4.97%。

古孢粉组合:本层黄土上下层段均无孢粉,仅中部厚约 1 m(层底深 25.8 ~ 26.8 m)的层位含孢粉较为丰富。其中,乔木花粉,以松属为主,占 90% 以上,栎属少量。灌木与草本植物孢粉,以禾本科、藜科、蒿属为主,超过 95%,蕨类、卷柏属及莎草科少量。

物理化学性质:颗粒组分,粒径 > 0.05 mm 者占 4.1% ~ 7.7%;粒径为 0.05 ~ 0.005 mm 者占 62.6% ~ 63.4%;粒径 < 0.005 mm 者占 16.1% ~ 24.7%。大孔隙系数为 0.021,自重湿陷系数 0.032,属弱自重湿陷性黄土。有机质含量 0.5%,pH 值 7.7。

③上部为黄土与古土壤互层,厚 4.47 m,与上覆上段老黄土呈角度不整合接触,顶界古地磁年龄距今约 50 万年。关于古土壤与黄土层的物质组成及其特性分别述之。

古土壤呈棕红色,致密坚硬,分上、下两层,上层厚 0.76 m,具铁锰质网纹,含零散钙质结核,底部淀积厚 0.4 m 的钙质结核层;下层厚 1.13 m,有少量孔洞,洞径 2 ~ 5 mm,产蜗牛化石,底部淀积厚 20 ~ 30 cm 的钙质结核层。两层的物质组成与主要特性基本雷同,综述之。

矿物组分:骨架矿物占 70%,以石英、长石为主,其含量占总量 60%,次为辉石、角闪石、绿帘石、黑云母,占 30%,其他矿物仅占 10%,粒径一般为 0.01 ~ 0.04 mm,石英具波状消光及阶梯状断口,长石、黑云母、辉石均呈现风化蚀变现象,即长石表面绿泥石化、黑云母、辉石褐铁矿化,碎屑分布不均匀,常形成细小颗粒包裹大颗粒的集合现象;胶结物占 25%,主要为黏土矿物及碳酸盐,粒径小于 0.001 mm,具纤维鳞片变晶状,而黏土矿物中伊利石占 70%,高岭石占 14.5%,绿泥石占 15.5%;孔隙占 5%,以粒间原生孔隙为主,次生孔隙多被方解石、褐铁矿填充。

化学成分:SiO_2,占 66.79%;Al_2O_3,占 13.88%;Fe_2O_3,占 4.97%;FeO,占 0.39%;CaO,占 1.05%;MgO,占 2.01%;CO_2,占 4.89%;SO_3,占 0.034%;其他,占 5.68%。

古孢粉组合:所采样品未发现乔木花粉,仅有灌木与草本植物孢粉,其中藜科占 83%,禾本科占 17%。

物理化学性质:颗粒组分,粒径 > 0.05 mm 者占 4.9% ~ 6.9%;粒径为 0.05 ~ 0.005 mm 者占 61.7% ~ 67.4%;粒径 < 0.005 mm 者占 26.4% ~ 33.0%。大孔隙系数为 0.01,自重湿陷系数为 0.014,为非自重湿陷性黄土。有机质含量 0.29%,pH 值 7.3 ~ 7.5。

黄土呈红黄色,密实。分上下两层,上层厚 1.1 m,多钙质网纹,含零星钙质结核,大孔隙及孔洞发育,洞径 3 ~ 6 mm,下层厚 1.33 m,有白色钙质斑点,大孔隙发育,含少量长 7 ~ 10 cm 的钙质结核。两层黄土的物质组成与主要特性综述之。

矿物组分:骨架矿物占 70%,以石英、长石为主,含量占总量的 65%,次为方解石、黑云母、角闪石等,占 30%,其他矿物总计占 5%,颗粒粒径 0.01 ~ 0.05 mm,少量达 0.15 mm,多为半棱角状,表面光滑,附着物少;胶结物占 15%,为黏土矿物、碳酸盐与褐铁矿混合物,粒径小于 0.001 mm,而黏土矿物中伊利石含量占 45.71%,高岭石占 30.26%,绿泥石占 24.03%;孔隙占 15%,多为不规则孔洞,最大者长 2 mm,洞径 0.6 mm。

化学成分:SiO_2,占 53.88%;Al_2O_3,占 10.96%;Fe_2O_3,占 3.58%;FeO,占 0.52%;CaO,占 12.42%;MgO,占 1.7%;CO_2,占 12.60%;SO_3,占 0.427%;其他,占 3.92%。

古孢粉组合:总的说来,孢粉贫乏,四个样品仅获孢粉 13 粒,其中,乔木花粉 4 粒,全为松属,占总量的 31%。余者为藜科、蒿科、禾本科与菊科,合计占总量的 69%。然而,草本植物又以藜、蒿为主,其含量各占33%,菊科与禾本科分别占22%与12%。

物理化学性质:颗粒组分,粒径>0.05 mm者占6.2%~8.1%;粒径为0.05~0.005 mm者占62.1%~68.2%;粒径<0.005 mm者占23.7%~30.4%。大孔隙系数为0.019,自重湿陷系数为0.019,为弱自重湿陷性黄土。有机质含量占0.58%,pH值7.25。

上段老黄土厚12.13 m,由四层黄土与古土壤组成,且为互层。古土壤单层厚0.6~1.65 m,而黄土单层厚一般1.02~1.6 m,最厚为顶部黄土层,达4.16 m。有关黄土与古土壤的物质组成与主要特征分别综述。

古土壤呈棕红色,致密坚硬。有铁锰质与钙质网纹或铁锰质斑点,均含钙质结核,一般长0.5~4 cm,底部均有钙质结核层;厚10~40 cm。上部两层大孔隙发育,多直径1~3 mm的孔洞。

矿物组分:骨架矿物占40%~70%,其中石英占20%~40%,长石占10%~25%,余者为绿帘石、辉石、角闪石、黑云母、霓石等,占5%~10%,粒径0.01~0.03 mm,多为半棱角或次圆状,表面光滑,分布不均匀,呈团聚状,粗粒石英具波状消光,长石表面有擦痕;胶结物占25%~45%,由黏土矿物与褐铁矿组成,次为碳酸盐,粒径小于0.001 mm,分布不均匀,呈团粒状,具凝胶结构,黏土矿物中伊利石占47.89%~53.54%,高岭石占24.21%~33.93%,绿泥石占18.18%~22.25%;孔隙占5%~15%,多为次生,未填充的多,少部分被次生方解石半填充,有不规则细小孔洞与微裂隙,孔洞长2.4 mm,宽0.8 mm。

化学成分:SiO_2,占65.26%~65.81%;Al_2O_3,占14.66%~14.69%;Fe_2O_3,占5.31%~5.34%;FeO,占0.44%~0.45%;CaO,占0.53%~0.88%;MgO,占2.33%~2.34%;CO_2,占5.81%~5.92%;SO_3,占0.02%~0.04%;其他,占4.46%。

古孢粉组合:选择具代表性层位取样,据测试结果剖析,上部两层植被较发育,孢粉含量较高,乔木花粉占20%,灌木与草本植物花粉占60%,蕨类孢子占20%,而乔木为栎属与胡桃属,草本植物以藜、蒿为主,次为蕨类与卷柏属;下部两层植被种属少,孢粉贫乏,仅有藜科。

物理化学性质:颗粒组分,粒径>0.05 mm者占5.5%~8.5%;粒径为0.05~0.005 mm者占61.5%~76.4%;粒径<0.005 mm者占15.1%~31.9%。自重湿陷系数为0.054 mm,为中等自重湿陷性黄土。有机质含量0.29%~0.38%,pH值7.2~7.6。

黄土呈褐黄或浅棕色,下部三层质坚硬,多白色钙质网纹,含蜗牛化石及钙质结核,大孔隙发育,尚有少量直径0.5~1 cm的孔洞。顶部厚层黄土,质疏松,多大孔隙,含零星直径0.5~3 cm的钙质结核,富产蜗牛化石。其物质组成与主要特性综述之。

矿物组分:骨架矿物占60%,主要为石英,其含量占25%~35%,次为长石,占15%~20%,再次为方解石,占2%~10%,此外尚有黑云母、角闪石绿帘石、阳起石等,占3%~10%,碎屑物呈棱角或半棱角状,分布不均匀,分选性差,粒径一般0.01~0.06 mm,大者达0.1 mm,石英颗粒表面有擦痕,长石表面多黏土矿物黏附,黑云母、角闪石出现绿泥化现象或被褐铁矿浸染;胶结物占15%,由黏土矿物与碳酸盐等微晶混合物组成,粒径小于0.001 mm,碳酸盐为纤维单体状或针状分布,黏土矿物中伊利石占50.63%~61.18%,高岭石占22.4%~30.17%,绿泥石占16.42%~19.2%;孔隙占25%,以次生孔隙为主,多被方解石填充,有少量管状孔洞,洞径 0.8 ~ 1.2 mm,多充填方解石。

物理化学性质:颗粒组分,粒径 >0.05 mm 者占 5.4% ~ 12.4%;粒径为 0.05 ~ 0.005 mm 者占 61.7% ~ 83.3%;粒径 <0.005 mm 者占 11.1% ~ 29.6%。大孔隙系数为 0.046。自重湿陷系数为 0.005 ~ 0.053,为非自重湿陷至中等自重湿陷性黄土。有机质含量 0.31% ~ 0.39%,pH 值 7.3 ~ 7.7。

化学成分:SiO_2,占 57.48% ~ 59.16%;Al_2O_3,占 10.75% ~ 11.52%;Fe_2O_3,占 3.28% ~ 3.4%;FeO,占 0.54% ~ 0.92%;CaO,占 8.27% ~ 10.06%;MgO,占 2.04% ~ 2.14%;CO_2,占 9.53% ~ 10.68%;SiO_3,占 0.016% ~ 0.029%;其他,占 4.49% ~ 4.69%。

古孢粉组合:顶层黄土孢粉含量较丰,而下部三层含量较少,分述于后。

顶部黄土古植物群落,以蕨类为主,占 49%,多为卷柏属与水龙骨科;次为灌木与草本植物,占 39%,为蒿属、藜科、莎草科、大戟科、麻黄属及菊科等;再次为乔木类,占 12%,仅有松、栎、榆三属,而以松为主。

下部三层黄土古植物群落,以灌木及草本植物为主,占 68%,多为藜科、蒿属、禾本科、桑科、忍冬科、蔷薇科及豆科等;乔木类次之,占 31%,多为松属、桦属、桤木属、胡桃属等;蕨类少许,仅占 1%,只有水龙骨科。

新黄土组厚 10.71 m,可划分为两段:上段为巨厚层黄土;下段为黄土与古土壤层。据热释光测定,黄土层底部年龄距今 7.2 万 ±0.5 万年,古土壤层下部年龄距今 8.3 万 ±0.5 万年。又据孟县全义村(黄河第二级阶地)同层位古土壤层于下部及底部分别取样进行热释光测定,距今年龄值:前者为 8.8 万 ±0.5 万年(与黑石关剖面基本雷同);后者为 9.8 万 ±0.6 万年。据此,本层古土壤距今年龄值可定为:顶界约 7 万年;底界 10 万年左右。而且,平行不整合于下伏上段老黄土之上,时代属早晚更新世早期。关于两段黄土的特性分述之。

下段黄土与古土壤:

古土壤呈褐红色,厚 2 m。钙质结核零星分布,大孔隙发育,底部淀积的钙质结核层厚约 40 cm。有关该层古土壤的物质组成与主要特性详述如下。

矿物组分:骨架矿物占 70%,其中石英含量占 40%,长石占 20%,方解石占 5%,其余矿物为黑云母、辉石、绿帘石等,占 5%,粒径一般为 0.01 ~ 0.05 mm,个别达 0.1 mm,多呈半棱角状;胶结物占 20%,主要为黏土矿物、褐铁矿及碳酸盐混合物,粒径小于 0.001 mm,而黏土矿物的组成主要为伊利石,其含量占 61.29%,次为绿泥石,占 21.77%,再次为高岭石,占 16.94%;孔隙占 10%,以次生孔隙为主,多被微晶方解石充填,不规则的大孔隙发育,填充的黏粒呈团粒状分布,黏化作用强,具破碎重胶结现象。

化学成分:SiO_2,占 52.27%;Al_2O_3,占 10.06%;Fe_2O_3,占 2.66%;FeO,占 0.85%;CaO,占 14.2%;MgO,占 1.75%;CO_2,占 13.92%;SO_3,占 0.02%;其他,占 4.27%。

古孢粉组合:乔木花粉占 19%,以松属为主,次为桦属,占 7%;灌木与草本植物占 60%,主要为蒿属、藜科,占 78%,莎草科次之,占 13%,余为禾本科、豆科、玄参科,仅占 9%;蕨类孢子,占 21%,主要为卷柏属,并有少量石松。

物理化学性质:颗粒组分,粒径 >0.05 mm 者占 8.1% ~ 9.4%;粒径为 0.05 ~ 0.005 mm 者占 63.4% ~ 73.2%;粒径 <0.005 mm 者占 17.4% ~ 28.5%。自重湿陷系数为

0.07,为中等自重湿陷性黄土。有机质含量占0.34%,pH值7.2。

黄土呈灰黄色,疏松,具大孔隙和虫孔,富产蜗牛化石,厚3.71 m。

根据本层黄土所含古植物孢粉及黏土矿物组合所展示的古气候特征,其堆积期大致与燕山碧云寺冰碛层相当,距今年龄:顶界约5万年,底界则为下伏古土壤层顶部的年龄值,约7万年。其时代属早晚更新世晚期。有关该层黄土的物质组成与主要特性述之如下。

矿物组分:骨架矿物占65%,以石英、长石为主,其含量合计占60%,其他矿物约占5%,然而石英颗粒多棱角与半棱角状者,边缘多有黏土矿物菌集,有的粗颗粒具碎裂现象和裂纹,并具波状消光及贝壳状断口,颗粒粒径一般为0.01~0.05 mm,分布不均匀,局部菌集;胶结物占20%,以黏土矿物为主,次为碳酸盐及褐铁矿,粒径小于0.001 mm者,呈微晶状分布,而黏土矿物中伊利石含量占62.5%,高岭石占20.65%,绿泥石占16.83%;孔隙占15%,以次生孔隙为主,多未充填,少量充填方解石。具大孔隙,孔隙大者孔径达0.63 mm。

化学成分:SiO_2,占60.67%;Al_2O_3,占11.28%;Fe_2O_3,占4%;FeO,占0.36%;CaO,占7.36%;MgO,占2.33%;CO_2,占8.58%;SO_3,占0.014%;其他,占4.84%。

物理化学性质:颗粒组分,粒径>0.05 mm者占13.8%;粒径为0.05~0.005 mm者占78.1%;粒径<0.005 mm者占8.1%。大孔隙系数为0.038,自重湿陷系数为0.039~0.174,为中等自重湿陷至强自重湿陷性黄土。有机质含量占0.34%,pH值7.3。

古孢粉组合:上部与下部层段无孢粉,只有中部个别层段含孢粉较丰。其中,乔木占17%,主要为松属,占木本植物含量的64%,次为栎属,占18%,桦、椴两属含量少,各占9%;灌木与草本植物花粉占45%,以蒿属为主,占草本植物花粉含量的54%;次为藜科,占43%,再次为禾本科,仅占3%;蕨类孢子占38%,全为石松属。

上段黄土色灰黄、质疏松,多大孔隙,蜗牛化石含量甚丰,可分上下两部分。

下部黄土厚2.4 m。与区域地层剖面对比,顶界年龄距今约3万年。为此,本层黄土的时代属晚晚更新世早期。其颗粒组分:粒径>0.05 mm者占10.45%;粒径为0.05~0.005 mm者75.55%;粒径<0.005 mm者占14%。所含孢粉:乔木花粉仅占7.8%,以松属为主,占木本植物花粉含量的56%,栎属次之,占22%,桦属再次之,占17%,余为栗属,仅占5%;灌木及草本植物花粉占18.2%,以莎草科为主,占草本植物花粉含量的52%,次为蒿属,占21%,再次为藜科,占14%,余者为大戟科与麻黄属,仅占13%;蕨类孢子占74%,主要为卷柏属,占97%,水龙骨科与膜蕨科,占3%。

上部黄土厚2.6 m。据荥阳马窑沟黄土剖面展示:上覆下全新统底部黑垆土,平行不整合于新黄土组之上,而黑垆土底部C^{14}年龄距今9 820±300年。故此,该层黄土顶界距今年龄可定为10 000年。

所含植物孢粉:乔木花粉占36%,主要为松属,占木本植物花粉含量的73%,次为朴属,占11.5%,再次为栎属,占7.7%,余为榛、桦两属,合计占7.8%;灌木与草本植物花粉占57%,以蒿属为主,占草本植物花粉含量的48%,次为藜科,占40%,余为禾本科、白刺属、菊科、蓼属、莎草科等,合计占12%;蕨类孢子占7%,主要为卷柏属,占90%,余为水龙骨科,占10%。

（2）郑州邙山黄土。邙山为黄土台塬，位于郑州市北郊黄河南岸，距市区直线距离不到20 km。塬顶高程200 m，黄河水边线高程100 m。谷岸陡峻，几呈峭壁。所选择的黄土研究剖面即黄河谷坡，高出岸边58 m。与洛阳黑石关黄土剖面对比，老黄土组下段出露不全，顶部缺失全新世黄土（见图1-7）。但，所露出的各组段黄土与黑石关剖面相关层位完全可以对比，因此有关诸组段顶底界的年龄值不再重复，仅将其发育状况与主要特性——述之。

中更新世老黄土下段老黄土仅露出上部，中下部未出露。上段老黄土虽全部出露，但由于强烈侵蚀，下部古土壤层被剥蚀殆尽，仅存留钙质结核淀积层，关于此统黄土分上下段叙述。

下段老黄土露出部分为黄土夹古土壤，厚6 m，古土壤层厚2 m，棕红色，具团粒结构；黄土，浅黄色，单层厚约2 m，含少量钙质结核。

上段老黄土为巨厚层黄土，厚16 m；下部黄土夹古土壤互层，厚13 m，平行不整合于下伏下段老黄土之上。部分黄土与古土壤的主要特性分述之。

下部黄土与古土壤互层：

黄土色浅黄或褐黄，层厚1～6.5 m，含少量钙质结核。颗粒组分，粒径 > 0.05 mm者占8.4%～26.2%；粒径为0.05～0.005 mm者占63.5%～81.6%；粒径 < 0.005 mm者占8.9%～15.7%。化学成分：SiO_2，占63.31%～67.86%；Al_2O_3，占10.66%～11.21%；Fe_2O_3，占2.2%～3.15%；FeO，占0.61%～1.15%；CaO，占4.99%～7.2%；MgO，占1.2%～1.94%；SO_3，占0.02%～0.03%；其余，占11.44%～15.79%。古孢粉组合：乔木花粉占53%，居主导地位，其中榆属占木本植物含量的93%，朴属占6%，栎属占1%；灌木及草本植物花粉占47%，其中以藜科为主，占草本植物花粉含量的45%，蒿属次之，占33%，禾本科再次之，占10%，余者为豆科、大戟科、木犀科、菊科、莎草科等，占12%。

古土壤呈棕红色，层厚1～2.5 m，具团粒结构，多钙质网纹及植物根系，含多量钙质结核。底部多有钙质结核淀积层。颗粒组分：粒径 > 0.05 mm者占14.6%；粒径为0.05～0.005 mm者占75%；粒径 < 0.005 mm者占10.4%。化学成分：SiO_2，占67.23%；Al_2O_3，占11.02%；Fe_2O_3，占2.42%；FeO，占1.02%；CaO，占5.05%；MgO，占1.84%；

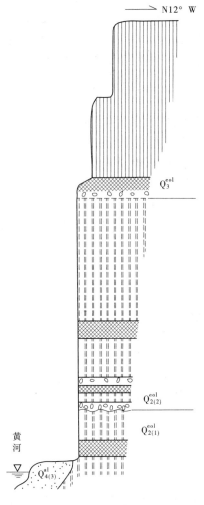

N12° W

Q_3^{eol}

$Q_{2(2)}^{eol}$

$Q_{2(1)}^{eol}$

黄河

$Q_{4(3)}^{al}$

图1-7　郑州邙山黄土剖面图
（图例与说明见图1-6）

SO_3,占 0.02%;其余,占 12.45%。

上部巨厚层黄土色褐黄,含多量钙质结核及钙质网纹。物质组成与主要特性如下:

矿物组分:骨架矿物占 58%,其中石英含量占 33%,长石占 22%,方解石占 5%;黏土矿物占 42%,其中绿泥石含量达 18.6%,伊利石占 16.7%,蒙脱石占 6.7%。

化学成分:SiO_2,占 61.2% ~ 72.23%;Al_2O_3,占 10.34% ~ 13.17%;Fe_2O_3,占 2.17% ~ 3.93%;FeO,占 0.61% ~ 1.26%;CaO,占 1.54% ~ 7.48%;MgO,占 1.41% ~ 1.99%;SO_3,占 0.02% ~ 0.04%;其他,占 0 ~ 33.31%。

颗粒组分:粒径 > 0.05 mm 者占 5.5% ~ 17.2%;粒径为 0.05 ~ 0.005 mm 者占 68.3% ~ 85.2%;粒径 < 0.005 mm 者占 0 ~ 26.2%。

孢粉组合:乔木花粉占 66%,以榆科为主,占木本植物花粉含量的 94%;朴属次之,占 3%;余则为桦属、松科、杉科、柏科等,合计占 3%。草本植物花粉占 34%,以藜科、蒿科为主,分别占该类植物花粉含量的 32% 与 31%;次为禾本科,占 18%;余则为苋科、菊科、莎草科、十字花科、唐松草科、蔷薇科、麻黄科及环纹藻等,合计占 19%。

晚更新世新黄土组上部为巨厚层黄土,下部为古土壤层,厚 23 m,角度不整合于下伏上段老黄土组之上。据所含古植物孢粉与黏土矿物组合,以及与洛阳黑石关黄土剖面对比,可划分上下两段:上段由上下两部分黄土组成;下段由黄土与古土壤组成。其时代分别为晚晚更新世与早晚更新世。有关各层黄土堆积时代的详细论述可参见黑石关剖面,兹不赘述。这里仅将本统黄土的物质组成与主要特性分段述之。

下段古土壤与黄土:

下部古土壤呈浅棕红色,具团粒结构,裂隙面多铁锰质薄膜,底部为钙质结核淀积层,厚 2.5 m。所含古孢粉:乔木花粉占 26%,其中榆属占木本植物花粉含量的 80%,松科、桦属次之,各占 10%;灌木草本植物花粉占 74%,其中以蒿属为主,占该类植物花粉含量的 64%,禾本科次之,占 14%,藜科再次之,占 11%,余为唇形科、大戟科与木犀科,合计占 11%。

上部黄土色褐黄,为粉质砂黏土,含蜗牛化石,厚 2.5 m。其上段厚 18 m,可分上、下两部分:

下部黄土色浅黄或褐黄,厚 6 m,为粉质砂黏土,含蜗牛化石及零星钙质结核。物质组成:矿物组分骨架矿物占 60%,其中石英含量占 30%,长石占 20%,方解石占 10%;黏土矿物占 40%,其中伊利石与绿泥石含量各占 15%,高岭石占 10%。

化学成分:SiO_2,占 67.01%;Al_2O_3,占 11.04%;Fe_2O_3,占 2.68%;FeO,占 1.02%;CaO,占 1.16%;MgO,占 2.08%;SO_3,占 0.03%;其余,占 14.98%。

颗粒组分:粒径 > 0.05 mm 者占 14% ~ 26.8%;粒径为 0.05 ~ 0.005 mm 者占 65.5% ~ 66.6%;粒径 < 0.005 mm 者占 6.6% ~ 20.5%。

古孢粉组合:乔木花粉占 45.5%,其中榆属占木本植物花粉含量的 72%;松科次之,占 5.4%;桦、朴属更次之,各占 4.5%;余则为胡桃科、榛属、栎属、岑属、小檗科、枫香属、柳属、椴属及漆树科等,合计占 13.6%。灌木及草本植物花粉占 54.5%,其中藜科花粉含量占 36.1%;蒿属占 32%;菊科与禾本科各占 6%;大戟科占 6.8%,石竹科占 4.5%,豆科占 2.3%,苋科占 1.5%;余为十字花科、唐松草属、唇形科、蔷薇科、茜草科、环纹藻等,合计占 4.8%。

上部黄土呈浅黄色,为粉质砂黏土,具钙质网纹,含少量钙质结核,厚 12 m。所含物质组分与古孢粉组合:

矿物组分:骨架矿物占 45%~75%,其中石英含量占 30%~35%,长石占 10%~20%,方解石占 0~15%,云母占 0~10%;黏土矿物占 30%~60%,其中伊利石含量占 10%~15%,绿泥石占 10%~15%,蒙脱石占 10%~20%;高岭石占 10%~15%。

颗粒组分:粒径 >0.05 mm 者占 6.8%~14.6%;粒径为 0.05~0.005 mm 者占 63.1%~83.3%;粒径 <0.005 mm 者占 2.1%~30.1%。

古孢粉组合:植被稀少,仅中部含少量孢粉。其中,乔木花粉占 68.3%,全为榆属。灌木及草本植物花粉占 31.7%,主要为蒿属与藜科,分别占该类植物花粉含量的 45% 与 35%;次为禾本科,占 15%;余为大戟科,仅占 5%。

(3)荥阳马窑沟黄土。

马窑沟位于荥阳市西郊,系索水河小支流。沟道切割深度不大,仅 10 余 m。谷坡陡峻,近似峭壁。所出露的黄土地层:上部为全新世黄土,称最新黄土组;下部为晚更新世黄土,名新黄土组。两者之间存在明显的侵蚀面,起伏度达 1 m 左右(见图 1-8)。

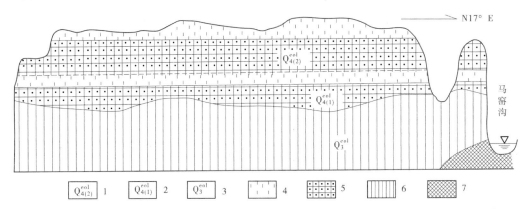

1—中全新世;2—早全新世;3—晚更新世;4—最新黄土(风积,下同);5—黑垆土;6—新黄土;7—古土壤

图 1-8 河南荥阳马窑沟黄土剖面图

由于新黄土在洛阳黑石关与郑州邙山出露较全,前文叙述颇详,此处不再重复,仅详述最新世黄土组。

最新黄土组黄土高原全新世黄土发育齐全,由下、中、上三段组成,各段下部为黑垆土,上部为黄土。另外,鄂尔多斯北部沙漠地带全新统亦划分下、中、上三段。不过,各段下部为黑垆土,上部为风成砂,且与下伏上更新统新黄土组或风砂组呈平行不整合接触。

荥阳最新黄土虽同样由黑垆土与黄土组成,但上段被侵蚀殆尽,仅存下、中两段。兹将该两段黑垆土与黄土的发育状况与主要特征分别叙述。

下段黑垆土与黄土:

黑垆土呈棕褐色,具团粒结构,厚 1.1 m。侵蚀面低洼处夹多层黄土状土,单层一般厚 3 ~ 8 cm, 水平层理发育。该层黑垆土平行不整合于下伏新黄土组之上。据 C^{14} 同位素测定, 底顶界距今年龄分别为 9 820 ± 300 年及 8 250 ± 260 年。可是, 黄土高原同层位黑垆土底顶界 C^{14} 年龄值分别为 10 000 年及 8 100 年, 两者基本近似。其物质组成:

矿物组分: 骨架矿物占 60%, 其中石英含量占 35%, 长石占 20%, 赤铁矿等占 5%; 黏土矿物占 40%, 其中蒙脱石含量占 25%, 伊利石占 10%, 绿泥石占 5%。

颗粒组分: 粒径 > 0.05 mm 者占 38.9%; 粒径为 0.05 ~ 0.005 mm 者占 41.2%; 粒径 < 0.005 mm 者占 19.9%。

黄土呈淡黄色, 厚 0.4 m, 大孔隙发育。其物质组成如下:

矿物组分: 骨架矿物占 60%, 其中石英含量占 30%, 长石占 25%, 赤铁矿与角闪石占 5%; 黏土矿物占 40%, 其中蒙脱石含量占 25%, 伊利石占 10%, 绿泥石占 5%。

颗粒组分: 粒径 > 0.05 mm 者占 25.2%; 粒径为 0.05 ~ 0.005 mm 者占 54.3%; 粒径 < 0.005 mm 者占 20.5%。

上段黑垆土与黄土:

黑垆土呈棕褐色, 厚 1.7 m, 具团粒结构。平行不整合于下伏下段黄土之上。底顶界 C^{14} 年龄, 距今分别为 6 820 ± 220 年及 4 470 ± 190 年。然而, 黄土高原该层黑垆土 C^{14} 年龄值距今, 底界 7 400 年, 顶界 4 600 年。两者比较, 荥阳马窑沟该层年龄值, 底界低一点, 顶界则基本雷同。其物质组成如下:

矿物组分: 骨架矿物占 50%, 其中石英含量占 30%, 长石占 15%, 赤铁矿与角闪石占 5%; 黏土矿物占 50%, 其中蒙脱石含量占 25%, 高岭石占 5%, 伊利石占 15%, 绿泥石占 5%。

颗粒组分: 粒径 > 0.05 mm 者占 14% ~ 14.3%; 粒径为 0.05 ~ 0.005 mm 者占 63.6% ~ 66.1%; 粒径 < 0.005 mm 者占 19.6% ~ 22.4%。

黄土呈灰黄色, 多大孔隙, 结构松散, 厚 0.8 m, 与黄土高原剖面对比, 顶界 C^{14} 年龄距今 3 000 年。该层黄土的物质组成如下:

矿物组分: 骨架矿物占 50%, 其中石英含量占 35%, 长石占 15%; 黏土矿物占 50%, 其中蒙脱石含量占 30%, 伊利石占 15%, 绿泥石占 5%。

颗粒组分: 粒径 > 0.05 mm 者占 15.3%; 粒径为 0.05 ~ 0.005 mm 者占 64.7%; 粒径 < 0.005 mm 者占 20%。

3. 流水相碎屑沉积建造

第四纪以来, 全球气候极不稳定, 干寒湿热交互更替, 出现多旋回冰期与间冰期周期性演替, 这对第四纪地层发育影响颇大, 尤其是黄淮海平原四周山地, 在此期间不断大幅度抬升, 平原则整体断落下沉。这样, 两者之间形成了异常的气候环境反差。

冰期, 高山区屯冰积雪, 通过冰川活动将大量粗粒碎屑物输送至山麓地带堆积, 形成冰碛或冰水积层。细粒物质则随流水搬运至平原潜水区沉积, 形成流水相细粒碎屑沉积建造。然而, 间冰期, 气候湿润多雨, 降水增多, 径流强烈侵蚀, 产生的碎屑物通过河流搬运沉积。特别是暴雨洪流, 往往将山区粗大碎屑颗粒搬运至山前形成巨厚的洪积层。不仅如此, 晚更新世以来, 每逢间冰期则出现太平洋西侵, 渤海古湖即因此而咸化。其西侧低平原亦因海水暴涨被淹没,产生多层海相沉积。由此观之,区域古气候演替对黄淮海平原第四系发育的影响非常明显。

另外,古地理环境的演变对地层发育影响也是不可忽视的因素。自早更新世始,海黄平原不断张裂陷落,产生了多条北北东向沉降带集水成湖,各沉降带之间相对抬升成为凸起带。可是,黄淮平原北部,以上升为主,形成隆起剥蚀带。南部,除整体拗陷外,尚出现块状断裂活动,形成众多大小不等的断陷湖与凸起带,这就为湖泊沉积创造了有利条件。

基于第四纪期间黄淮海平原古气候与古地理环境变化对沉积建造所产生的影响,出现不同成因类型沉积物的分布、厚度变化及物质组成等呈带状展布。同时,垂直空间的层序变化亦表征平原流水相沉积环境呈旋回性演替。兹一一述之如下。

1)平原第四纪流水相沉积建造厚度变化特征

黄淮海平原系由新生界流水相碎屑建造堆积而成。除泰山及面积较小的基岩丘陵直接矗立于地表而鲜有被覆外,其余广袤平坦地带则广泛展布第四纪流水相碎屑沉积层。但,受晚近期块状断裂构造差异性活动的控制,海黄与黄淮平原此盖层的厚度变化有明显差异。不过,就平原整体状况而言,变化规律是:北厚南薄,西薄东厚。关于两平原该沉积建造厚度的具体变化状况分述如下:

(1)黄淮平原第四纪流水相沉积建造的厚度变化,除平原西南边缘与南部及东北部丘陵地带基岩直接裸露外,其余地区则广泛被覆第四纪流水相沉积盖层(见图1-9)。但,各地厚度不一,具体变化状况是:西南与东北部一般厚 50 ~ 150 m,局部小于 50 m;中部及北部之东北区一般厚 150 ~ 350 m,局部达 350 ~ 450 m,甚至有逾 450 ~ 550 m 者。而这些堆积较厚的地带系古湖泊,如东北地区出现的沉积中心则是古巨野泽,即《水浒传》所描写的八百里梁山泊。

(2)海黄平原第四纪流水相沉积建造的厚度变化,海黄平原的沉积环境与黄淮平原不一致。首先,西傍大山,有丰富的物质补给源。其次,东邻渤海,原区物质可输送至外海。再次,也是最关键的因素,即第四纪以来平原多次大幅度张裂陷落,陷落带呈北北东向展布,沉降幅度南小北大。凡此多种因素,控制了平原区第四纪流水相沉积建造厚度变化呈带状展示。据图1-9所示,平原内第四系厚度变化格局大致可分为西、中、东三带,均呈北北东向展布。

西带厚 150 ~ 250 m,西侧边缘厚度较薄,仅 50 ~ 150 m。

中带为平原第四纪流水沉积的主体部分,一般厚 250 ~ 350 m,中段与北段西部,厚 450 ~ 550 m。沉积中心位于河北省饶阳,一般厚 550 ~ 650 m,最厚达 700 余 m。

东带濒临渤海,厚度变化较大。一般厚 250 ~ 350 m,北部濒海地带,局部厚 450 ~ 550 m。有多个沉积中心,如天津、宁河、乐亭、宝坻等处,一般厚 550 ~ 650 m,中心地带达 700 余 m。东南部较薄,一般厚 150 ~ 250 m,最薄的边缘地带仅 50 ~ 150 m。

2)平原区第四纪不同成因类型沉积物的分布状况

黄淮海平原沉积环境复杂,第四纪沉积物的成因类型繁多。不仅水平方向变化明显,而且垂直方向的变化差异也很大。原因在于:水平方向受地势变化的影响,控制了水流速度,从而影响流水的搬运能力与分选作用,因此沉积物的成因变化反映水流沉积环境的演

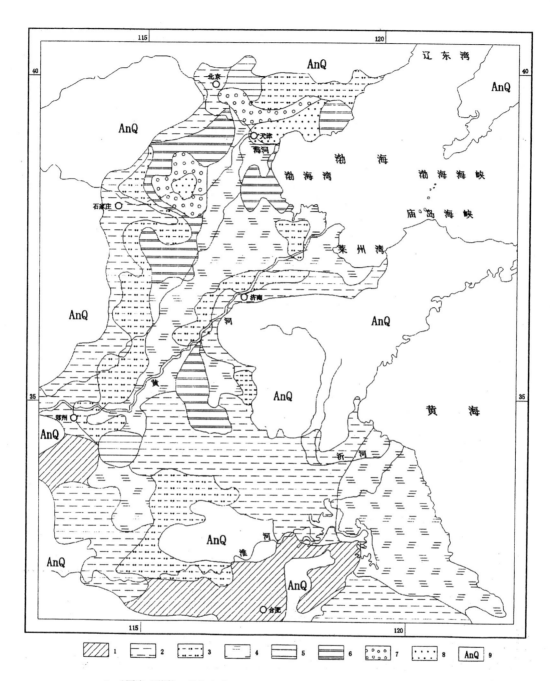

1—(厚度,下同)＜50(m);2—＞50,＜150;3—＞150,＜250;4—＞250,＜350;

5—＞350,＜450;6—＞450,＜550;7—＞550,＜650;8—＞650,＜750;9—前第四系

图 1-9　黄淮海平原第四系等厚图

变。不过,垂直空间的相变,除上述因素外更多的是受古气候周期性演替的控制。故此,同一剖面不同深度常常出现不同介质搬运的堆积物,而且呈旋回性更替,这就充分说明古气候对平原松散盖层的堆积颇有影响。尽管如此,黄淮海平原第四纪沉积物的成因类型可划分西、中、东三带(见图 1-10)。关于各带的展布状况与主要特征概述如下。

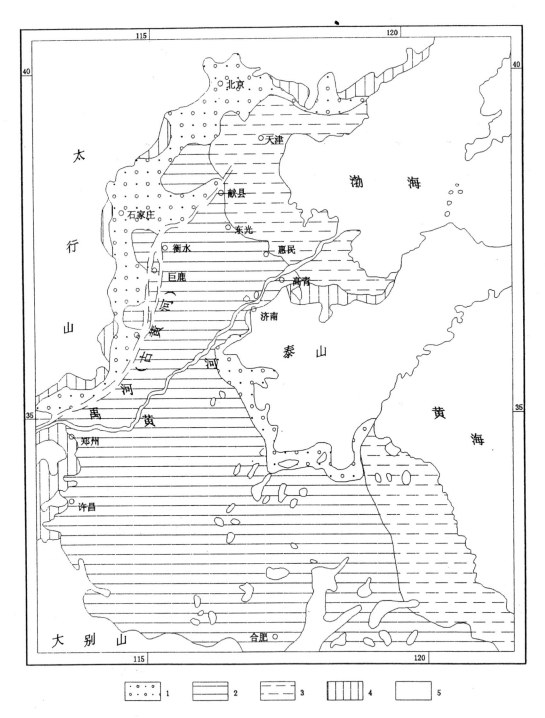

1—洪积；2—河湖积；3—河湖海积；4—风积黄山；5—基岩

图1-10 黄淮河平原第四纪沉积物成因类型展布图

(1)西带。以洪积为主,主要分布于燕山、太行山东麓的山前地带,泰山西麓亦有露布。系山洪暴发时从山区挟带大量泥砂、岩石碎屑、漂砾、卵石等倾泻于山前,形成混杂堆积的洪积层。其时代分别为晚早中更新世、晚中更新世及全新世。

（2）中带。为冲湖积，大致展布于河北省献县、衡水、巨鹿、临漳及河南省滑县、郑州及许昌一线以东，与河北省东光及山东省惠民、高青至泰山一线以西的辽阔地域。

下部下更新统为河湖积相，以湖积为主。其岩性如下：

下更新统下段为棕红与灰绿色黏土、褐黄色黏质砂土及褐黄与灰黄色中细砂层，底部为卵石层；上段为棕红与棕褐色黏土、灰褐色砂质黏土及灰白色细砂层。

中更新统下段为棕褐、灰绿与褐黄色黏土及黄色粉细砂；上段为灰绿色黏土与黄绿色粉砂层。

上部上更新及全新统虽同为河湖积相，但以冲积为主。特别是晚全新世以来，黄河大肆迁徙改道，故表层以河泛相为主。关于两统的岩石特性分述之：

上更新统下段，为棕黄、灰黄与棕褐色砂质黏土及灰黄色粉细砂层；中段，上部为棕黄、灰黄色砂质黏土及黏质砂土，下部为灰黄与黄色粉细砂层；上段，上部为灰黄色砂质黏土与黏质砂土及黄色砂层，下部为黄色砂质黏土与粉细砂夹灰色淤泥质粉砂。

全新统下段，为浅灰与灰黄色粉砂夹灰色淤泥质砂黏土；中段，为灰色淤泥质砂黏土与泥炭层；上段，为褐灰色黏土。

东带位于渤海西岸低平原区。下部，下更新与中更新统为河湖积相，以灰白与灰绿色黏土和砂质黏土为主，夹褐黄色粉细砂与灰白色黏土质砂砾层。上部，上更新与全新统，为河湖海交互堆积。可是，本区自晚更新世至中全新世曾出现三次海侵，发生时代分别为早晚更新世早期、晚晚更新世早期及中全新世。沉积物分别为：棕黄与灰色粉砂；深灰与灰黑色黏土质粉砂及棕黄与灰黄色粉砂；棕黄、灰黄与灰绿色粉砂及黏土质粉砂与砂质黏土。所有海相层均含有孔虫及海相介形虫化石。

然夹于海相层之间及被覆于顶部的"堆积层"，为河湖积。其形成时代分别为早晚更新世晚期、晚晚更新世末期至早全新世及晚全新世。各层岩性分别为：灰白色粉砂与灰褐色黏土质粉砂，含陆相介形虫化石与钙质结核；棕黄色粉砂及浅灰色黏土质粉砂，含钙质结核；棕黄色粉砂与黏土，主要为河沼沉积。

西部黄土台塬东缘低洼地带，还存在风、水搬运交互堆积层。例如郑州西郊 Z11 孔（见图 1-11）揭示了这一现象。

孔深（下同）0～5.6 m，为全新世风积黑垆土夹黄土；5.6～19.6 m，为晚更新世风积黄土，其中上部厚 9.9 m 为浅黄色黄土，下部厚 4.1 m 为褐红色古土壤；19.6～36.34 m，为晚中更新世风成与流水交互堆积，其上部厚 14.08 m 为湖积褐黄、褐红及棕红等杂色砂质黏土夹灰色黏土条带，下部为风积褐红色古土壤，厚 2.66 m，底部钙质结核淀积成层；36.34～64.70 m，为早中更新世风积黄土夹古土壤层，厚 28.44 m，而黄土色褐黄，含钙质结核，古土壤为褐红色，多铁锰质斑点，具团粒结构；64.70～100.8 m，为早更新世湖积层，岩性为黏土、砂质黏土及细砂，以黏土为主，色灰白、灰绿、棕黄、棕褐等色，夹棕红色条带，中部夹钙质结核层。

3）平原区第四纪流水堆积层层序

黄淮海平原，第四纪流水堆积物非常发育。但，早期堆积层深埋于地下，难以直接观

地层		深度	层厚	剖面	岩石特征
时代	代号	(m)	(m)	1:800	
全新世	Q_4^{eol}	5.6	5.6		黑垆土夹黄土，前者黑、灰褐色，后者色灰黄，含蜗牛化石
晚更新世	Q_3^{eol}	15.5	9.9		黄土，色浅黄，疏松，含钙质结核及蜗牛化石
		19.6	4.1		古土壤，色褐红，底部钙核层
中更新世	Q_2 $Q_{2(2)}^{eol-1}$	33.68	14.08		杂色土为褐黄、褐红及棕红等色砂黏土，夹灰色黏土条带，湖相沉积
		36.34	2.66		古土壤，色褐色，底部钙核层
	$Q_{2(1)}^{eol}$				黄土夹古土壤层，前者色褐黄，含钙质结核后者色褐红，具铁锰质斑点，为团粒结构
		64.70	28.44		
早更新世	Q_1^1	69.23	4.53		黏土，灰绿色，夹棕红色条带
		81.10	11.87		砂黏土及黏土，棕及棕黄色，具铁锰质斑点
		86.07	4.97		黏土，灰绿、灰白色，夹钙核砾石层
		98.20	12.13		黏土与砂黏土，棕褐及棕黄色，具灰绿色黏土及黑色铁锰质斑点
		100.8	2.60		细砂，棕黄色

图 1-11　郑州须水（Z11）孔第四纪地层剖面图

察,深入研究诸多不便。作者选择郑州市东郊祭城 Z37 孔(见图 1-12)的资料对其地层层序进行了较为详细的研究,因为某些孔段取样过少,对地层层系划分的准确度有影响。不过,有了这个钻孔系统的剖面资料,对黄淮海中部平原第四纪流水相堆积层的发育的了解确实向前跨进了一大步。

　　然该剖面第四纪流水相堆积层发育齐全,从下更新统至全新统连续堆积,无有缺失。各统之间呈平行不整合接触,而下更新统角度不整合于下伏上第三系明化镇组之上。据上新统至上更新统底部取样进行古地磁测定,显示地球磁场曾出现周期性倒转现象。例如,孔深 196.96 m 以下的第三系,不仅磁性为正向,而且磁倾角多在 40°～60°,称为高斯正极性世。其上,孔深 101.32～196.96 m,出现磁场倒转,大部分样品的磁倾角多在 0°～

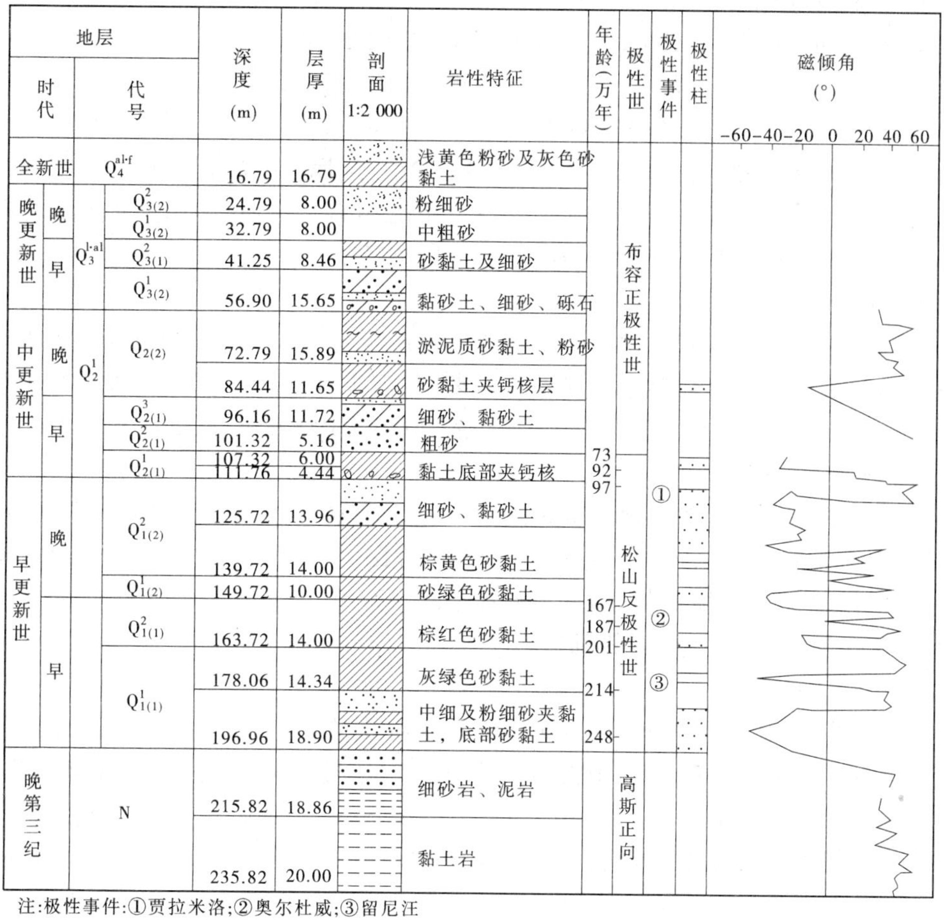

地层			深度 (m)	层厚 (m)	剖面 1:2 000	岩性特征	年龄 (万年)	极性世	极性事件	极性柱	磁倾角 (°) −60 −40 −20 0 20 40 60
时代		代号									
全新世		$Q_4^{al\cdot f}$	16.79	16.79		浅黄色粉砂及灰色砂黏土		布容正极性世			
晚更新世	晚	$Q_{3(2)}^2$	24.79	8.00		粉细砂					
	早	$Q_{3(2)}^1$	32.79	8.00		中粗砂					
	$Q_3^{l\cdot al}$	$Q_{3(1)}^2$	41.25	8.46		砂黏土及细砂					
		$Q_{3(2)}^1$	56.90	15.65		黏砂土、细砂、砾石					
中更新世	晚	$Q_{2(2)}^1$	72.79	15.89		淤泥质砂黏土、粉砂					
			84.44	11.65		砂黏土夹钙核层					
	早	$Q_{2(1)}^3$	96.16	11.72		细砂、黏砂土					
		$Q_{2(1)}^2$	101.32	5.16		粗砂	73 92 97		①		
		$Q_{2(1)}^1$	107.32	6.00		黏土底部夹钙核					
			111.76	4.44				松山反极性世			
早更新世	晚	$Q_{1(2)}^2$	125.72	13.96		细砂、黏砂土					
			139.72	14.00		棕黄色砂黏土					
		$Q_{1(2)}^1$	149.72	10.00		砂绿色砂黏土	167 187 201		②		
		$Q_{1(1)}^2$	163.72	14.00		棕红色砂黏土	214		③		
	早	$Q_{1(1)}^1$	178.06	14.34		灰绿色砂黏土					
			196.96	18.90		中细及粉细砂夹黏土，底部砂黏土	248				
晚第三纪		N	215.82	18.86		细砂岩、泥岩		高斯正向			
			235.82	20.00		黏土岩					

注:极性事件:①贾拉米洛;②奥尔杜威;③留尼汪

图 1-12　郑州祭城(Z37 孔)第四纪地层剖面图

40°,称松山反极性世。而此时段内磁力线显示三次正向活动,即短周期的磁场倒转,出现的深度是:孔深(下同)101.32～111.76 m,磁倾角46°～52°,称贾拉米洛极性事件,年龄值距今73万～97万年;149.72～159.72 m,磁倾角0°～46°,即奥尔杜威极性事件,年龄值距今167万～187万年;163.72～178.06 m,磁倾角40°～48°,称留尼汪极性事件,年龄值距今201万～214万年。然这三个磁场极性事件均出现于冰期,恐怕不一定是巧合吧?那么,其故安在?有待深入探索。

可是,松山反极性世之上,孔深96.16～101.32 m,因系粗砂,无法取样,再上,孔深54.9～96.16 m,除个别层段外,绝大部分磁倾角为38°～50°,属布容正极性世,年龄值距今9万～73万年,乃是黄河流域的间冰期。

依本剖面所测堆积层的古地磁年龄值,该套地层年代的断代:中更新世顶、底界距今年龄分别为10万年及73万年;早更新世底界距今年龄248万年。但,根据洛阳黑石关黄土剖面与区域第四纪冰川活动年代(距今年龄)将其修正为:中更新世顶、底界分别为10万年及120万年;早更新世底界仍定为248万年。

另外,本剖面顶部地层通过取样进行了 C^{14} 年龄测定,其结果如下:

孔深 3.8 m,淤泥质砂黏土,距今年龄(下同)7 055±130 年,属中全新统下部。

孔深 8.8 m,淤泥质砂黏土,7 380±135 年,属中全新统底界。

孔深 14.0 m,淤泥质砂黏土,8 070±200 年,属下全新统下部。

孔深 22.0 m,粗砂,含光顶螺化石,16 150±370 年,属上更新统顶部。

以 237 孔测年资料及古动植物化石分带为基础,并参照区域第四纪冰川活动年代与黄土层序的划分,将本剖面第四系层序进一步划分如下:

下更新统,分上下两段。

下段下部,埋深 163.72~196.96 m,厚 33.24 m,灰绿色砂质黏土夹黏土及粉细砂,距今年龄 190 万~248 万年,属早早更新世早期,相当于红崖冰期;上部,埋深 149.72~163.72 m,厚 14 m,棕红色砂质黏土,距今年龄 170 万~190 万年,属早早更新世晚期,相当于红崖—赞皇间冰期。

上段下部,埋深 139.72~149.72 m,厚 10 m,灰绿色砂质黏土,距今年龄 150 万~170 万年,属晚早更新世早期,相当于赞皇冰期;上部,埋深 111.76~139.72 m,厚 27.96 m,褐黄色细砂与棕黄色砂质黏土夹淡黄色砂质黏土,距今年龄 120 万~150 万年,属晚早更新世晚期,相当于赞皇—井陉间冰期前期。

中更新统,亦分上下两段。

下段下部,埋深 101.32~111.76 m,厚 10.44 m,棕黄及褐色黏土,底部含钙质结核,距今年龄 90 万~120 万年,属早中更新世早期,相当于赞皇—井陉间冰期后期;中部,埋深 96.16~101.32 m,厚 5.16 m,灰黄色粗砂,含灰绿色黏土团块,距今年龄 70 万~90 万年,属早中更新世晚期前期,相当于井陉冰期;上部,埋深 84.44~96.16 m,厚 11.72 m,褐黄色细砂及砂质黏土,含钙质结核,距今年龄 50 万~70 万年,属早中更新世晚期后期,相当于井陉—北冶间冰期早期。

上段,埋深 56.9~84.44 m,厚 27.54 m,上部为深灰色淤泥质黏土,下部为灰黄、褐黄与棕褐色砂质黏土夹褐黄色粉砂及淡黄色黏质砂土,底部夹钙质结核层,距今年龄 10 万~50 万年,属晚中更新世,相当于井陉—北冶间冰期中晚期。

上更新统,分上、下两段。

下段下部,埋深 41.25~56.9 m,厚 15.65 m,灰黄与桔黄色黏质砂土,间夹褐黄色砂质黏土,底部为砂砾石层(底砾层,厚 20 cm,砾径 2 cm 左右,砾石成分主要为石英岩及砂岩),距今年龄 7 万~10 万年,属早晚更新世早期,相当于井陉—北冶间冰期末期;上部,32.79~41.25 m,厚 8.46 m,浅黄及褐黄色砂质黏土与细砂,含尖顶螺化石,距今年龄 5 万~7 万年,属早晚更新世晚期,相当于北冶冰期。

上段下部,埋深 24.79~32.79 m,厚 8.0 m,浅灰及灰黄色冲积中粗砂,距今年龄 3 万~5 万年,属晚晚更新世早期,相当于北冶—百花山间冰期。上部,埋深 16.79~24.79 m,厚 8 m,浅灰色粉细砂,含尖顶螺化石,距今年龄 1 万~3 万年,属晚晚更新世晚期,相当于百花山冰期。

全新统,分两个亚统。其中,下亚统埋深 7.95~16.79 m,厚 8.84 m,浅灰色湖沼积淤泥质黏砂土,水平层理发育,距今年龄 7 500～10 000 年,属早全新世;中上亚统埋深 0～7.95 m,厚 7.95 m,浅黄色河湖沼积粉砂夹深灰色淤泥质黏砂土,系近 7 500 年来的堆积层,时代属中晚全新世。

4)平原区第四纪流水相堆积层的物质组成

黄淮海平原第四纪流水堆积层的物质补给源:早第四纪主要是四周山地及原内丘陵与高阜地带,搬运介质以流水与冰川为主;晚第四纪除上述源区继续补给外,又增添了黄河冲积与风沙尘暴两个来源。因此,平原区第四纪沉积物的补给:既有近源也有远源,早期以近源为主,晚期远近源汇集,故而原内第四纪沉积物的矿物成分复杂,时空上也有明显变化。兹举郑州东郊祭城 Z37 孔剖面矿物分析资料说明如下。

黏土矿物组分:20 世纪 80 年代后期,在郑州东郊祭城 Z37 孔钻进过程中,于早晚更新世至早更新世的黏土类土及晚第三纪顶部红色泥岩,选择代表性层位取样进行黏土矿物分析。据表 1-8 所示,该剖面的黏土矿物组合,大体可分为下列三个组合段:

表 1-8 郑州东郊祭城 Z37 孔剖面黏土矿物组分

取样		土壤性质	黏土矿物含量(%)					碎屑矿物含量(%)			
层位	深度(m)		蒙脱石	高岭石	伊利石	绿泥石	蛭石	石英	长石	方解石	黑云母
$Q_{3(1)}^2$	32.8	砂黏土	25	15			微量	30	15	5	10
$Q_{3(1)}^1$	46.0	砂黏土	35	15	15	微量	微量	20	5		10
$Q_{2(2)}$	64.3	砂黏土	20	5		10		30	15	10	10
	67.9		25	10	15	微量		35	15		
	81.1		25	10	20	微量		30	10	微量	
$Q_{2(1)}^1$	102.6	黏土	25	10	20	微量		30	15	微量	
	108.3		30	15	20	微量		30		5	
$Q_{1(2)}^2$	118.1	砂黏土	20			微量		35	25	5	15
	126.96		15		15	5		30	10	15	
	128.5		20		10	10	微量	30	15	15	
	136.2		25		10	5		30	15	15	
$Q_{1(2)}^1$	148.3	砂黏土	25		15	10	微量	30	10	5	
$Q_{1(1)}^2$	159.96	砂黏土	30	10	10	5		30		15	

取样		土壤性质	黏土矿物含量(%)					碎屑矿物含量(%)			
层位	深度(m)		蒙脱石	高岭石	伊利石	绿泥石	蛭石	石英	长石	方解石	黑云母
$Q_{1(1)}^1$	174.9	砂黏土	15	10	10	5		30	20	10	
	187.6	黏土	35	15	15			25	10		
N_2	202.5	黏土岩	40	15	20			20		5	
	212.7		40		15	5		30	5	5	

(1)中上更新统。黏土矿物含量,一般为 50% ~55%,高者达 65%,低者仅 35%,为蒙脱石 - 高岭石 - 伊利石组合。以蒙脱石为主,其含量一般占矿物总量(下同)的 25% ~30%,高者达 35%,低者 20%。其次是高岭石,含量为 10% ~15%,个别低者含量仅 5%。再次为伊利石,虽含量达 15% ~20%,但,有的层位缺失。至于绿泥石与蛭石,多数层位含量甚微或缺少,仅极个别层位绿泥石含量达 10%。

然而,多数样品碎屑矿物含量占 45% ~50%,以石英为主,其次为长石,再次为方解石,居末位者为黑云母。但,少数样品该矿物含量(占矿物总量)分别为 20% ~35%、5% ~15%、微量 -10%、0 ~10%。

(2)下更新统。黏土矿物含量一般为 40% ~50%,高者达 65%,低者仅 20%,为蒙脱石 - 伊利石组合,下部层段为蒙脱石 - 高岭石 - 伊利石组合。以蒙脱石为主,其含量(占矿物总量,下同)一般为 20% ~30%,高者 35%,低者 15%。其次是伊利石,含量 10% ~15%;再次是高岭石,其含量上部层段为 0,下部层段 10% ~15%;又其次是绿泥石,含量一般为 5%,个别高者达 10%,低者为 0。至于蛭石,大部分层段缺少,个别层段微量。

碎屑矿物含量占 50% ~60%,以石英为主,一般含量占矿物总量(下同)的 30%,低者 25%,其次是长石,占 10% ~20%,高者达 25%,个别层位为零。方解石含量较高,多数层位达 10% ~15%,少数层位 5%,个别层段缺少。黑云母仅出现在个别层位,含量达 15%。

(3)上第三系。黏土矿物含量高达 65% ~75%,为蒙脱石 - 高岭石 - 伊利石组合。以蒙脱石为主,占矿物总量的 40%,其次为伊利石,占 15% ~20%,再次为高岭石,占 0 ~15%,绿泥石少量,只有 0 ~5%。

碎屑矿物含量占 25% ~35%,以石英为主,占矿物总量的 20% ~30%,低者 25%,其次为方解石,占 5%,再次为长石,仅占 0 ~5%。

重矿物组分:郑州东郊祭城 Z37 孔第四纪砂层与晚第三纪红色砂岩选择代表性层段取样进行重矿物分析,其结果列表述之(见表 1-9)。

表 1-9　郑州东郊絮城 Z37 孔剖面轻重矿物组分

取样		重矿物含量（%）																轻矿物含量（%）			岩性
层位	深度（m）	磁铁矿	褐铁矿	钛铁矿	黄铁矿	绿帘石	石榴石	角闪石	榍石	电气石	磷灰石	金红石	锆石	十字石	锐钛石	白钛石	云母	方解石	石英	长石	
$Q_{4(2)}$	4.05～4.55	0.0410	0.0738			0.0510	0.0514	1.2595	0.0058	0.0014	0.0058	0.0015	0.0095				1.1063		47.7221	49.7097	粉砂
	7～7.05	0.0694	0.0218	0.0455		0.0760	0.0703	2.5147	0.0059	0.0019	0.0056	0.0013	0.0059			0.0037	1.1009	3.0341	39.5636	53.4093	细砂
$Q_{3(2)}^{2}$	17.4	0.0864	0.0162	0.1991		0.0966	0.2091	2.4337	0.0163	0.0057	0.0258	0.0057	0.0038	0.0001		0.0065		3.0317	44.9740	49.4153	细砂
	24.4	0.1786	0.0199	0.1496		0.0875	0.1922	4.8041	0.0065	0.0051	0.0271	0.0040	0.0056	0.0009		0.0067	3.2713	3.0051	39.1823	48.9873	粗砂
$Q_{3(2)}^{1}$	29.87	0.6072	0.2192	0.3168	0.0002	0.1947	0.5799	2.4091	0.0358	0.0117	0.0231	0.0117	0.0076	0.0081		0.0242	2.1651	0.9943	38.9024	53.4865	细砂
$Q_{3(1)}^{2}$	40.05	0.4948	0.2383	0.1911		0.1736	0.3344	2.4651	0.0392	0.0070	0.0216	0.0091	0.0098	0.0001		0.0001			53.8375	42.0935	细砂
$Q_{2(2)}^{2}$	69.8	0.3135	0.1356	0.2871		0.1996	0.5044	2.4283	0.0378	0.0113	0.0195	0.0119	0.0064	0.0052		0.0222		3.0034	48.9593	44.0644	细砂
$Q_{2(1)}^{3}$	88.3	0.1725	0.0966	0.1554		0.1003	0.3150	1.2277	0.0110	0.0049	0.0112	0.0023	0.0025	0.0050		0.0075		2.0212	56.3341	39.5346	细砂
$Q_{2(1)}^{2}$	97.0	0.0780	0.0517	0.0879		0.0520	0.0961	1.2145	0.0150	0.0011	0.0061	0.0032	0.0047	0.00003		0.0020	0.1044	1.0187	54.5682	41.6710	细砂
	98.7	0.1969	0.1469	0.0756	0.0001	0.0902	0.2335	0.0106	0.0140	0.0035	0.0089	0.0064	0.0069	0.0022		0.0095	1.1003	1.0108	47.4502	49.4277	粗砂
$Q_{1(1)}^{1}$	179.0	0.7171	0.2395	0.0793		0.2457	0.0132	0.0058	0.0299	0.0083	0.0244	0.0142	0.8412			0.0060	1.0948	1.0060	47.2135	49.1805	细砂
N_2	199.5		0.2566	0.1046		0.2743	0.0137		0.0340	0.0105	0.0264	0.0174	0.0145			0.0001	2.1857	3.0119	39.2769	54.0028	中
	241.0	0.2700	0.2902	0.1612		0.3648	0.0371		0.0535	0.0108	0.0371	0.0189	0.0226			0.0001	1.0953	1.0069	47.3622	49.3373	砂
	270.0	0.7483	0.3187	0.3645		0.7876	0.0522	1.1945	0.1335	0.0184	0.0701	0.0290	0.0245		0.002	0.0120	1.0776	1.4799	38.8357	54.3245	岩

据表1-9展示,重矿物含量(占轻重矿物总量)一般为2.6%~6.62%,高者达8.76%,低者仅2.11%。然其种类有磁铁矿、褐铁矿、钛铁矿、黄铁矿、绿帘石、石榴石、角闪石、榍石、电气石、磷灰石、金红石、锆石、十字石、锐钛矿、白钛石及云母等。然而,下中更新统中部至全新统的重矿物含量,以角闪石为主,一般占矿物总量的1.21%~2.5%,高者达4.8%;次为云母,虽部分层段缺少,但含此矿物者一般为1.1%~2.7%,高者达3.27%;其余重矿物含量甚微,多半少于1%,或少于0.1%,甚至少于0.01%。

可是,下中更新统下部至下更新统诸层段的重矿物,乃以云母为主,其含量占轻重矿物总量的1.1%。而角闪石含量则急遽降低,仅占总量的0.01%。其余重矿物含量均少于1%或0.1%。

晚第三纪红色砂岩的重矿物含量占轻重矿物总量的2%~4.5%。其中,以云母为主,占1%~2.2%,缺角闪石,个别样品含量达1.2%,其余重矿物少于1%或0.1%。

然而,各层段轻矿物含量占绝对优势,占轻重矿物总量的95.5%~98%。其中,以石英、长石为主,两者合计占轻矿物总量的97%~100%,方解石含量少,仅占3%或缺少。

5)平原区第四纪流水堆积层动植物化石群落

黄淮海平原第四纪海相与陆相地层兼备,微古生物种类繁多,且研究者众,著述颇多,作者不拟多加引述,仅将郑州东郊祭城Z37孔剖面的动植物化石研究成果申述之。

(1)古孢粉组合。

在取样过程中,全新世及晚晚更新世地层逐层采样,早晚更新世至早更新世地层则分层分段选择代表性层位取样,共采样55个,进行孢粉分析鉴定。但,上段取样38个,含孢粉者15个,下段取样17个,含孢粉者仅4个。那么,含孢粉的样品占有率:前者35.5%,后者23.5%。

另外,取同样数量样品进行藻类分析鉴定。含孢子者只有11个,仅占样品总量20%,由此可见这套地层古孢粉含量不丰富。兹将含孢粉地层的古孢粉组合分别述之。

下中更新统下段含孢粉样品只有2个,孢粉总数108粒,其中木本花粉39粒,占36.1%,以榆、栎、落叶松属为主,占该类古植物花粉含量的46.2%;次为杉科,占10.3%;其余为松、胡桃、鹅耳枥、椴、桑、槭、柳等属及忍冬、棕榈、冬青、芸香、柏等科,合计占43.5%。草本花粉63粒,占58.3%,以蒿属为主,占该类古植物花粉含量34.9%,次为藜、菊、禾本、十字花等科,合计占42.9%,余为麻黄、紫萁、黑三棱、槐叶萍属及眼子菜、蔷薇、茜草及木莎椤等科,共占22.2%;蕨类孢子6粒,占5.6%,全为环纹藻科。

上上更新统上段($Q_{3(2)}^2$)含孢粉样品总数40粒。其中:木本花粉21粒,占52.5%,以松属为主,占该类植物含量的61.9%,次为桦属,占23.8%,余为鹅耳枥及榛属,共占14.3%;草本花粉18粒,占45%,以藜科为主,占该类植物花粉含量的38.9%,次为蓼科与毛茛科,共占33.3%,余为菊科、蒿属与旋花科,占27.8%;蕨类孢子1粒,占2.5%。

下全新统($Q_{4(1)}$)含孢粉样品9个,孢粉总数516粒。其中:木本花粉282粒,占54.7%,以松属为主,占该类植物花粉含量的72.7%,次为鹅耳枥、胡桃、榆及槭属,共占15.6%,余为榛、栎、椴、桑、柳等属及大戟与杉科,合计占11.7%;草本花粉189粒,占36.6%,以藜、菊、毛茛科与蒿属为主,共占该类植物花粉含量的66.1%,次为蓼、禾本、旋花与荇菜科,占20.6%,余为川续断、伞形科与黑三棱、狐尾藻属,占13.3%;蕨类孢子45

粒,占8.7%,以凤尾蕨科为主,占该类植物孢子含量的42.2%,次为水龙骨与膜蕨科,各占28.9%。

中上全新统($Q_{4(2-3)}$)含孢粉样品4个,孢粉总数416粒。其中,木本花粉223粒,占53.6%,以松属为主,占该类植物花粉含量的80.3%,次为胡桃属,占6.1%,再次为榆、椴、柳与胡颓子属,共占10.3%,余为鹅耳枥、榛、铁杉属于忍冬科,合计占3.3%;草本花粉147粒,占35%,以藜科为主,占该类植物花粉含量的52.4%,次为菊科,占16.3%,再次为麻黄、蒿属与禾本科,共占22.5%,余为蓼、毛茛、荇菜科与泽泻属,占8.8%;蕨类孢子46粒,占11%,以凤尾蕨科为主,占该类植物孢子含量的93.5%,余为水龙骨科,占6.5%。

另外,藻类孢子含量主要集中于上中更新统($Q_{2(2)}$)及下上更新统上段($Q_{3(1)}^2$)(见表1-10)。前者有一个样品含轮藻(未定种)孢子10粒,后者含藻类孢子样品3个,共24粒,其中以盐城似松藻为主15粒,占总量的62.5%;次为灯枝藻(未定种),5粒,占20.8%;余为格氏轮藻(未定种)。轮藻属(未定种)及苏北迟钝轮藻,共4粒,占16.7%。

表1-10 郑州东郊祭城 Z37 孔剖面藻类化石一览

取样		化石名称及数量(粒)
层位	深度(m)	
$Q_{4(2-3)}$	7.7~8	轮藻属(未定种)1
$Q_{4(1)}$	9.5~10	格氏轮藻(未定种)3
	14.4~15	坎耐斯克轮藻1
	15.8~16.1	渭南格氏轮藻1
$Q_{3(1)}^2$	33.5	盐城似松藻6 灯枝工业品(未定种)5
	33.6~33.7	格氏轮藻(未定种)1
	33.5~34.6	轮藻属(未定种)1,盐城似松藻9,苏北迟钝轮藻2
$Q_{2(2)}$	78	轮藻(未定种)10
$Q_{1(2)}^2$	126.76	盐城似松藻1
$Q_{1(1)}^2$	157.3	灯枝藻(未定种)1
$Q_{1(1)}^1$	174.7	盐城似松藻1

次多者为下全新统($Q_{4(1)}$),含藻类孢子样品3个,共5粒,其中格氏轮藻3粒,占总量的60%;余为坎耐斯克轮藻及渭南格氏轮藻各1粒,分别占20%。

剩下含藻类孢子的层位尚有下下更新统下段($Q_{1(1)}^1$)与上段($Q_{1(1)}^2$),上下更新统上段($Q_{1(2)}^2$)及中上全新统($Q_{4(2-3)}$),但各段含孢子的样品都只有1个,而且每个样品只含孢子1粒。其种属分别为盐城似松藻、灯枝藻(未定种)、盐城似松藻及轮藻属(未定种)。

(2)介形虫化石组合。

全剖面取样54个,含介形虫化石者29个,占有率为53.7%,且多集中在上部,而下部地层含量较少(见表1-11),特分段述之。

表 1-11　郑州东郊蔡城 Z37 孔剖面介形虫化石一览

取样		化石名称及数量（个）
层位	深度（m）	
$Q_{4(2-3)}$	2.9~3.0	小玻璃介（未定种）1
	4.1~4.4	双褶土星介1
	5.4~5.5	真星介1
	7.7~8.0	柯氏土星介1，粗糙土星介2，隆起土星介1，土星介1（未定种）1
$Q_{4(1)}$	8.3~8.6	近球形金星介48，东山土星介100，双褶土星介10，玛纳斯土星介96，粗糙土星介9，放射土星介16，环绕玻璃玻璃介3，弯曲玻璃介10，玻璃介2，阳原斗星介1，纯净小玻璃介1，美星介17，美星介（未定种）2，小玻璃介1，球星介（未定种）1，小玻璃介（未定种）8
	9.5~10.0	柯氏土星介1，粗糙土星介3，达尔文介（未定种）3
	10.1~10.5	商丘玻璃介2，纯净小玻璃介1
	13.4~13.5	柯氏土星介2，近等高玻璃玻璃介3，玻璃介10，玻璃介（未定种）1，托浪里小玻璃介1
	13.5~14.0	近等高假玻璃玻璃介2，笞子头玻璃介6，玻璃介2，玻璃介（未定种）1，丽星介1（未定种）3
	14.4~15	商丘玻璃假玻璃介1，近等高玻璃介1，近梯形假玻璃玻璃介31
	15.8~16.4	托浪里小玻璃介8，纯净小玻璃介1

取样		化石名称及数量（个）
层位	深度（m）	
$Q_{3(1)}$	45.6	商丘玻璃介1，双褶土星介1，头海星介2，窄小土库曼介1，瘦长骊山介5
	46.6~46.8	头海星介9，土库曼介19，苏氏玻璃介2，纯净小玻璃介8，小玻璃介1，玻璃介（未定种）16，中州小土库曼介1
$Q_{2(2)}$	47.6~47.8	吉尔吉斯玻璃介1，瘦长骊山介1
	51.6~51.8	窄小土库曼介2，骊山介（未定种）1，瘦长骊山介8，小海星介2
	53.1~53.3	下田河玻璃介（新种）1，纯净小玻璃介1，介形虫类幼虫1
	55.7~55.9	双褶土星介1
	57.4~57.6	粗糙土星介6，隆起土星介1，吉尔吉斯玻璃介23，弯曲玻璃介5，假玻璃玻璃介1，靖氏盲玻璃介，柔星介（未定种）1
	58~58.2	近梯形假玻璃玻璃介1，丰县假玻璃玻璃介1，商丘玻璃介1
	58.7~58.9	双褶玻璃介16，东山土星介5，柯氏土星介20，布氏土星介5，粗糙土星介50，近球形金星介5，平遥美星介1，邱县美星介1，吉尔吉斯假玻璃玻璃介（比较种）1，商丘纯玻璃介1，近梯形假玻璃玻璃介2，丽星介（未定种）3，纯净小玻璃介6

取样		化石名称及数量（个）
层位	深度（m）	
$Q_{2(2)}$	59.2~59.4	阳原斗星介1，东山土星介9，布氏土星介2，美星介（未定种）1
	78.0	纯净小玻璃介2，瘦长骊山介1，海星介（未定种）1，土封曼介1，土库曼介（未定种）1
$Q_{1(2)}^1$	148.2	纯净小玻璃介7
$Q_{1(1)}^2$	157.3	纯净小玻璃介2，开封土星介3，粗糙土星介1
$Q_{1(1)}^1$	174.7	纯净小玻璃介1

下下更新统下段（$Q_{1(1)}^1$）含化石样品 1 个，仅含纯净小玻璃介 1 个。

下下更新统上段（$Q_{1(1)}^2$）含化石样品 1 个，介形虫 6 个，为纯净小玻璃介、开封土星介、粗糙土星介。

上下更新统下段（$Q_{1(2)}^1$）含化石样品 1 个，仅含纯净小玻璃介 7 个。

上中更新统（$Q_{2(2)}$）含化石样品 5 个，共含介形虫化石 189 个。以土星介为主，占总量的 63.5%；次为玻璃介，占 26.5%；余为丽星介、金星介、美星介、土库曼介、柔星介、斗星介及海星介，合计占 10%。

下上更新统下段（$Q_{3(1)}^1$）含化石样品 6 个，共含介形虫化石 91。其中，以玻璃介为主，占总量的 41.8%；次为土库曼介，占 25.3%；再次为骊山介，占 16.5%，又次为海星介，占 14.3%。余为土星介，仅占 2.1%。

下全新统含化石样品 7 个，共含介形虫化石 427 个。其中，以土星介为主，占总量的 63.5%；次为玻璃介，占 19.2%；再次为金星介，占 11.2%；余为斗星、美星、球星、丽星等介及达尔文介，共占 6.1%。

中上全新统（$Q_{4(2-3)}$）介形虫化石贫乏，4 个样品只含该类化石 8 个。其中，土星介 6 个，小玻璃介（未定种）1 个，真星介 1 个。

（3）软体动物化石组合。

全剖面取样 54 个，含软体动物化石者 29 个，占 53.7%。含化石层位多集中于中上部，下部不仅含量少，且种属单一（见表 1-12）。

下下更新统上段（$Q_{1(1)}^2$）含化石样品 1 个，仅含豆螺（未定属），数量超过 10 个。

上下更新统下段（$Q_{1(2)}^1$）含化石样品 1 个，产豆螺（未定种）多于 10 个，旋螺（未定种）2 个。

上下更新统上段（$Q_{1(2)}^2$）含化石样品 2 个，共含蜗牛化石 14 个。其中，塞拉螺（未定种）多于 10 个，纹治螺 2 个，玻璃螺（未定种）1 个，土蜗（未定种）1 个。

下中更新统下段（$Q_{2(1)}^1$）含化石样品 1 个，仅产截螺（未定种）1 个。

上中更新统（$Q_{2(2)}$）含化石样品 4 个，共产蜗牛化石 714 个。以旋螺为主，占总量 63.7%；次为热带螺，占 14.1%；再次为土蜗与半球多脉螺，分别占 8.4%、7%；余为水泡螺、琥珀螺、腹节螺、钻头螺、玻璃螺、池螺、带齿螺及塞拦螺，合计占 6.8%。

下上更新统下段（$Q_{3(1)}^1$）含化石样品 3 个，共产蜗牛化石 8 个，水生螺只有 3 个，为盘旋螺（未定种）、土蜗（未定种）及琥珀螺（未定种）。余为旱生螺，即玻璃螺（未定种）3 个，中华阿比螺 2 个。

下上更新统上段（$Q_{3(1)}^2$）含化石样品 3 个，产蜗牛化石 17 个，旱生者占 47.1%，以塞拉螺（未定种）、中华阿比螺为主，分别占总量的 29.4%、23.5%；次为白旋螺、圆盘螺（未定种），分别占 17.6%、11.8%；余为旋螺（未定种）、瓦娄螺（未定种）、玻璃螺（未定种），共占 17.7%。

上上更新统上段（$Q_{3(2)}^2$）含化石样品 1 个，仅产旱生矮氏蛹形螺 1 个。

下全新统（$Q_{4(1)}$）含化石样品 4 个，共产蜗牛化石 56 个，其中以塞拉螺（未定种）为主，占总量的 44.6%；次为辛辛拉提螺（未定种），占 26.8%；再次为旋螺（未定种），占 12.5%；余为土蜗（未定种）、河边螺（未定种）。方豆蚬及琥珀螺（未定种），合计占 16.1%。

表 1-12 郑州东郊祭城 Z37 孔剖面软体动物化石一览

层位	深度(m)	化石名称及数量(个)
$Q_{4(2-3)}$	0.8~0.9	绿色土蜗3，白旋螺2
	2.9~3.0	*玻璃螺（未定种）2
	3.9~4.0	土蜗（未定种）2，琥珀螺（未定种）1
	4.1~4.4	玻璃螺（未定种）1
	5.8~5.82	绿色土蜗4，土蜗（未定种）1，白旋螺3，半球多脉螺7，腹节螺（中华阿比螺）20，*鱼形玻璃螺16
	6.2~6.3	中华琥珀螺1
	7.2~7.3	琥珀螺（未定种）1
	7.7~7.8	旋螺（未定种）1，亚洲瓦娄蜗牛1，*玻璃螺（未定种）4
$Q_{4(1)}$	8.3~8.6	辛辛拉提螺（未定种）5，塞拉螺（未定种）1，土蜗（未定种）>15，旋螺（未定种）1
	9.5~10	土蜗（未定种）3，河边螺（未定种）3，塞拉螺（未定种）4，扁旋螺（未定种）2，玻璃螺（未定种）1
	13.4~13.5	方豆蚬2
$Q_{3(2)}^2$	15.8~16.1	琥珀螺（未定种）1
	22~22.4	*矮氏蛹形螺1
$Q_{3(1)}^2$	33.5	白旋螺3
	33.6~33.7	塞拉螺（未定种）5，旋螺（未定种）1
	37.9~38	*圆盘螺（未定种）2，*中华阿比螺4，*瓦娄螺（未定种）1，*玻璃螺（未定种）1
$Q_{3(1)}^1$	46.77	盘旋螺（未定种）1，*玻璃螺（未定种）1
	47.6~47.8	*中华阿比螺2，玻璃螺（未定种）1，土蜗（未定种）1
	53.7	琥珀螺（未定种）1，*玻璃螺（未定种）1
$Q_{2(2)}$	57.4~57.6	绿色土蜗>5，土蜗（未定种）>5，白旋螺>10，扁旋螺>10，奥氏旋螺>10，柯氏旋螺2，膜旋螺>10，北亚旋螺18，吉氏旋螺>10，旋螺（未定种）>300，热带多脉螺>50，半球多脉螺>50，赫氏水泡螺5，琥珀螺（未定种）3，腹节螺（未定种）10
	58.7~58.9	钻头螺10，*鱼形玻璃螺10，旋螺（未定种）>50，热带螺>50
	59.2~59.4	土蜗（未定种）>50，池螺（未定种）1，白旋螺>5，旋螺（未定种）>20，*钻头螺（未定种）3，玻璃螺（未定种）2
$Q_{2(1)}^1$	78	塞拉螺（未定种）5
	111.76	截螺（未定种）1
$Q_{1(2)}^1$	126.76	塞拉螺（未定种）>10，纹绐螺2，*玻璃螺（未定种）>1
	137.3	土蜗（未定种）1
	148.2	豆螺（未定种）>10，旋螺（未定种）2
$Q_{1(1)}^2$	157.3	豆螺（未定属）>10
N_2	213.1	豆螺（未定种）1

注：*旱生种属

· 54 ·

中上全新统（$Q_{4(2-3)}$）含化石样品 8 个，共产蜗牛化石 77 个，旱生者居多数，占 57.1%，以旱生玻璃螺与中华阿比螺为主，占 55.9%；次为土蜗与旋螺，占 24.7%；余为半球多脉螺、琥珀螺、钻头螺及亚洲瓦娄蜗牛，共占 19.4%。

6）平原区浅部第四纪流水堆积层物理力学性质

黄淮海平原中东部地带浅部所被覆的第四纪流水相沉积建造，为全新统及上更新统。兹以深度 70 m 为界限，叙述各地该部分地层的岩性与厚度变化。

（1）郑州东郊。

全新统，厚 16.79 ～ 19 m。岩性：上部中上全新统，为黏质砂土夹淤泥质黏砂土及含有机质淤泥质黏砂土，厚 7.95 ～ 9.18 m；下部下全新统，为含有机质淤泥质黏砂土夹黏质砂土及有机质淤泥质砂黏土与有机质淤泥质黏土，厚 8.84 ～ 10.81 m。

然而，上更新统为粉砂、细砂及中砂层，夹砂质黏土与黏质砂土，底部有薄层砾石，厚 37.9 ～ 40.11 m。

（2）豫东北地区。

全新统，厚 25 m。岩性：上部为黏质砂土夹淤泥质黏砂土，厚 11 m；中部为淤泥质砂黏土，厚 6 m；下部为中细砂层，厚 8 m。

上更新统，为粉细砂及中砂层夹砂质黏土，厚 40 ～ 60 m。

（3）冀东南地区。

全新统，厚 20 ～ 40 m，为淤泥质黏砂土。上更新统上段，厚 20 ～ 40 m，为粉细砂与黏质砂土及砂质黏土互层。

（4）鲁西北地区。

全新统，厚 25 m，为淤泥质黏砂土夹粉砂层。上更新统，厚 45 m，为粉细砂夹黏质砂土。

关于上述诸时代地层的土壤物理力学性质，曾于郑州东郊布设钻孔取样进行室内分析测定（见图 1-13），有关试验结果分述于后。

①土壤颗粒组分。据 Z37 与 HK63 两孔颗粒资料展示：

中上全新统上部（孔深 6.15 m 以上）为粉砂及黏质砂土层。粉砂层，以粉细砂为主，占 80.2%，粉粒与黏粒少于 5%，中粗粒仅占 13.8%；黏质砂土层，粉细砂粒含量占 50% ～ 65%，粉粒占 15% ～ 41%，黏粒占 6.9% ～ 9.4%。下部为含有机质淤泥质黏砂土与砂质黏土层，有机质含量 5% ～ 9%。其中：黏质砂土、粉砂粒与粉粒含量占 78%。黏粒达 10%；砂质黏土，粉砂粒与粉粒含量达 82%，黏粒与胶粒占 21%。

下全新统上部（埋深 10 ～ 15 m）为黏质砂土层，粉砂粒含量占 27% ～ 61%，粉粒占 32% ～ 64%，黏粒及胶粒占 7.4% ～ 8.3%；下部为有机质淤泥质砂黏土层，有机质含量达 19% ～ 38.42%，粉细砂粒含量占 12.5%，粉粒占 59.2%，黏粒与胶粒达 28.3%。

上上更新统以粉细砂层为主，并夹中砂层。其中：粉细砂层，粉细砂粒含量达 56% ～ 75%，黏粒少于 3%，中粗砂粒占 17% ～ 36%；中砂层，中砂粒含量超过 50%，粗砂粒少于 15%，无粉粒与黏粒。

下上更新统砂质黏土层，砂粒含量超过 50%，黏粒达 12.9%；黏质砂土，砂粒含量少于 50%，粉粒超过 40%，黏粒达 9.2%；中砂层，中砂粒含量超过 50%，黏粒少于 4%，粉细

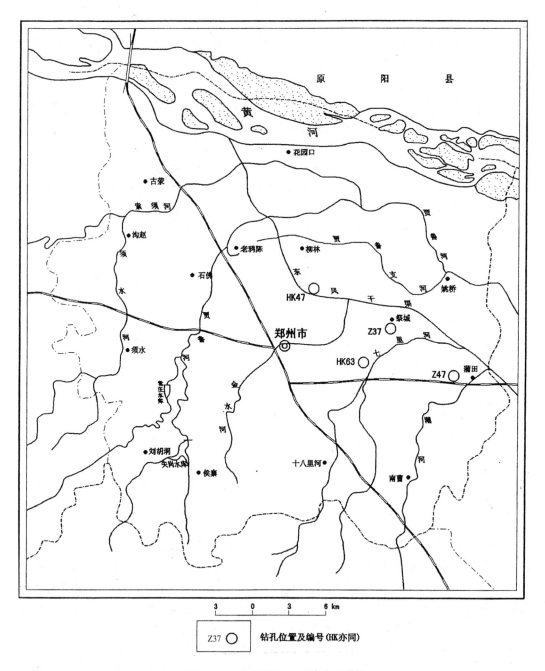

图 1-13　郑州东郊取土样钻孔位置图

砂粒达 32% 。

②土壤的物理力学性质。试样采集以 Z37 孔为主,其余 3 孔为辅。综合 4 孔样品测试资料将各层位各类土壤的物理力学性质列于表 1-13、表 1-14,综述之。

表 1-13 郑州东郊祭城 Z37 孔剖面土样物理力学性质

层位	取样深度(m)	土壤名称	天然含水量(%)	液限(%)	容重(g/cm³) 干	容重(g/cm³) 湿	孔隙比	孔隙度(%)	饱和度(%)	比重	不均匀系数	压缩系数(MPa⁻¹)	抗剪强度 凝聚力(MPa)	抗剪强度 摩擦角(°)
Q4(2-3)	5.1~5.7	淤泥质黏土	24.6	23.8	1.57	1.96	0.716	41.7	92.8	2.7	18.8	0.13		
	8.5~9.1	含有机质淤泥质黏砂土	26.6	24.0	1.55	1.96	0.744	40.7	96.5	2.7	14.8	0.11		
Q4(1)	11.9~12.5	黏质砂土	24.9	24.7	1.61	2.01	0.678	40.4	99.2	2.7	5.1	0.06	0.033	23.5
	13.9~14.4	含有机质淤泥质粘砂土	23.6	35.3	1.63	2.02	0.658	39.7	97.2	2.71	14.5	0.29		
	14.4~15		22.1	27.0	1.66	2.03	0.63	38.7	95.1	2.71		0.15		
Q3(1)²	31.07~31.27	砂质黏土	21.9	31.1	1.68	2.05	0.611	37.9	97.1	2.71		0.22	0.03	23
Q3(1)¹	45.07~45.77	黏土	39.8	48.9	1.53	1.98	0.796	44.3	102.6	2.74				
	48.77~49.32	砂质黏土	18.9	24.4	1.76	2.09	0.53	34.6	95.9	2.79				

表 1-14 郑州东郊平原区全新世土样物理力学性质

层位	孔号	深度(m)	有机质含量(%)	土壤名称	天然含水量(%)	液限(%)	容重(g/cm³) 干	容重(g/cm³) 湿	孔隙比	孔隙度(%)	饱和度(%)	比重	不均匀系数	压缩系数(MPa⁻¹)	抗剪强度 凝聚力(MPa)	抗剪强度 摩擦角(°)
Q4(2-3)	Z47	6.2~9.25	9.18	含有机质淤泥质砂土	23.1	22.2	1.65	2.03	0.631	38.7	98.5	2.69	21.5	0.12	0.016	28
	HK63	7~7.6	8.53	含有机质淤泥质黏砂土	27.3	25.3	1.5	1.91	0.806	44.6	91.8	2.71	27.2	0.42	0.032	27
Q4(1)	Z47	10.25~12.8	19.0	有机质淤泥质砂土	26.9	26.4	1.51	1.92	0.778	43.8	93.0	2.69		0.37		
	HK63	10.6~11.2		黏质砂土	26.6	25.3	1.53	1.94	0.755	43.0	94.8	2.69	3.9	0.09	0.009	32.5
		14~14.6		黏质砂土	28.5	29.8	1.49	1.92	0.8	44.4	95.8	2.69	5.4	0.15	0.014	30
		18.4~19	38.42	有机质淤泥	49.7	47.2	1.1	1.64	1.419	58.7	92.8	2.65	11.8	0.51		
	HK47	12.5~13.1	11.09	泥质黏土	30.8	41.5	1.38	1.8	0.998	49.9	84.9	2.75	7.0	0.49		

中上全新统($Q_{4(2-3)}$)：

淤泥质黏砂土层天然含水量超过液限0.8%，干容重大于1.5 g/cm³，孔隙度大于40%，压缩系数0.13 MPa⁻¹，属中等压缩性土。

含有机质淤泥质砂黏土，有机质含量小于10%，天然含水量大于液限0.9%~2%，干容重等于或大于1.5 g/cm³，孔隙度接近或大于40%，压缩系数0.1~0.5 MPa⁻¹，属中等压缩性土，摩擦角27°~28°，凝聚力0.016~0.032 MPa。

下全新统($Q_{4(1)}$)：

黏质砂土天然含水量大于液限0.2%~1.3%，也有小于液限1.3%者。干容重1.49~1.61 g/cm³，孔隙度43%~44.4%，压缩系数0.06~0.15 MPa⁻¹，属弱至中等压缩性土。凝聚力0.009~0.033 MPa，摩擦角大者达32.5°，小者达23.5°。

含有机质淤泥质砂黏土，天然含水量多小于液限4.9%~11.7%，个别试样大于液限2.6%。干容重均大于1.5 g/cm³，孔隙度38.7%~40.7%，压缩系数0.11~0.29 MPa⁻¹，属中等压缩性土。

有机质淤泥质砂黏土，有机质含量19%，天然含水量略大于液限，干容重略大于1.5 g/cm³，孔隙度43.8%，压缩系数0.37 MPa⁻¹，属中等压缩性土。

有机质淤泥质黏土，有机质含量11.09%~38.42%，天然含水量：大者大于液限2.5%，小者小于液限10.7%。干容重只有1.1~1.38 g/cm³，孔隙度49.9%~58.7%，压缩系数0.49~0.51 MPa⁻¹，属强压缩性土。

下上更新统上段($Q_{3(1)}^2$)：

砂质黏土，天然含水量小于液限9.2%，干容重大于1.6 g/cm³，孔隙度37.9%，压缩系数0.22 MPa⁻¹，属中等压缩性土。凝聚力0.03 MPa，摩擦角23°。

下上更新统下段($Q_{3(1)}^1$)：

砂质黏土，天然含水量小于液限5.5%，干容重达1.76 g/cm³，孔隙度小，仅为34.6%，压缩系数0.11 MPa⁻¹，属中等压缩性土。

黏土，天然含水量小于液限19.1%，干容重略大于1.5 g/cm³，孔隙度44.3%，压缩系数0.17 MPa⁻¹，属中等压缩性土。

③砂土的渗透特性。黄淮海中东部平原，上部晚第四纪流水相堆积，夹多层粉、细砂及中砂，而且以粉、细砂为主。关于此类砂土的渗透特性，黄河水利委员会勘测规划设计院于20世纪下半叶在桃花峪与花园口等黄河滩地进行水文地质试验，所获此类砂土透水性强，以渗透系数(cm/s)表示，特引述：粉砂，$(2.4~3)×10^{-3}$；细砂，$(4.32~9.2)×10^{-3}$；中砂，$(1~2)×10^{-2}$；粗砂，$4×10^{-2}$。

第二章 黄淮海平原区域地质构造的基本特征

第一节 黄淮海平原及其外围的大地构造轮廓

一、区域大地构造格架的形成与发展

地球形成早期为一个大水球,即所谓泛大洋时代,然而黄淮海断块为华北陆块的组成成员。可是,太古代早期,整个华北(大华北)一片汪洋。到了太古代末(25亿年前),全区地壳发生了翻天覆地的剧烈变动,部分海域褶皱回返,泰山、太行山、燕山、嵩山及辽东半岛等地出现了古陆,地学界称此次地壳变动为泰山运动。

然而,经过此次地壳运动,域内古地理环境发生了巨大变化,上述诸地区不但隆起成陆,成为华北洋域的原始古陆核(见图2-1)。

但是,陆核之间及其边缘地带却演化为深海槽,继续接受堆积。其沉积物除火山喷发物质外,尚有陆源细粒碎屑及碳酸盐等物质。可是,早早元古代末(20亿年前),本区又发生了一次剧烈的地壳变动,即五台运动。燕山北缘褶皱隆起成陆,而其东南部的广袤地区,除部分岛弧仍矗立于地表外,绝大部分地域拗陷成海。不过,堆积物多具浅海槽沉积特征,以陆源碎屑为主,夹海底火山喷发熔岩与火山碎屑,以及碳酸盐岩类沉积等。

然,晚早元古代(17亿年前),华北地区又发生了一次规模更大的地壳变动,即吕梁运动。从此,整个华北区的地槽完全圈闭,并褶皱回返成陆,华北陆块从此诞生。

由于此次构造运动强烈,岩层均发生变形与变质。再加上前两次构造运动,使小部分岩层不仅产生了强烈变形与深度变质,而且尚伴随有大规模岩浆入侵。为此,混合岩化与花岗岩化作用强烈。这样,由三套变质程度不等的岩系组成华北陆块下地壳,即结晶基底。不仅固结程度高,而且稳固,为刚性壳体。

尔后,中晚元古代该区地壳处于稳定状态,无大规模构造变动,区域地质作用以夷平剥蚀为主,低洼地带接受堆积,故而浅海与滨海相沉积层大面积被覆。

古生代黄淮海平原及周边地壳出现垂直升降运动。寒武纪至中奥陶世地壳下降,海水由东北向西北与东南方向入侵,华北地区普遍被覆以碳酸盐类岩石为主的浅海相沉积。但,晚奥陶至早石炭世,全区隆升,海水撤退,地壳再度裸露地表,遭受剥蚀。因此,本区上奥陶至下石炭统全部缺失。中晚石炭世地壳缓慢下沉,海水又一次小规模入侵,全区广泛沉积浅海相碳酸盐岩与滨海相煤系地层。因此,中晚石炭世为华北地区主要成煤期。

石炭纪末至三叠纪,区内地壳出现不均匀回升,不仅使海水再次撤退,而且不少地区产生拗陷,集水成湖,致使华北地区广泛堆积该时代的陆相碎屑沉积建造,尤其是下二叠统含多层可采煤。故此,早二叠世亦为华北区的重要成煤期。不过,全区缺失上三叠及下侏罗统,只有豫东、冀东、冀东南、豫北堆积中下三叠统,淮南、鲁西展布下三叠统。由此可

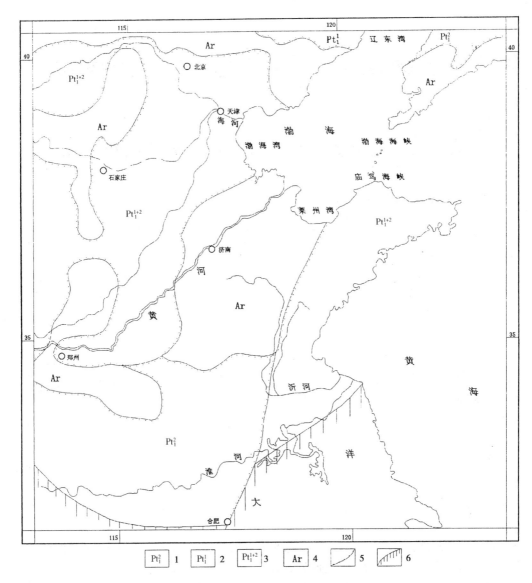

1—上下元古界;2—下下元古界;3—下元古界(并层);4—太古界;5—地层角度不整合界线;6—古大洋边岸线

图 2-1 黄淮海平原前中元古代构造运动形迹图

见,在此期间华北平原地壳处于稳定和剥蚀状态,是又一个重要的夷平期。

然而,早侏罗世晚期至白垩纪末,由于受太平洋与印度洋扩张影响,两洋块同时向欧亚大陆板块俯冲碰撞,从而产生强大的推挤力,致使华北陆块遭受强烈的挤压。尽管结晶基底固结坚硬,还是受到严重破坏而出现块状断裂运动,即燕山运动。此次运动使华北陆块形成若干次级断裂块体,各断块的运动方式不尽一致。故此,盖层构造形变有明显差异。例如:海黄断块以拉张运动为主,域中及其东西两侧之胶辽与太行隆起的主构造线为北北东或北东向张性或张剪性断裂,次级断块主轴线走向亦复如此。但,黄淮断块、泰山与燕山隆起,则以挤压运动为主,主构造线走向近东西或北西西向。中生界及前中生界沉积盖层均发生舒缓褶皱变形,并具典型陆台构造形变特征。之所以在同一期间内产生两种不同形式的构造,除受基底构造控制外,更重要的还是受外围驱动力与域内构造应力场作用方式之不同而有此差异。

燕山运动结束后,华北陆块又处于相对稳定状态,剥蚀作用将前期构造运动所产生的地势起伏逐渐夷平,其地质时代为古新世。因此,除黄淮平原及豫西南部分洼地堆积古新统红色岩系外,其余广大地区均缺失。但,平原地壳稳定时间不长,自始新世始,华北陆块又出现剧烈的构造运动,即喜马拉雅运动。不过,喜马拉雅运动乃是继承性的,即燕山运动的延续。

然而,第四纪以来,黄淮海平原构造运动非常活跃,具有独特性,即以水平扩张运动为主,同时伴随块断差异运动。这种构造运动方式控制了黄淮海平原该时段的古地理环境的演化与水系的形成发育。这对于研究下游黄河的形成机理与河道变迁的控制机制是十分重要的。

另外,太古及中下元古代时,华北海槽周边的水域分别是北为蒙古大洋,西为古特提斯洋,东南为扬子古大洋。这些大洋在华北海槽褶皱回返成陆及其演化过程中,发挥了重要的促进作用。主要表现形式:当华北海槽开始圈闭时,四周洋块不断向它碰撞俯冲,使之遭受南北与东西方向的巨大推挤力,从而加速了海槽隆升回返。因此,华北陆块周边,至今仍存留板块碰撞与俯冲的遗迹,即板块缝合线与俯冲带。在这里详述扬子古大洋成陆的演化历程。

晚元古代时,扬子古大洋经历了两次大规模的地壳变动,即晋宁与澄江运动,距今年代分别为9亿年及7.39亿年。通过这两次强烈的构造运动,扬子古大洋不断褶皱回返,终于演化成大陆板块,称扬子陆块。然而,在其由洋域演化成大陆的晚期,北部边缘地带不断拗陷下沉,出现了呈北西西向展布的带状深槽,且与古特提斯洋连通,称秦岭—大别地槽。

该地槽位于两大陆块之间,陆源物质补给丰沛。因此,古生代时,地槽沉积厚度逾万米。与此同时,也倍受两侧大陆板块的挤压,曾发生多次强烈地质构造运动。如,加里东、华力西、印支、燕山及喜马拉雅等地壳运动,均留下了明显的形迹。如岩层强烈褶皱与变质、岩浆入侵与混合岩化、岩体断裂与层系间的不整合接触,——展示了地槽的构造活动态势。特别是上下古生界的接触部位所存留的蛇绿岩套与双变质带,说明当时槽内板块碰撞是多么强烈。再有,地槽两侧边缘,均存留板块俯冲痕迹,这充分说明:自地槽形成之日起就不断向华北与扬子陆块碰撞俯冲。正因为如此,该地槽经历多次地壳运动之后,褶皱隆升回返成陆,从而结束了地槽生命,形成了微型陆块,称秦岭—大别微陆块。

秦岭—大别微陆块诞生后,所起的联结作用使华北与扬子两陆块拼接成一体而成为中国东部大陆板块的重要组成成员。

二、区域大地构造单元的划分与主要特征

黄淮海平原区域地质构造单元,虽跨越华北与扬子两个大陆板块,但仅涉及两构造域的一小部分。尤其是扬子陆块只包括东北一角。因此,本节叙述次级构造单元主要特征时,乃侧重黄淮海断块及其边缘地带的构造体,余则从略。

华北陆块,大体以汾渭裂谷为界分为东西两部分。裂谷之西,包括吕梁、鄂尔多斯、阴

山、贺兰—六盘及阿拉善等断块,统称西华北断块。其东,则囊括太岳—太行、燕山、黄淮海、辽胶、嵩山及太华诸断块,称东华北陆块。

然,西华北陆块不仅超越本著作研究范围,而且在《黄河中游区域工程地质》一书中业已详述,故而从略。在这里仅述论东华北陆块。

东华北陆块展布范围:北界燕山北侧板块俯冲带(北域板块向华北大陆板块碰撞俯冲带),南抵大别山北侧板块俯冲带(秦岭—大别微陆块向华北陆块俯冲带),东临扬子陆块西侧俯冲带(扬子陆块向华北陆块碰撞俯冲带)。因此,东华北陆块乃为周边被岩石圈断裂切割的刚性大陆板块(见图2-2)。虽然该陆块成陆时代较早,但盖层仍很发育。

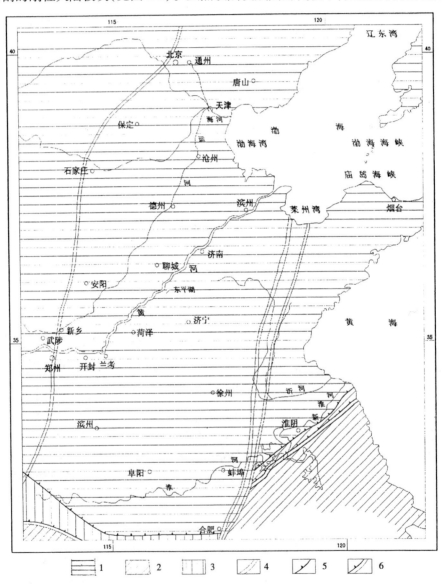

1—华北陆块;2—扬子陆块;3—大别微陆块;4—岩石圈断裂;5—板块俯冲带;6—板块缝合线

图2-2 黄淮海平原及其周边大地构造轮廓图

根据东华北陆块晚近期的分裂状况与不同部位构造的活动特点,将其划分为黄淮海沉降断块及太行、辽(东)胶(东)、燕山与嵩山四个隆起断块,共计五个次级构造单元(见图2-3)。关于各单元的结构特征与活动特点分述于后。

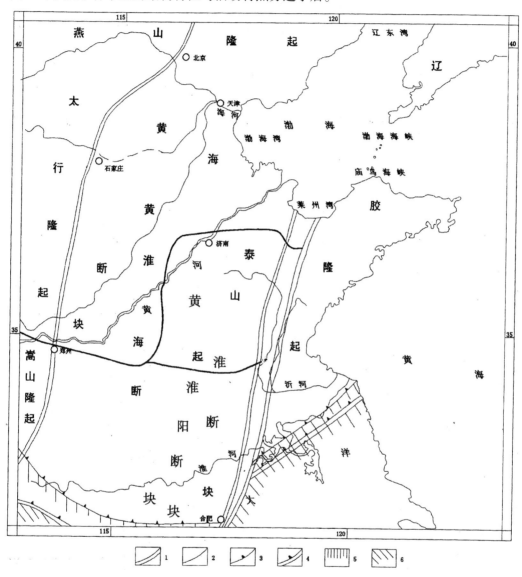

1—岩石圈断裂;2—壳层断裂;3—板块俯冲带;4—板块缝合线;5—秦岭大别微陆块;6—扬子陆块

图2-3 东部华北陆块次级构造单元展布图

(一)黄淮海沉降断块

黄淮海沉降断块呈长方形,四周被大断裂围限。东以郯庐岩石圈断裂与辽胶隆起分界,西以太行岩石圈断裂与太行隆起隔离,北界燕山壳层断裂,南止于秦岭—大别微陆块俯冲带。就整体而言,为拗陷断块,基底由太古与下元古界结晶岩类组成,固结坚硬,形成高强度的刚性壳体。但,颇具脆性,在晚近期的张裂构造运动中呈块状陷落而形成活动性断块。然各构造部位的地质结构与活动特性并不一致。拟详述于第二、三节,此处从略。

(二)燕山隆起

燕山隆起位于黄淮海沉降断块北部,呈东西向展布,基底亦由太古与下元古界结晶岩类组成。上覆盖层为双层结构(构造层,下同):一是中上元古至下中生界;二是上中生界。两者厚度近万米。由于燕山运动剧烈,岩层强烈褶皱,断裂非常发育,并伴随有大量的花岗岩侵入体,主构造线走向呈近东西向。

(三)太行隆起

太行隆起位于太行岩石圈断裂之西,呈北北东向展布。基底主要由太古深变质岩系组成,部分构造域具太古与下元古界双层结构。上覆盖层为中元古至古生界的单层结构,厚 2 800 余 m。然,盖层褶皱平缓,主构造线走向呈北北东向。基底构造极为复杂,不仅褶皱强烈,而且主动力的作用方式也不尽一致。大体以井陉为界划分两段,北段主构造线走向以北东至近东西向为主;南段则为近南北至北北东向。

(四)嵩山隆起

嵩山隆起位于太行岩石圈断裂南段西侧,呈东西向展布,基底由登封群与嵩山群组成,两者呈角度不整合接触。下构造层形变强烈,出现一系列的倒转与平卧复式褶皱;上构造层则为倾侧与偏斜复式背向斜。两者主构造线走向以近南北向为主。

上覆盖层为中上元古界至三叠系的单层结构,厚 4 000 余 m。褶皱平缓,主构造线走向为北西西。

(五)辽胶隆起

辽胶隆起位于郯庐岩石圈断裂之东,南端止于扬子陆块俯冲带,为带状构造体,呈北北东向展布,基底由结晶岩类双层结构组成。但,南北两段不尽一致。辽东段由上太古界鞍山群与上下元古界辽河群组成;胶东段则由下下元古界胶东群与上下元古界粉子山群组成。

盖层组合也不一致。辽东段,为震旦系至中奥陶统的单层结构;胶东段,则为上上元古界蓬莱群与上中生界侏罗、白垩系双层结构。至于基底构造形变,以复式褶皱为主,主构造线走向为北北东。盖层构造多为平缓褶皱,并伴随众多的大小断裂,主构造线走向亦为北北东。而且,有大量的中生代花岗岩与闪长岩入侵。

第二节　黄淮海断块的形成与演变

一、黄淮海断块的形成与发展

黄淮海断块边缘断裂形成时代早晚不一,太行与郯庐断裂形成于五台运动,距今约20亿年。南缘大别断裂产生于17亿年前的吕梁运动。北缘的燕山断裂发生于印支运动初期,距今约2.3亿年。然而,诸断裂初生期的力学性质不尽一致。太行断裂为张剪,郯庐断裂为平移剪切,大别断裂为挤压(压性)俯冲,燕山断裂为拉张性断裂。但,中生代以来,均转化为张性断裂。因此,自此伊始,黄淮海地体以块断下沉为主,并接受堆积,从而形成了东华北陆块中新生代构造体的一个极为重要的组成成员。

三叠纪前期,本区构造活动以缓慢垂直差异运动为主,故此,域内仅中段与北段局部凹陷堆积中下三叠统,泰山地区及鲁北、冀中、淮北等地均为隆起遭受剥蚀。晚三叠至早侏罗世早期,断块整体抬升,且逐步趋于稳定,夷平与准平原化为外动力的主要作用方式。因此,上三叠统及下侏罗统下部缺失。

自早侏罗世末期起,华北陆块的构造运动以水平挤压为主。故域内下侏罗统与中侏罗统、上侏罗统与下白垩统、晚中生界与新生界之间的接触关系均为角度不整合。不仅如此,全部盖层均出现平缓褶皱,或岩层低角度倾斜。与此同时,随着盖层弯曲变形,发生于早元古代的壳层断裂再度复活。如天(津)原(阳)、聊(城)兰(考)及泰山西北缘断裂(黄河断裂)等均呈现复活迹象。由于诸断裂复活,北段构造域产生众多北北东向的断陷与断隆,且排列有序。

除上述断裂复活外,南部断块发生一系列近东西或北西西向的基底断裂,因而使该构造域产生了隆升或沉降次级块状断裂构造。

据构造形迹显示,燕山运动在本区的表现,除岩层形变外,火山活动相当强烈,域中该时段地层各群组碎屑沉积均夹火山喷发岩。如:上侏罗与下侏罗统,夹基性火山岩;中侏罗统,夹中基性火山岩;上侏罗至下白垩统,夹中酸性火山岩及火山碎屑岩;中白垩与上白垩统,夹中基性火山岩。由此可见,在此次构造运动中的岩浆活动,出现了典型的大陆型火山喷发旋回。

燕山运动之后,本区构造运动趋于平静。古新世时,夷平作用成为改变地壳外貌的主要动力。除断块南部部分洼地填充数度百米厚的古新统红色岩系外,其余大部分地区的地壳裸露于地表,遭受剥蚀,故而缺失该时段地层。

二、黄淮海断块次级构造单元的划分与主要特征

根据黄淮海断块晚中生代构造活动方式与特点将其划分为海黄断块与黄淮断块两个次级构造单元,其结构特征如下。

(一)海黄断块

海黄断块介于太行与郯庐(北段)两岩石圈断裂之间,南北两侧分别以泰山及燕山壳层断裂为界。包括渤海在内,为不规则的楔形断块。

然而,基底由上太古界阜平群、泰山群与下元古界五台群、甘河群(或滹沱群)组成,固结坚硬。但,褶皱强烈,断裂构造发育。上覆盖层为三元结构:一是中元古界下段(缺失上段及上元古界)至中下三叠统;二是上中生界;三是新生界。各构造层厚度不一,彼此之间呈角度不整合接触。但,各构造层沉积建造不一致:第一构造层为海相及陆相碎屑岩与海相碳酸盐岩系组合,夹含煤岩系,厚约 4 000 m;第二构造层,为红色湖相碎屑岩与火山岩组合,厚 4 000 ~ 5 000 m;第三构造层,主要为陆相碎屑沉积建造,多处夹多层拉斑玄武岩,厚 1 600 ~ 10 800 m。

(二)黄淮断块

本断块介于太行与郯庐两条岩石圈断裂之间,北以黄河壳层断裂为界,南缘止于秦岭—大别微板块俯冲带,为形状不规则的断块。由淮阳断块与泰山隆起组成,两者以郑(州)丰(县)壳层断裂为界。其次级构造单元的结构特征分述如下:

1. 淮阳断块

四周被深大断裂切割,呈矩形。就整体而言,为沉降性断块。结构特征:基底由上太古界登封群与下元古界嵩山群组成,为双层结构。岩层变形强烈,断裂发育。以走向近东西向者为主。上覆盖层为三元结构:下构造层,为震旦系至中下三叠统,厚1 000~2 700 m,而震旦系至下古生界沉积建造以碳酸盐岩类为主,上古生界到下三叠统,以碎屑岩为主,夹含煤岩层;中构造层,为上中生界,厚3 300~8 030 m,系湖相碎屑沉积建造与火山喷发岩组合;上构造层,为新生界陆相碎屑沉积,厚2 400~5 900 m。

2. 泰山隆起

泰山隆起位于郑丰壳层断裂东段之北,东界郯庐岩石圈断裂,西北以黄河壳层断裂为界,呈长方形,为隆升断块。基底由泰山群组成,褶皱形变强烈,多为倒转与平卧背、向斜,断裂构造非常发育,主构造线走向为北西向。上覆盖层有两层:下层为上元古界上段土门组至古生界,厚1 985 m,系海相与陆相碎屑岩及海相碳酸盐岩组合;上层为上中生界侏罗白垩系,系湖相碎屑建造,夹多层火山岩,多填充于断陷洼地,与下伏构造层呈平行不整合接触,厚2 000~3 000 m。

三、黄淮海断块晚近期构造活动方式

燕山运动使黄淮海断块挤压抬升,绝大部分地区隆起遭受剥蚀,故缺失古新统。但,周口、亳州、徐州、连云港一线以南之东西两侧,仍继续陷落接受沉积,并填充数百米厚的古新世地层。

然而,始新世时断块再度复活,以水平拉张运动为主,因而出现中部隆起、东西两侧陷落的块断构造格局(见图2-4)。东部断陷呈北北西向展布,被胶东隆起阻断而不连续。西部断陷带延展方向为北北东,主要沿天原与聊兰壳层断裂发育,并继续南延。虽然也被横向断隆隔断,总体说来还是连续的。始新世末,断块出现南升北降。周口、亳州、徐州、连云港一线以南构造域不断抬升。与此同时,东西两侧凹地亦隆升回返。因此,豫东南及淮北两地缺失渐新统,该线以北地区仍维持原有构造格局。于是,渐新世断陷凹地继续接受堆积。

渐新世末,黄淮海断块出现水平挤压现象,地壳隆升回返。因此,早第三纪红层产生平缓褶皱与众多的断裂。而且沿岩石圈断裂与壳层断裂发生大量的基性岩浆喷发,钻探揭露该套地层多处夹多层拉斑玄武岩。而且上第三系与下第三系呈角度不整合接触。

然,此次构造运动直延至上新世。不过,晚第三纪的表现形式:四周隆起,中部拗陷。即围绕泰山隆起弯曲,形成不规则的半月形沉降带(见图1-5)。绝大部分地区晚第三纪沉积均出现超复现象,只有东南部边缘呈现退复。可是,断块沉降幅度:中部小,南北两端大。晚第三纪最大沉积厚度:海黄断块之渤海断陷近3 000 m;黄淮断块南部凹陷1 100余m;中部通徐凸起带不足500 m。由此可见,晚第三纪时黄淮海断块的沉降是不均匀的,北段下沉剧烈,中段缓慢,南段则介于两者之间。

上新世末,黄淮海断块拗陷隆升回返,晚第三纪红层产生宽缓褶皱或低角度倾斜。主构造线走向:海黄断块为北北东,黄淮断块呈近东西向。同时,下更新统与上第三系呈角度不整合接触。不仅如此,海黄断块之北北东向主断裂再次出现强烈位移。沿断裂多处钻探发现晚第三纪岩系夹基性火山喷发岩,多为含橄榄石拉斑玄武岩。自此,黄淮海断块超巨型湖盆消失,并转化为陆地平原而遭受剥蚀,地壳也渐趋稳定。

然而,早更新世以来,黄淮海断块再度出现强烈活动,以张裂运动为主。可是,次级断块的运动方式与表现形式并不一致。例如:

（1）海黄断块。由于西太平洋板块沿西缘消减带向亚洲大陆板块俯冲,而亚洲板块则向太平洋板块仰冲,引起华北陆块向东南方向滑移。于是,海黄断块出现水平拉张运动,并沿域内北北东向主断裂产生张裂陷落而形成若干裂谷带与断隆带,称海黄裂谷系（见图2-4）。有关裂谷的结构特征活动方式与运动旋回,详述于第三节。

1—隆起(缓慢隆升);2—凸起(强烈抬升);3—凹陷(强烈沉降);4—裂谷(不均匀强烈陷落);

5—长期活动的岩石圈断裂;6—强烈张裂活动的壳层断裂;7—强烈剪切位移的盖层断裂;

8—板块俯冲带;9—板块缝线;10—具活动性的基底断裂

图2-4　黄淮海平原活动断裂构造展布略图

（2）黄淮断块。由于秦岭—大别微陆块受扬子陆块的推挤而向东华北陆块碰撞俯冲，引起黄淮断块向秦岭—大别微陆块仰冲，从而产生向南滑动的牵引力。与此同时，由于海黄断块的张裂陷落而产生侧向推挤力，促使黄淮断块向南滑移，并出现一系列的近东西向基底断裂，引起断块分裂，产生了沉降性的淮阳断块与抬升的泰山隆起。关于此两构造块体的活动特点分述如下：

淮阳断块：断块的差异性运动，引起断块的进一步分裂，形成了一系列呈近东西向展布的凸起与凹陷带。这些构造带在第四纪不同时段，其隆升或沉降速度也不尽一致。变化态势：早更新与中更新世，下沉或上升速度小，年均值多在 0.1 mm 以下，只有周口凹陷略大于 0.1 mm；晚更新世则升降值增大，年均达 0.2 ~ 0.5 mm；全新世地壳活动更加剧烈，升降值多大于 1 mm，较之晚更新世增大了一个数量级。为此，第四纪期间，淮阳断块的活动强度乃随时间推移而与日俱增（见表 2-1）。

泰山隆起：第四纪以来受四周断裂抬升而日益隆起，且随黄淮断块的升降而升降。据近期地形测量资料显示，年均抬升速度达 3 ~ 5 mm。

另外，第四纪以来，黄淮海断块线状断裂活动非常活跃，除早期形成的断裂再度复活外，又出现众多的新生断裂。总括起来大致可分为下列四类：

（1）岩石圈断裂。切入华北陆块上地幔顶部的岩石圈断裂，呈北北东或近东西向展布，系黄淮海断块的边界断裂，发生于早元古代，近期又再度复活。

（2）壳层断裂。切穿黄淮海断块壳体而止于莫霍面的壳层断裂，主要展布于海黄断块内部及其边缘地带。有两组：一组近东西向；另一组呈北北东向。近东西向组，形成于吕梁运动，燕山运动再度复活，第四纪以来活动十分强烈，其代表性的有三条：一是黄淮海断块北缘边界断裂，即燕山南麓断裂，称燕山断裂；二是泰山西北边缘断裂，称泰山或黄河断裂，此系海黄断块南缘边界断裂，它将黄淮海断块一分为二；三是郑（州）丰（县）断裂，它将黄淮断块一分为二。北北东组，形成时代较晚，除海黄断块东西两侧者发生于古新世外，展布于断块中部的均为第四纪新生断裂。

（3）基底断裂。穿越黄淮海断块地壳之康拉面而进入下部结晶岩体内的大断裂，主要展布于黄淮断块，构造线走向呈近东西向，形成时代为晚中生代，近期普遍出现复活迹象。

（4）盖层断裂。发育于康拉面以上盖层内部的浅层断裂，广泛分布于黄淮海断块。大体可归纳为两组：一是北东—北东东组；另一组是北西—北西西组，两者为共轭剪切断裂。北西—北西西组为压剪，北东—北东东组为张剪。多发育于第四纪，亦有老断裂复活者。该类型断裂规模虽小，但分布密度大，竟将黄淮海断块分割成若干小块，使之产生众多的断突与断洼，从而形成了次一级的块断构造。

表 2-1 黄淮海平原新生代地层年均沉积速度对比

构造单元 年均沉积速度（mm） 地层系统	层底距今年龄（万年）	海黄裂谷									黄淮断块				
		饶阳槽地	黄骅槽地	济阳槽地	新乡槽地	开封槽地	沧州槽地	内黄断隆	海兴断隆	菏泽断隆	郑州洼地	通许凸起	徐州凸起	周口凹陷	永城凹陷
全新统	1.0	4.0	4.0	2.5	1.0	3.0	3.0	2.0	3.0	2.3	1.7	2.5	0.5	1.5	2.0
上更新统	10	1.78	1.5	0.47	0.44	0.67	0.56	0.33	0.56	0.33	0.44	0.33	0.22	0.33	0.22
中更新统	120	0.18	0.21	0.1	0.06	0.08	0.09	0.05	0.09	0.06	0.05	0.04	0.02	0.06	0.04
下更新统	248	0.2	0.12	0.1	0.06	0.14	0.09	0.05	0.09	0.13	0.07	0.05	0.03	0.14	0.09

第三节　海黄裂谷系的形成与发育方式

晚中生代以来,太平洋大幅度向北扩张,引起西太平洋板块沿西侧海沟向亚洲大陆板块俯冲,从而产生一系列的岛弧构造。如千岛群岛、日本群岛、琉球群岛、台湾岛及菲律宾群岛等,形成了亚洲大陆东缘的第一岛链。然而,新生代以来,西太平洋板块间歇式地继续向亚洲大陆板块俯冲,使岛弧西侧陆块张裂陷落,形成了弧后盆地,海水入侵则成为边缘海槽,如日本海、东海、黄海、南海等。

西太平洋板块西向俯冲,引起亚洲大陆板块东向仰冲,于是弧后海盆不断增深扩大,并产生海底裂谷,如东海冲绳裂谷与南黄海裂谷等,在边缘海槽海底裂谷诞生的同时,华北陆块裂谷亦开始发育,如海黄、汾渭及河套裂谷孕育于始新世。随着时间的推移,华北陆块的裂谷亦渐次发展壮大,进而形成华北大陆板块三大裂谷系。本节因受研究区域范围的局限,只探讨海黄裂谷系的形成与演化。而汾渭与河套两裂谷系,在作者主笔所著《黄河中游区域工程地质》一书中已详述,此处不再重复。

一、海黄裂谷系形成发展的力源机制与活动旋回

新生代以来,由于西太平洋板块西向俯冲及印度板块与青藏板块碰撞,则华北陆块受到这两股驱动力的推挤,于是构造运动再度活跃。始新世初,海黄断块出现水平拉张现象,从而沿东西两侧岩石圈断裂内侧(太行断裂东侧与郯庐断裂西侧)产生张裂陷落,形成两条北北东向陷落带,即裂谷带。可是,裂谷带之间绵亘一条同方向、呈楔形的隆起带,将上述两裂谷带分开。

然而,此阶段的裂谷沉降非常强烈,并延至渐新世晚期,局部最大沉降幅度达 8 100 m。而且,谷内主断裂带多处发现大陆裂谷型拉斑玄武岩。因此,海黄裂谷系从此时起开始发育。

渐新世末,由于受区域挤压运动的影响,黄淮海断块在强大的驱动力作用下,早第三纪红色岩系出现挤压变形,裂谷开始闭合。至晚第三纪,中部隆起带大幅度拗陷下沉,两侧裂谷带消失,此为海黄裂谷的第一个消亡期。然而,从裂谷扩张发育伊始,至挤压闭合消亡,恰好形成了其兴衰演变旋回,称第一旋回。

上新世末,断块拗陷隆升回返,并受华北陆块向东南方向滑移的影响而产生水平拉张。自此伊始,海黄断块又开始进入第二旋回的发育期。

不过,就整体发展趋势而言,第四纪以来海黄裂谷系一直在不断分裂扩张。但,由于区域构造应力场的变化具间歇性(西太平洋板块活动具周期性旋回),则裂谷发展也有张有弛,并具周期性。其演变规律:早早更新世,早中更新世,早晚更新世及晚晚更新世末至全新世地层中,多处发现拉斑玄武岩,据此判断,上述诸时段乃是海黄裂谷系的扩张期;而晚早更新世、晚中更新世及晚晚更新世,为该裂谷系的收敛回返期。原因在于:当西太平洋板块沿西侧海沟向亚洲大陆板块俯冲时,则地幔物质西向迁移。那么,地幔物质运移至华北陆块深部时,则沿岩石圈断裂上涌,引起该地带地幔隆起,并在洋块强大压力挤压下,岩浆沿断裂侵入地壳,产生强大的上举力。于是,地壳拱起拉张变薄。与此同时,还向两

侧产生推挤力。如岩浆的上举力大于地壳抗拉强度,则壳体破裂,岩浆喷溢,裂谷扩张,此为裂谷的拓宽期。

当岩浆喷溢时,地壳所贮集的能量大量释放,深部压力亦相应减小。这样,岩浆上举力渐次减弱,喷溢现象也逐渐终止。如此,裂谷两侧岩体所承受的挤压力渐次松弛,强度减弱。由于重力与惯性作用,两侧岩体受牵引力影响产生反向位移,呈现阶梯状断落。所以,裂谷带两侧多展现阶梯状断裂带。此为裂谷的消减收缩阶段。

然第四纪以来,海黄裂谷系的发育虽具周期性变化,但,总的发展趋势是扩张,而且呈螺旋式的运动方式发展。这是海黄裂谷运动第二旋回的扩张期。

二、海黄裂谷系次级构造单元的划分及其主要特征

自早更新世始,海黄裂谷系多次扩张引起断块分裂,产生一系列的沉降与隆升带。沉降者称裂谷带,隆升者曰断隆带。两者相间排列。自东而西,裂谷带有济阳、黄骅、饶阳及保定四个。断隆带则有海(兴)菏(泽)、沧(州)内(黄)及大(兴)隆(尧)三个(见图2-5)。关于裂谷带与断隆带的展布、主要特征分述如下:

(一)裂谷带

1. 济阳裂谷带

该裂谷带北起辽东湾,向西南方向延伸,经渤海中部与济阳,至禹城折向南,至成武折向西,止于太行岩石圈断裂,呈S形,长约1 000 m,宽度变化大,禹城以北最宽段达160 km,之南最窄仅12~25 km,西段(成武至郑州)约50余 km。

裂谷带两侧被断裂切断,其边界断裂:北段与中段,东侧为郯庐岩石圈断裂与黄河壳层断裂,西侧为禹(城)成(武)断裂;西段,北侧为北西西向剪切断裂,南侧为郑(州)丰(县)壳层断裂。

然而,裂谷带结构不尽一致。中段与西段宽度小,结构单一,只有裂谷槽地。可是,北段结构复杂,带中存在众多的次级断突与断注,呈近东西向排列,形成复式裂谷槽地。

该裂谷带沉降幅度不一。沉降中心位于渤海,第四纪堆积层厚达600余 m。其次为中段巨野槽地,亦达580 m。其余谷段一般为200~350 m。

2. 黄骅裂谷带

黄骅裂谷带,北起宁河,南延经黄骅、聊城、范县,于兰考西与济阳裂谷带汇交,呈北北东向展布,长573 km。两侧被壳层断裂切断,东侧为聊(城)兰(考)断裂,西侧为沧(州)范(县)断裂。

该裂谷带宽窄不一,总体说来,北宽南窄。最宽段为渤海湾,达82 km。最窄处在范县附近,仅10 km许。一般宽30~45 km。然裂谷沉降幅度不一,大体是北大南小,沉降中心位于宁河至黄骅段,第四纪堆积厚达700 m。其余各段第四系厚度:北段400~550 m;南段250~350 m。

3. 饶阳裂谷带

饶阳裂谷带,北起武清稍北,南延经饶阳、淇县,于原阳附近汇交于济阳裂谷带,呈北北东向展布,全程长630 km。两侧受限于壳层或岩石圈断裂,东侧为天(津)原(阳)断裂;西侧,北段为廊(坊)邯(郸)断裂,南段为太行断裂。

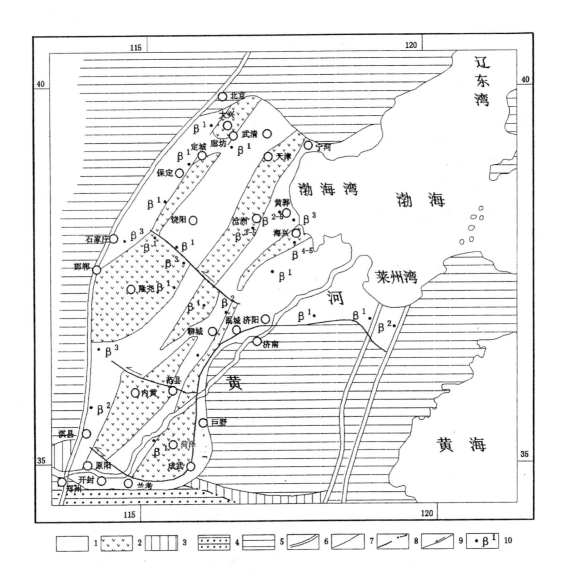

1—裂谷带;2—断隆带;3—凹陷;4—凸起;5—隆起;6—岩石圈断裂;7—壳层断裂;8—基底断裂;
9—盖层断裂;10—拉斑玄武岩(右上角编码表示岩浆喷发时代:β^1—早第三纪;β^2—晚第三纪至早更新世初;
β^3—早中更新世;β^4—早晚更新世;β^5—晚晚更新世末至全新世初)

图2-5 海黄裂谷系统结构图

裂谷带北宽南窄,一般宽50 km,最宽82 km,最窄32 km。沉降幅度北大南小,沉降中心位于饶阳一带,为深陷的裂谷槽地,第四纪堆积层厚达650～700 m,其余谷段一般厚300～500 m。最薄是南段,厚仅100余 m。由此可知,裂谷带谷底由南向北倾斜,比降达1.7‰。

4.保定裂谷带

该裂谷带规模较小,北起燕山南缘断裂,南延经保定至石家庄稍南,全长仅284 km,呈北北东向展布,两侧以断裂为界,东为容(城)无(极)壳层断裂,西为太行岩石圈断裂。

裂谷形状较规整,呈带状,宽 20 ~ 44 km,沉降中心位于中段保定附近,第四系厚 460 ~ 596 m,南北两段沉降幅度较小,第四纪堆积厚度南段不足 100 m,北段 100 ~ 200 m。故此,该裂谷带谷底形状:中部拗陷两端翘起,呈船形。

(二)断隆带

1.海菏断隆带

海菏断隆带,位于济阳与黄骅两裂谷带之间,由海兴与菏泽两断隆组成。其主要特征如下。

1)海兴断隆

海兴断隆展布于北段,北宽南窄,呈楔形。向北延伸经渤海湾直达燕山南麓,被燕山南缘断裂切断,长 300 km 许,最宽段为渤海湾北侧,约 100 km,最窄仅 13 km,位于南端。然断隆中部高两头低,向南倾伏尖灭。海兴东北约 7 km 的小山,为晚更新至全新世火山喷发形成的火山锥,高 36 m,露出地表部分直径 250 m,由火山碎屑岩堆积而成,覆盖于下全新统之上,而该统地层出现烘烤现象。据钻探,井深 400 ~ 500 m 地温增温率每 100 m 达 6 ~ 7 ℃,为华北平原高温异常区。

2)菏泽断隆

菏泽断隆展布于聊城与兰考之间,在聊城北被北西向断裂切断,形成横向断洼,使之与海兴断隆分隔。

该断隆长 300 余 km,北窄南宽,一般宽 30 余 km,最宽在南头,达 70 km,最窄为北端,仅 12 km 许。然而,断隆地势南高北低,由南向北倾伏。可是,第四纪堆积层却是两头薄中间厚,南段厚 150 余 m,北段 180 m 左右,中段竟达 300 ~ 500 m。故此,断隆第四纪的活动特点为两头翘起,中部拗陷,呈船形。

2.沧内断隆带

沧内断隆带介于黄骅与饶阳两裂谷带之间,由沧州与内黄断隆组成,两者被黄骅裂谷分支隔断而不连续,形成彼此相对独立的凸起。关于两断隆的主要特征分别述之。

1)沧州断隆

北起燕山南麓,南延经天津、沧州,倾伏于饶阳裂谷带。长 330 km,宽 20 ~ 40 km。南段受北西向剪切断裂影响向东南方向位移。

该断隆中部隆起,第四系厚 200 ~ 300 m。而南北两段第四纪下沉幅度大,尤以北段为巨,该时代沉积层厚 400 ~ 600 m,由南向北递增,南段第四系虽然较薄,但亦达 300 ~ 350 m。

2)内黄断隆

形状奇特,中间宽两头窄,近似梭形,长 230 km。中部内黄一带,宽 76 km,第四纪盖层一般厚 20 ~ 30 m。尤其是西侧浚县一带,古生代地层裸露地表,形成孤丘、残山,高出地表数十至百余米。

北段呈楔形,宽 13 ~ 40 km,倾伏于黄骅裂谷,第四系厚 200 ~ 250 m。南段,向济阳裂谷带倾伏,宽 25 ~ 38 km,第四纪堆积层厚 140 ~ 180 m。

由是观之,该断隆第四纪以来的活动特点为:中部大幅度隆升,两端向裂谷倾伏,而且中部及南端被北西—北西西向压剪性断裂切断,断裂北盘向西移动。

3. 大隆断隆带

大隆断隆带位于饶阳与保定裂谷带之间。北延止于燕山南缘断裂，南端则被太行断裂切断，长 440 km，呈北北东向展布。以无极北侧北西向剪切断裂为界，分为南北两段，北段称大兴断隆，南段名隆尧断隆。

1）大兴断隆

大兴断隆呈条带状，展布于无极横向断裂之北，长 258 km，宽 13 ~ 32 km。廊坊至容城间为横向断注，不仅将断隆分隔成两段，而且还沟通了保定与饶阳两裂谷带。

该断隆北高南低，第四纪沉积层厚度：北段 250 ~ 380 m；南段 350 ~ 600 m。所以，断隆的活动特点是：北升南降，基岩顶面由北向南倾斜。

2）隆尧断隆

隆尧断隆长 190 km，宽 43 ~ 100 km，呈长方形。第四纪沉积层特点为两头薄中间厚。据钻探揭露，其厚度为北段 75 ~ 190 m，南段 30 ~ 220 m，中段 330 ~ 480 m。故此，第四纪以来该断隆的活动特点：南北两端抬升翘起，中部拗陷。另外，北缘断裂西南侧出现早中更新世及早晚更新世基性火山喷发岩，即拉斑玄武岩。由此可见，更新世时隆尧断隆活动强度之一斑。

三、海黄裂谷系现代构造运动特点与发展趋势

海黄裂谷系为黄淮海断块的主要组成成员，而黄淮海断块沧海桑田的演化又受控于东华北陆块，然而自太古代至今，东华北大陆板块的地壳构造变动经历了下列四个阶段：一是早太古至早元古代，为水平挤压运动，地壳褶皱回返成陆，即通常所说的造山运动，使沧海成为桑田。二是中元古至早中生代以垂直升降运动为主，地壳时降时升，沉降时桑田变沧海，隆升时沧海变桑田。据此，中元古至早古生代地壳下沉演变为沧海，早古生代末至早中生代初地壳又隆升成陆，虽然晚古生代早期地壳曾一度下沉，海水再度入侵，但时间短暂，且为滨海环境。三是晚中生代至新生代初又出现水平挤压运动，地壳仍以褶皱变形为主，并伴随断裂形变。四是新生代中晚期至近代，以水平拉张运动为主，壳体分裂而产生若干断块。故此，此次构造运动可称为块断运动，并延宕至今。在此，将华北构造域自古至今地壳运动的全过程归纳为一个简单的程式：水平挤压→垂直升降→水平挤压→水平拉张。

虽然，始新世以来海黄裂谷系以张裂下沉为主。但，不同构造部位沉降幅度不一致。从新生代地层沉积速度对比中（见表2-2）可窥一斑。例如，早第三纪、晚第三纪及第四纪年均沉积速度（mm）：裂谷槽地分别为 0.03 ~ 0.13、0.05 ~ 0.08、0.12 ~ 0.28，断隆分别为 0 ~ 0.03、0.03 ~ 0.07、0.06 ~ 0.13。

从上述统计数据剖析，槽地沉降幅度晚第三纪最小，第四纪最大，早第三纪次之。然而，断隆的情况不同，第四纪沉降幅度最大，晚第三纪次之，早第三纪最小。

尽管海黄裂谷系第四纪沉降幅度最大，但各构造单元不同时段的沉降幅度不完全一致。如表 2-1 所示，早更新世、中更新世、晚更新世及全新世年均沉积速度（mm）：裂谷槽地分别为 0.06 ~ 0.2、0.06 ~ 0.21、0.44 ~ 1.78、1.0 ~ 4.0；断隆分别为 0.05 ~ 0.13、0.05 ~ 0.09、0.33 ~ 0.56、2.0 ~ 3.0。

上述统计数据说明两个问题:一是从时间变化来看,早更新与中更新世地壳运动比较平稳,沉降幅度变化不大。然晚更新世以来裂谷沉降幅度遽增,尤其是全新世竟达到高峰,与更新世比较,超出一到两个数量级;二是从空间变化来看,差别出现于南北段(大致以无极至济阳一线为界,即以该处展布的北西向剪切断裂为界,将海黄裂谷系分为南北两段(断裂之南为南段,其北则为北段),南段沉降幅度小于北段,不论是裂谷槽地还是断隆皆如此,其大小差别达一倍或数倍,不过也有达一个数量级的。那么,海黄裂谷系的活动特点乃是南升北降。

另外,海黄裂谷系构造活动方式有二个:一个是渐变;另一个是突变。关于此二者的表现形式分别叙述。

渐变,即蠕变。若裂谷受内外动力联合作用引起地壳缓慢形变,而这种变形是宁静式的,只有通过长期观测才能识别其变化,短时间难以感知,这就叫渐变。国家地震局测量大队 1953 年以来对华北地区所进行的地形变测量资料揭示:裂谷槽地长期下降,年均沉降速度,最大值达 -21.1 mm(饶阳槽地),最小值 -1.6 mm(济阳槽地),一般为 $-2.6 \sim -7.1$ mm;谷内断隆与边缘凸起或隆起则抬升,年均上升速度,最大值 5.0 mm(辽东隆起),最小值 0.83 mm(海兴断隆),一般值 $1.1 \sim 4.3$ mm(见表2-3)。据此可知,裂谷系内部的裂谷带与断隆带及裂谷系与边缘隆起的构造差异性运动是非常明显的。

据叶洪等的研究,从北京西山到胶东横切海黄裂谷系的剖面,新生代以来累计水平拉伸量达 50 km 许,地壳水平拉伸率为 0.16。近年来华北平原三角重复测量资料也有所反映。那么,海黄裂谷系近期构造运动方式,除垂直差异块断运动外,尚有水平拉张运动,即在断块向东南方向滑移运动的过程中产生块状断落,而块状断落是不均一的,因而出现相对的升降差。

突变,即灾变。当西太平洋板块西向俯冲时,华北陆块受影响而产生地壳形变。同时,深部地幔物质西向迁移,引起华北陆块上地幔变形而呈现波浪状起伏。于是,地壳隆起部位的地幔则向下拗陷,而凹陷裂谷的地幔乃向上隆起。当地壳受外力挤压变形所产生的应变能及地幔物质上涌所释放的热能两者聚合蓄集于裂谷与断隆接合部(偏断隆一侧)之结晶基底中(因基底层为刚性体,适合能量聚集)。若能量聚集达到饱和,并超越地壳围限抗阻强度,便冲破地壳的围堵而骤然释放,因而产生瞬间高强度破坏,造成灾变,或称突变。

然而,突变的方式有三个:一是火山喷发;二是破坏性地震;三是快速地裂。此三者对海黄裂谷系的发生、发展与演变规律的影响与表现述之如下。

火山喷发:新生代以来,海黄裂谷系曾发生五次火山喷发,出现时代分别为早第三纪、晚第三纪至更新世初、早中更新世、早晚更新世及晚晚更新世末至全新世。各次喷发的时间间隔(即第一次喷发终止至第二次喷发开始的间歇时间)分别为 2 350 万年、130 万年、80 万年、9 万年。然而,第五次火山喷发终止距今已数千年了。

从新生代火山爆发的时间间隔剖析,海黄裂谷系火山活动随时间的推移间歇期越来越短,即火山爆发频率快速递增。虽然通过勘察研究尚未发现近期会出现火山可能复活的任何迹象,不过多处裂谷槽地深部地幔隆起确实存在,这种征兆值得研究。

表 2-2　黄淮海平原新生代地层年均沉积速度对比

地层系统 \ 构造单元（年均沉积速度 mm）	层底距今年龄（万年）	海黄裂谷								黄淮断块			
		饶阳槽地	黄骅槽地	济阳槽地	开封槽地	沧州槽地	内黄断隆	海兴断隆	菏泽断隆	通许凸起	徐州凸起	周口凹陷	界首凹陷
第四系	248	0.28	0.2	0.12	0.14	0.13	0.06	0.12	0.11	0.05	0.03	0.14	0.09
上第三系	2 600	0.07	0.06	0.05	0.08	0.05	0.03	0.03	0.07	0.04	0.02	0.06	0.05
下第三系	5 800	0.13	0.12	0.03	0.03	0	0	0	0.03	0	0	0.05	0.05

表 2-3　黄淮海平原及周边地区地壳年均形变速度一览

年份 \ 构造单元（年均形变速度 mm）	饶阳槽地	黄骅槽地	济阳槽地	开封槽地	沧州槽地	内黄断隆	海兴断隆	菏泽断隆	通许凸起	秦山隆起	辽东隆起	太行隆起
1953～1965		-4.2	-4.2		1.7		0.83			3.3		
1953～1972	-21.1*	-2.6	-1.6	1.1	1.1	1.1	1.6	1.1		4.1	3.2	4.2
1968～1982	-3.6	-7.1	-3.6	-2.1	4.3	1.4	2.9	3.6	2.9	3.6	5.0	2.9

破坏性地震:黄淮海断块是中国地震多发区之一,而海黄裂谷系又是高强度破坏性地震频发区。据已有地震史料揭示,该构造域存在五条强烈的地震破坏带,即郯庐断裂与济阳、黄骅、饶阳、保定裂谷带。这些构造带成为本区地壳不稳定的重要因素,也是平原区危害最大的地质灾害性因素。关于这方面的内容将于第五章详述,此处从略。

　　快速地裂:由于裂谷的拉张,两侧壳体产生阶梯状断落,因而裂谷带两侧常常出现地裂缝带。这在华北陆块三大裂谷系构造域多有发现。如陕西省西安、渭南、华阴等地多处展现的地裂缝带,乃是汾渭裂谷近期张裂运动的产物。至于西安市受开采地下水的影响而产生地面沉降引起的地裂,那只是局部问题,而且裂缝带规模小。

　　又如,河南省安阳、延津等地,于 20 世纪 80 年代后期发生的地裂缝,长度超过 1 km,宽 10 cm 许,形成时间仅数月,发展速度不可谓不快。此可作为海黄裂谷系近年来展现强烈活动的佐证。

第三章　黄淮海平原古气候与古地理环境的演化

第一节　黄淮海平原古气候的变迁

一、前第四纪古气候的变迁

黄淮海平原及周边地区的太古及早元古代地层历经多次构造运动与重结晶作用,原岩原始沉积特征已荡然无存,无法从中获取堆积时古气候环境的信息。因此,中元古代前地球的古气候环境及其演替也就无从知晓了,姑且存疑吧!

然而,平原及周边中元古代以来的沉积盖层多有被覆,且原岩面貌保存较好,可管窥沉积时期的古气候演化特点。据此,将本区中晚元古代至第三纪古气候的演化分别述之如下。

(一)中晚元古代古气候的演化

黄淮海平原及周边山岭地带的中元古代沉积物,以陆相、滨海及浅海相碎屑岩与碳酸盐岩沉积建造为主,色灰、灰白与灰黄或灰绿及灰黑色,上部出现红色序列,夹石膏层,含多量藻类植物分子。凡此种种生态现象说明:中元古代早期区域气候温暖潮湿,雨量充沛;晚期炎热干燥。

然而,晚元古代区域古气候变化多,例如早期沉积的华北区青白口系代表性地层为一套灰白、灰绿、灰黑、黄绿、暗紫、紫红等色海退系列的细粒碎屑岩与碳酸盐岩;嵩山区的洛峪群,为灰白、灰绿、黄褐、灰紫、浅红、紫红等色序的浅海陆源碎屑至碳酸盐岩沉积建造;辽东下震旦统复州群,为浅海相细粒碎屑岩夹碳酸盐岩沉积。

上述各地三套地层均富含藻类化石及叠层石,表征沉积环境稳定,古气候温热交替偏干燥,有时降水较充沛。

可是,晚期区域古气候多变,东秦岭及大别山等地广泛展布的上震旦统下部罗圈冰碛组,说明华北区距今6.74亿~7.27亿年的晚震旦世前期,曾有较大规模的古冰川活动,即通常所说的中国震旦纪冰川。

此次的中国古冰川为大陆型冰盖,分布范围广,江南地区普遍发现该时代的冰川遗迹。如南沱冰碛组(距今年龄6.93亿~7.39亿年)不仅见诸于长江三峡,而且多分布于滇东、桂北、黔、湘、赣、川西、鄂、皖南及浙西等地。

另外,朝鲜半岛北部的飞浪洞层,属晚晚元古代前期的冰川堆积。

还有,该时代的冰川发育不只出现于亚洲,而澳洲、非洲、北美洲及欧洲亦多有发现。Williams(1975年)根据一组放射性年龄资料提出了三个冰川事件:Ⅰ组,(615±40)百万年;Ⅱ组,($770\pm^{50}_{30}$)百万年;Ⅲ组,($940\pm^{90}_{60}$)百万年。那么,罗圈与南沱古冰川相当于 Williams 所划分的Ⅰ、Ⅱ组冰川事件。由此可见,中国震旦纪冰川代表的严寒的古气候事件是全球性的。

可是,冰期之后的晚晚古元代末,气候转暖。如三峡区陡山沱与灯影组,乃以浅海相灰、灰白及灰黑色碳酸盐岩为主。尤其是陡山沱组下部,富含炭质页岩及石煤。可见,当时的古气候是比较温凉的,降水亦较为充沛。

(二)古生代古气候的演化

总的说来,古生代全球气候比较温暖,降水亦较充沛,但华北区早、晚古生代的气候不一致。早古生代较为湿润,海水虽浅,却浸漫全区。因此,寒武、奥陶系以浅海相兰灰色碳酸盐岩为主,夹灰、绿、黄、紫、紫红等色细粒碎屑岩,且含暖水型底栖动物化石甚丰。然,寒武纪以游移底栖节肢动物三叶虫为主,而奥陶纪则多头足类珠角石,它们都生活于浅海温暖水域。

另外,碳酸盐淀积的临界温度为 21 ℃,水温低于此值则钙、镁与碳酸根等呈离子状态而游离于水溶液。只有水温高于临界温度,诸离子才会化合形成碳酸盐结晶物质而沉淀。据此推测,寒武奥陶纪时,华北区的气候是很温暖的。

然而,华北区晚古生代的古气候变化大。中晚石炭纪气候波动较大,海水时进时退,沉积物出现海陆交互现象,即浅海相碳酸盐岩与陆相细粒碎屑岩交互堆积,并夹多层可采的优质煤。由此可见,当时的古气候温暖湿润,森林茂密。

可是,二叠纪早期气候转凉,较为干燥。域内代表性地层为山西组与下石盒子组,系灰、黑、黄、绿等色细粒碎屑岩夹煤层的陆相沉积建造,盛产耐旱的羊齿类植物群落化石,说明当时古气候温凉偏干燥。

晚二叠纪,区域古气候进一步恶化。上石盒子组为一套黄、黄绿色砂岩与黏土质页岩夹紫红与棕红色黏土岩,表征气候向干热转化。及至晚二叠纪末,所堆积的石千峰组,为紫红与砖红色陆相碎屑岩夹薄层石膏,显示气候炎热干燥。

(三)中生代古气候的演化

域内中生代古气候虽说以干燥为主,但也不尽然,仍有一定的波动,这在该时代的沉积物与古生物群落变化有明显反映。例如:

中下三叠统,以灰紫、暗紫、紫红与深红等色河湖相碎屑沉积为主,富含耐旱的蕨类孢子。鲁西地区该套地层尚夹薄层石膏。由此可见,黄淮海平原早中三叠世之古气候炎热干燥之一斑。

上三叠至中上侏罗统,为灰黄、褐灰、黄绿等色陆相碎屑岩夹灰黑及黑色煤线与煤层,河南济源等地上三叠统尚夹油页岩,富含喜湿的真蕨类、裸子植物的种子蕨类、苏铁与银杏类,以及杉科与松柏类等古植物分子。根据岩石与古植物孢粉组合判断,上三叠系至中侏罗世,域内古气候是温暖湿润的。

上侏罗世至白垩纪又是一套陆相红色岩系,以湖相沉积为主,富含暖水型介形虫与轮藻化石。特别是豫西南及大别山前,多处发现大量的恐龙蛋化石。此可说明,该时段古气候炎热干燥。

据上所述,黄淮海中生代区域古气候的演变特点是:炎热干燥→温暖湿润→炎热干燥的旋回性变化。

（四）第三纪古气候的演化

黄淮海平原第三系比较发育，为河湖相沉积。下第三系以红色岩系为主。上第三系颜色较杂，以灰白、灰绿、灰黄色为主，夹浅棕与棕红色。前者局部夹薄层石膏或石膏质泥岩与泥灰岩及岩盐和油页岩，富含暖水型介形虫化石，并发现鳄类及两栖犀类产于亚热带的古脊椎动物化石。另外，尚发现属于亚热带干旱气候环境的蕨类（Palibinia）分子。凡此种种物候现象足以说明：早第三纪时该区域古气候炎热干燥。然而，晚第三纪域内古生物群落虽仍然是含暖水型介形虫化石较丰，但岩层色序反映当时气候向弱氧化环境转化，且渐渐转凉而日趋干燥。众所周知，南极冰盖于中新世中期开始形成，北极冰盖则出现于上新世初。距今年代分别为 1 800 万年与 500 万年（据国外学者氧同位素 O^{18} 的测年资料）。故此，平原区第三纪古气候演化与全球气候变化是同步的。

二、第四纪古气候的变迁

自晚第三纪地球南北两极先后进入冰期以来，至第四纪冰川发育得到了进一步发展。多次由高纬度向低纬度推进，使北半球亚欧大陆中低纬度普遍发现多期第四纪冰川活动的形迹，黄河流域及黄淮海平原周边山区亦多有见及。兹以平原周边山区冰川活动遗迹为主体，叙述域内第四纪古气候的演化及其主要特征。

（一）区域冰期与间冰期的划分

由于受地形与近期构造活动差异性的控制，黄淮海平原周边山区第四纪冰碛层保存的完好程度也不一致，因而燕山南坡与胶辽半岛冰碛层个别层位缺失。再加上研究程度不一，冰碛物分层与层位确定有较大的差别，如大别山冰川沉积物研究就比较粗犷。唯有太行山东坡冰碛层保存较为完整，研究也较深入细致。兹以此剖面为主体，并参照其他剖面将华北区第四纪冰川活动由老至新划分为下列五个冰期（见表3-1）。

1. 红崖冰期

此冰川事件发生年代距今 190 万～248 万年（其间距今 210 万～220 万年为间冰阶），属早早更新世早期。但各地命名不一，燕山南坡与胶辽半岛分别称朝阳冰期与大站冰期。可是，大别山北麓未深入研究，是否存在本期冰川遗存，不得而知。

另外，东秦岭北坡郭家岭冰期，亦属该时代发生的冰川事件。然，长江之畔的鄱阳湖之滨未进行专门性勘探研究，是否有该期冰碛物深埋于湖底，无从知晓，只好存疑。

2. 赞皇冰期

赞皇冰期发生于距今 150 万～170 万年，属晚早更新世早期。胶辽半岛与大别山北坡分别称黏泥岭冰期与第一冰期。可是，燕山南坡未找到该冰期的堆积层。其原因有两种可能：一是研究程度不够，或被晚期冰碛层所覆盖而未详细分层；另一是受局部构造活动的影响被剥蚀殆尽。

另外，此冰川事件在我国东部广泛存在。如，东秦岭北坡与江西庐山亦发现该时代的冰川活动形迹，分别命名为公王岭冰期与鄱阳冰期。

表 3-1　黄淮海平原周边山区第四纪冰期对比

地质时代	冰期对比	秦岭北坡	太行山东坡	燕山南坡	胶辽半岛	大别山北坡
全新世	全新世	冰后期	冰后期	冰后期	冰后期	冰后期
晚更新世	晚晚更新世	大白冰期	百花山冰期	百花山冰期	（不详）	（不详）
		间冰期	间冰期	间冰期	间冰期	同冰期
	早晚更新世	北庄村期	北冶冰期	碧云寺冰期	步云山冰期	第三冰期
中更新世	晚中更新世	间冰期	间冰期	间冰期	间冰期	间冰期
	早中更新世	洛南冰期	井陉冰期	龙骨山冰期	金坑冰期	第二冰期
		间冰期	间冰期	间冰期	间冰期	间冰期
早更新世	晚早更新世	公王岭冰期	赞皇冰期	（不详）	黏泥岭冰期	第一冰期
		间冰期	间冰期	间冰期	间冰期	间冰期
	早早更新世	郭家岭冰期	红崖冰期	朝阳冰期	大沽冰期	（不详）

3. 井陉冰期

井陉冰期发生于距今 70 万~90 万年,时代属早中更新世中期。全区普遍存留此期冰川遗迹。调查者均以首次发现的地点命名。因研究工作未统一部署,命名亦殊。如燕山南坡称龙骨山冰期,胶辽半岛定名为金坑冰期,大别山北坡叫第二冰期,还有,东秦岭北坡称洛南冰期,庐山曰大姑冰期,等等。

4. 北冶冰期

北冶冰期发生于距今 5 万~7 万年,属早晚更新世晚期。黄淮海平原及其周边地域广泛存留此期冰川事件的形迹,如燕山南坡、胶辽半岛及大别山北坡诸地域多有见及,分别定名为碧云寺冰期、步云山冰期及第三冰期。再有,东秦岭北坡称北庄冰期,庐山乃称庐山冰期。

5. 百花山冰期

百花山冰期发生于距今 1 万~3 万年,属晚晚更新世晚期。域内可直接观察其存留形迹者只有太行山东坡及燕山南坡,统一命名为百花山冰期。

此外,东秦岭太白山及云南大理点苍山,海拔 3 000 m 以上的山岭地带多存留此期冰川遗迹,分别称太白冰期与大理冰期。

然而,两冰期之间的无冰期,称为间冰期。据此,黄淮海地区的间冰期是:红崖—赞皇、赞皇—井陉、井陉—北冶、北冶—百花山四期。再加上冰后期,合计亦是五期。间冰期距今年代分别为 170 万~190 万年、90 万~150 万年、7 万~70 万年及 3 万~5 万年。冰后期则是近万年来的全新世。

总之,第四纪冰川活动具多期性,除亚洲外其他各洲的情况亦复如是,如欧洲阿尔卑斯山第四纪冰期的划分,由老到新为多脑、贡兹、民德、里斯、武木五期。间冰期划分由老至新为多脑—贡兹、贡兹—民德、民德—里斯、里斯—武木四期,加上冰后期,亦是五期。

再如北美第四纪冰期的划分,由老至新为内布拉斯加、堪萨、伊利诺、威斯康辛四期。间冰期划分由老至新则为阿夫顿、雅默斯、桑加蒙和全新世的后威斯康辛阶段。

由此可知,第四纪冰川活动的周期性旋回演替是全球性的。因此,第四纪气候的冷暖干湿旋回演替亦是全球性的。这对于拓宽研究"区域气候变迁规律"的思路是非常有益的。

(二)黄淮海平原及周边冰期与间冰期的古气候特征

黄淮海平原的现代气候域属暖温带,恰好位于暖温带向亚热带转换的过渡地带,故而对于区域气候的变异十分敏感,具有认识地球气候周期性演替的指示性。

第四纪以来,本区气候冷暖干湿变异多多。大体经历了五个冰期,四个间冰期,一个冰后期。各期古气候的主要特征及其冷暖干湿的演替旋回,自老至新述之如下。

1. 第一个古气候演替旋回

该旋回由红崖冰期与红崖—赞皇间冰组成,两者的古气候特征与存留遗迹分述如下。

1) 红崖冰期

红崖冰期平原周边山区之山麓地带所遗存该时段的冰碛物,以绛红、紫红及杂色为主。富含耐寒喜湿的针叶乔木花粉及耐寒耐旱的草木植物孢粉,表征当时山区的生态环境为暗针叶林草原,以寒冷湿润气候为主,同时湿冷与干寒气候交互演替。但平原区的流水相沉积层以灰绿色为主,说明当时气温低,氧化作用不强,实则处于还原的古地球化学环境。所含孢粉:木本以针叶花粉为主,草本是耐寒耐旱喜湿的孢粉并存。上述种种,表征那时平原的生态环境为针阔叶林草原,古气候则是湿冷与干寒交互演替。

2)红崖—赞皇间冰期

红崖—赞皇间冰期东部平原及西部山间盆地的泥河湾组,岩性以棕红色黏土类土为主,所含古生物化石群落:哺乳动物有纳马象、三门马、布氏大角鹿、双叉四不象、桑氏鬣狗及丁氏鼢鼠等;乔木花粉则以喜温湿的针阔叶树种为主,并有现今生长于亚热带的漆树、罗汉松与山核桃等,虽数量不多,但反映此时此地区的古气候确实十分温暖。据此可知,其时的生态环境为针阔叶混交林草原,喜温湿的古动植物群落居主导地位,说明当时的古气候环境温暖湿润。

2. 第二个古气候演替旋回

本旋回由赞皇冰期与赞皇—井陉间冰期组成,两者的古气候特征如下。

1)赞皇冰期

该时段冰碛物的色序,太行山一带为棕红色,胶辽半岛及大别山等地为褐黄色。可是,黄淮海东部平原之河湖积层为灰绿色。总之,长期裸露于地表的山区冰碛物,因受后期风化作用的影响使颜色有所改变。至于深埋地下的沉积物,氧化作用不强,尚能保持本色。故此,平原沉积物的色调表征堆积阶段的气候寒冷。

另外,堆积物中所含花粉,以耐寒喜湿的针叶乔木花粉为主,次为耐寒耐旱的草本植物花粉。据此推断,当时黄淮海平原的生态环境为暗针叶林草原,气候寒冷湿润。

2)赞皇—井陉间冰期

黄淮海东部平原之湖积层,以棕褐、棕黄及褐黄色为主,表征氧化作用增强,气候温暖而不炎热,这在沉积物之孢粉组合得到印证。例如,所含乔木花粉占孢粉总量的60%左右,其中以喜温湿的针阔叶树种为主。草本植物则是耐旱与喜温湿的植被并存。此可说明其时其地的生态环境为针叶及阔叶林草原,古气候温暖湿润。

另外,洛阳黑石关黄土剖面所展示的该时段的老黄土为棕红色古土壤夹薄层黄土,所含古植物花粉显示古生态环境为喜温湿的松林草原(见图3-1)。

3. 第三个古气候演替旋回

此演替旋回由井陉冰期与井陉—北冶间冰期组成,两者的古气候特征如下。

1)井陉冰期

该时段的冰积物颜色各地不一。太行山一带为棕黄色,燕山南坡与胶辽半岛为棕红色,大别山北坡及黄淮海东部平原为褐黄色。此等色调反映当时古气候环境:氧化作用较强。

然而,冰积物所含孢粉表征此冰期的古生态环境各地也不尽一致。如,太行山东坡及黄淮海东部平原为耐寒喜温的针阔(落叶)混交林草原,燕山南坡及胶辽半岛为干寒草原。

另外,平原西部山前地带的黄土,除中部个别层段所含乔木花粉表征为耐寒喜温的针阔叶混交林外,而大部分层段不含孢粉。就整体状况而言,展示该时段的黄土台塬为干冷或干凉的荒漠草原。不过,区域气候并不稳定,在干冷气候带中尚出现干凉时段。

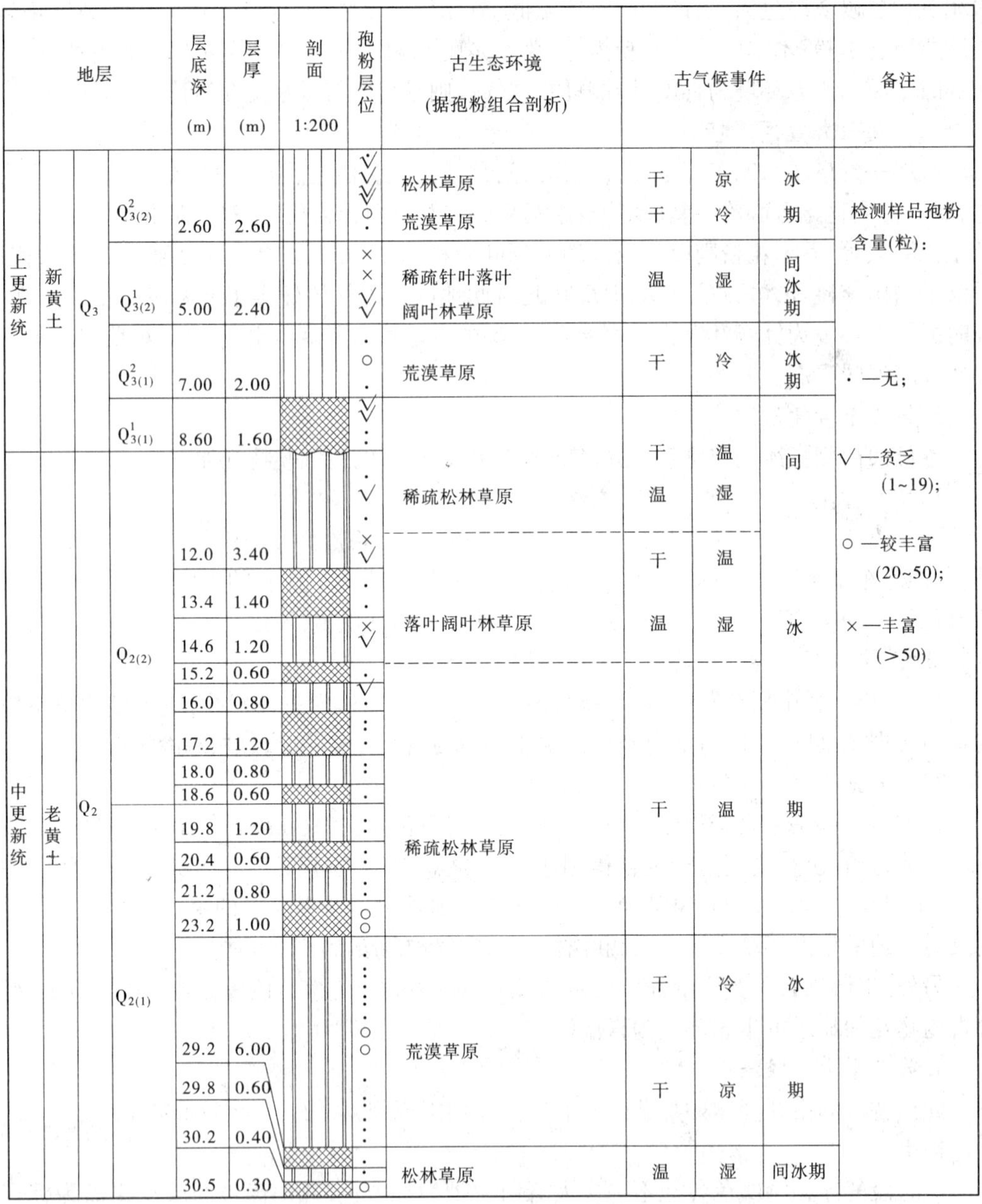

地层				层底深 (m)	层厚 (m)	剖面 1:200	孢粉层位	古生态环境 (据孢粉组合剖析)	古气候事件			备注
上更新统	新黄土	Q₃	$Q_{3(2)}^2$	2.60	2.60			松林草原 荒漠草原	干 干	凉 冷	冰 期	检测样品孢粉含量(粒):
			$Q_{3(2)}^1$	5.00	2.40			稀疏针叶落叶阔叶林草原	温	湿	间冰期	
			$Q_{3(1)}^2$	7.00	2.00			荒漠草原	干	冷	冰期	· —无;
			$Q_{3(1)}^1$	8.60	1.60				干 温	温 湿	间	√—贫乏 (1~19);
中更新统	老黄土	Q₂	$Q_{2(2)}$					稀疏松林草原				○—较丰富 (20~50);
				12.0	3.40				干	温	冰	×—丰富 (>50)
				13.4	1.40			落叶阔叶林草原	温	湿		
				14.6	1.20							
				15.2	0.60							
				16.0	0.80							
				17.2	1.20							
				18.0	0.80							
				18.6	0.60				干	温	期	
				19.8	1.20			稀疏松林草原				
				20.4	0.60							
				21.2	0.80							
				23.2	1.00							
			$Q_{2(1)}$						干	冷	冰	
				29.2	6.00			荒漠草原				
				29.8	0.60				干	凉	期	
				30.2	0.40							
				30.5	0.30			松林草原	温	湿	间冰期	

图 3-1　洛阳黑石关中至晚更新世黄土剖面展示古气候事件图

综上所述,井陉冰期黄淮海平原的古气候时空变化较大。虽然总体说来全域以干寒为主,但不同空域或时段仍有一定的变化。大体是干寒与湿冷并存,或交互更替。

2)井陉—北冶间冰期

平原中部及四周山前地带之流水堆积层,下部以棕褐色与褐色为主,中上部多为褐黄与黄褐色。这表征当时的气温较高,氧化作用较强。但随着时间推移,气温渐次降低,氧化作用也日益减弱。

然而,对古气候最强有力的指示物,乃是当时堆积物中所遗存的古生物化石,而该时段地层含化石颇丰。例如:

哺乳动物化石群,北京周口店化石群正是该时段的古动物群落。具代表性的哺乳动物有豪猪、犀牛、野猪与鹿等亚热带型动物。

微体古生物化石群,平原湖相沉积富含暖水型小玻璃介等介形虫化石。

孢粉组合,为阔叶林草原,反映当时的气候环境温暖而湿润。

据上述种种物候遗存判断,该时段黄淮海平原的气候环境为亚热带。特别是早晚更新世早期,海水大举入侵,滨渤海低平原已成泽国。此可想见当时全球气温及降水量之一斑。

再者,平原边缘的黄土剖面,更翔实记录了区域古气候短周期的演替旋回。例如:

洛阳黑石关黄土剖面 该剖面的土层埋深 7 ~ 23.2 m 层段,可划分为下列三部分:

下部层深 14.6 ~ 23.2 m,为棕红色古土壤与红黄色黄土互层。古土壤所含黏土矿物为伊利石 - 绿泥石 - 高岭石组合。铁比系数小于 0.08,钙镁比系数 0.52,表征气候温暖潮湿,氧化与淋溶作用都很强烈;黄土,所含黏土矿物为伊利石 - 高岭石 - 绿泥石组合,铁比系数 0.16,钙镁比系数 7.3,同样表明气候温暖,但氧化强度中等,淋溶作用很弱,说明降水少,气候干温。然孢粉组合,古土壤以藜、禾草为主,无乔木花粉。黄土,除以耐旱的草本植物为主外,尚含一定数量的松属花粉。总的说来,古植被表征的生态环境为稀疏松林草原。故此,该时段的气候温暖干燥,但不很稳定,时而出现湿润天气。

中部层深 11 ~ 14.6 m,为褐黄色黄土夹棕红色古土壤。黄土,所含黏土矿物为伊利石 - 高岭石 - 绿泥石组合,铁比系数 0.16,钙镁比系数 4.05,表征气候温暖,氧化与淋溶作用强度均为中等;古土壤,所含黏土矿物亦为伊利石 - 高岭石 - 绿泥石组合,铁比系数 0.083,钙镁比系数 0.23,表征氧化与淋溶作用都很强烈,气候温暖而潮湿。

然,所含孢粉:古土壤,以耐旱的草本花粉及蕨类孢子为主,乔木花粉为喜温湿的落叶阔叶种属;黄土,乔木花粉除落叶阔叶种属外,尚含多量的松属,并且草本与蕨类孢粉占优势,均以耐旱的种属为主,也有少量的喜温湿分子。

综上所述,洛阳黄土台塬此时段的生态环境为针叶、落叶阔叶混交林草原,气候温暖,早期湿润,晚期干燥。

上部层深 7 ~ 11 m,为褐黄色黄土与褐红色古土壤。黄土,所含黏土矿物为伊利石 - 高岭石 - 绿泥石组合,铁比系数 0.27,钙镁比系数 4.7,表征气候温和,淋溶作用较强,氧化作用弱;古土壤,所含黏土矿物为伊利石 - 绿泥石 - 高岭石组合,铁比系数 0.32,钙镁比系数 8.11,表征当时气候温和,而氧化与淋溶作用都很弱。

所含孢粉:黄土,耐旱的蕨类与草本植物孢粉占优势,并含喜湿分子,而乔木花粉含量少,以松属为主,并有落叶阔叶树种;古土壤,耐旱草本植物花粉占优势,乔木花粉居其次,以喜温和的阔叶树种为主,松属次之。

纵观全局,该时段洛阳黄土台塬的生态环境为针叶及落叶阔叶林草原,古气候乃是前期温湿后期干温。

郑州邙山黄土剖面 该剖面土层埋深 20.5 ~ 58 m 层段,可划分为上下两部分。

下部层深 39 ~ 58 m,为褐黄色黄土与棕红色古土壤互层(见图 3-2)。

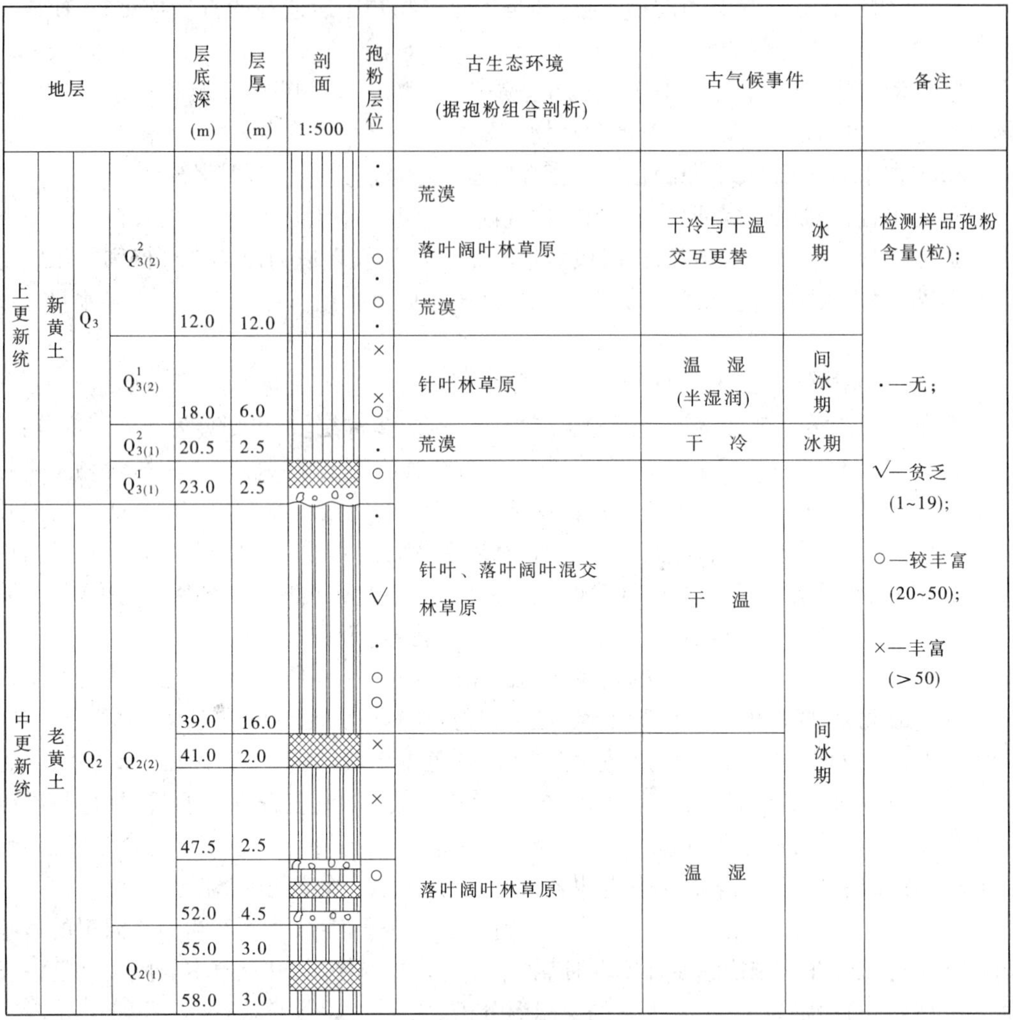

地层			层底深 (m)	层厚 (m)	剖面 1:500	孢粉层位	古生态环境 (据孢粉组合剖析)	古气候事件		备注
上更新统	新黄土 Q₃	$Q_{3(2)}^2$	12.0	12.0		· ○ ·○· ○○ ·	荒漠 落叶阔叶林草原 荒漠	干冷与干温 交互更替	冰期	检测样品孢粉 含量(粒):
		$Q_{3(2)}^1$	18.0	6.0		× × ○	针叶林草原	温 湿 (半湿润)	间冰期	·—无;
		$Q_{3(1)}^2$	20.5	2.5		·	荒漠	干 冷	冰期	
		$Q_{3(1)}^1$	23.0	2.5		○				∨—贫乏 (1~19);
中更新统	老黄土 Q₂	$Q_{2(2)}$	39.0	16.0		∨ · ○ ○	针叶、落叶阔叶混交 林草原	干 温		○—较丰富 (20~50);
			41.0	2.0		×			间冰期	×—丰富 (>50)
			47.5	2.5		×				
			52.0	4.5		○	落叶阔叶林草原	温 湿		
		$Q_{2(1)}$	55.0	3.0						
			58.0	3.0						

图 3-2 郑州邙山中至晚更新世黄土剖面展示古气候事件图

黄土。花粉组合以乔木为主,多为喜温湿的落叶阔叶树种。草本,虽处弱势,但以耐旱的藜、蒿为主。然而,具有气候地球化学指示性的铁比与钙镁比系数,分别为 0.28 ~ 0.37 及 3.71 ~ 4.16,表征氧化作用弱,而淋溶作用强度中等。

古土壤。孢粉组合与本段黄土层基本雷同,不重述。而铁比与钙镁比系数分别为 0.42、2.74,该两项指数所表征的气候地球化学环境也与黄土层一致。为此,郑州黄土台塬此时段的生态环境为落叶阔叶林草原,古气候温暖湿润。

上部层深 20.5 ~ 39 m,为褐黄色巨厚层黄土与浅棕红色古土壤。

黄土。黏土矿物含量高,为绿泥石 - 伊利石组合,铁比与钙镁比系数分别为 0.28 ~ 0.32、1.09 ~ 3.76。然花粉组合,乔木花粉占优势,以喜温湿的落叶阔叶树种为主,含少量松、杉、柏科。草本植物花粉居次要地位,以耐旱的藜、蒿等科属为主,且含少量喜湿分子,如蔷薇科等。

古土壤。灌木与草本植物花粉占优势,以耐旱的蒿属、禾草为主,并有少量喜温湿分子,如木犀科等,然而乔木花粉含量居其次,其中榆属占绝对优势,松、桦等属次之。

上述种种,说明此时段邙山等黄土台塬的生态环境为针叶、落叶阔叶混交林草原。古气候特征是:早期温暖湿润,晚期温和干燥。

4.第四个古气候演替旋回

该旋回由北冶冰期与北冶-百花山间冰期组成。古气候特征如下。

1)北冶冰期

冰期堆积物的主要颜色为黄色,但色调深浅各地不一。分布于太行山东坡、燕山南坡及海黄平原者色褐黄,露布或深埋藏于胶辽半岛、大别山及黄淮平原等地,色黄褐或浅黄。总体而言,表征当时气温低,氧化作用减弱。

另外,所含动植物化石群落,亦可说明当时的区域古气候环境。例如:辽东半岛步云山冰期洞穴堆积层,发现披毛犀、猛犸象及野猪等喜寒冷的哺乳动物化石;黄淮海中东部平原该时段的河湖积层,富含喜湿冷的冷杉、云杉及松属等,而草本花粉则以耐干寒的藜、蒿为主,生态环境为暗针叶林草原,其时的古气候寒冷湿润。

再如,平原西侧北冶冰期堆积的黄土,其地球化学特性与所含孢粉成分,亦清晰地展现该时段的区域气候为干冷环境。例如:

洛阳黑石关黄土,色灰黄,所含黏土矿物为伊利石-高岭石-绿泥石组合,铁比与钙镁比系数分别为0.09、3.16,具自重湿陷性。除中部个别层段含较丰富的耐干寒草本花粉与蕨类孢子及少量乔木花粉外,大部分层段无孢粉。表征生态环境主要为荒漠草原,仅个别时段发展为针叶及落叶阔叶稀疏林草原。

郑州邙山黄土,褐黄色,含多量耐干寒的蜗牛化石,无孢粉,为荒漠。

就整体状况而言,北冶冰期黄淮海平原区域气候大体是:寒冷干燥,但时空变化较大。四周山区及山前黄土台塬以干寒为主,而中东部平原则寒冷潮湿。

另外,该冰期的早期与晚期气候干冷,而中期气温有所回升,湿度亦有所增大。

2)北冶-百花山间冰期

燕山、太行山及嵩山山前地带该时段堆积的黄土及黄淮海中东部平原同时代沉积的河湖积层,其气候地球化学特性或所含古生物化石群落均展现此时的古气候原貌,特分述之。

(1)平原西侧山前地带黄土,举三地实例详述:

燕山南坡黄土,褐黄色,产斑鹿与纳马象等哺乳动物化石。所含花粉:乔木以朴属、桑科为主;草本乃是藜科、禾草及蒿属占优势。此可表征其生态环境为落叶阔叶林草原。

洛阳黑石关黄土,灰黄色,所含孢粉:蕨类孢子占优势,以耐旱的卷柏属为主,并含少量喜湿的水龙骨与膜蕨科;草本花粉居其次,以耐旱的莎草为主,次为蒿、藜等科属;乔木花粉含量少许,以松属为主,栎、桦属次之。表征其生态环境为稀疏针叶落叶阔叶林草原。

郑州邙山黄土,浅黄色,富含耐旱的蜗牛化石,孢粉组合:灌木与草本植物花粉略占优势,以耐旱的蒿草为主,尚含少量喜温湿分子,如蔷薇、苋科与环纹藻等;乔木乃以落叶阔叶树种花粉为主,松科次之,并含一定数量的亚热带分子,如胡桃、枫香、漆树、椴、柳等。生态环境为针叶落叶阔叶林草原。

然而,黏土矿物含量较高,为伊利石－绿泥石－高岭石组合,铁比与钙镁比系数分别为 0.389、1.16。此说明其时气候温和,氧化作用弱,而淋溶作用较强。

(2)中东部平原河湖积层,颜色浅灰或灰黄。所含孢粉:草本花粉占优势,以藜、蒿为主;乔木花粉次之,以松、栎属为主,并含少量喜湿热的胡桃、枫杨、山核桃及桑科等;蕨类孢子少量,以喜湿的水龙骨与凤尾蕨为主。据此推测,其时平原的生态环境为针叶落叶阔叶林草原。而且,东部滨渤海低平原被海水浸漫,是为海进期。

综上所述,北冶—百花山间冰期黄淮海平原的古气候环境属暖温带。就整体而言,区域气候温暖湿润,但不时出现干温现象。

5.第五个古气候演替旋回

该旋回由百花山冰期与冰后期组成。有关冰后期的气候特征,将于"(三)冰后期的区域气候演替"详述。

百花山冰期堆积物的颜色各地虽有差异,但以淡黄色或灰黄色为主。所含动植物化石群落及其表征的生态环境,举数例详述之。

1)燕山南坡

所产哺乳动物化石,以喜冷的披毛犀、原始牛及赤鹿为代表;孢粉,喜湿冷的云杉、桦属占优势,耐干寒的菊、蒿、藜等科属次之,其展现的生态环境为针叶阔叶林草原。

2)海黄东北部平原

孢粉组合:乔木花粉以松属、云杉为主,含少量柏、栎等科属;草本孢粉,以藜、禾草、蒿属为主,尚含少量喜湿的眼子菜与水龙骨科。表征生态环境为暗针叶林草原。

3)郑州东部平原

孢粉组合:乔木花粉略占优势,以松属为主,次为桦属;草本孢粉,藜、蓼与毛茛科为主,菊、蒿等科属次之,并含少量蕨类孢子。生态环境为针叶落叶阔叶林草原。

4)西部山前黄土台塬

举洛阳黑石关与郑州邙山该时段黄土所含孢粉状况述之。

5)黑石关黄土

百花山冰期堆积的黄土,下部未采集到孢粉,而所含孢粉均集中于上部。可是,孢粉含量乃是草本植物花粉占优势,以蒿属为主,藜、菊、禾草等科次之;乔木花粉居其次,主要为松属,次为朴属,并有少量栎、桦等属;蕨类孢子再次之,主要为卷柏属,此外,尚有少量水龙骨分子。据此判断,其时其地的生态环境:早期为荒漠;晚期为针叶落叶阔叶林草原。

6)邙山黄土

该冰期堆积的黄土层,顶、底部无孢粉,唯有中部含孢粉较为丰富。其孢粉组合:乔木花粉占优势,全为榆属;灌木及草本花粉居其次,以耐旱的蒿、藜属为主。故此,该冰期邙山黄土台塬的生态环境:早期及晚期为荒漠;中期为落叶阔叶林草原。

纵观全局,百花山冰期黄淮海地区的区域气候总体说来,以干寒为主,但不稳定,干寒、干温与干凉交互更替。特别是距今 18 000~23 000 年之际,海水大举后退,不仅退出渤海与黄海,而且还退出东海大陆架。由此可见该时段区域气候之干寒。

(三)冰后期的区域气候演替

更新世末冰期之后的全新世为冰后期。除地球南北极及高海拔之高山地带长年被冰雪覆盖外,其他地区无长年积雪。但,随着地球纬度与地势高度的变化,气候分带性非常明显,且随时空变化,全球气候呈周期性演替。在此期间,黄淮海地区气候演变亦复如是,大体可划分早、中、晚全新世与现代气候演替旋回。

1.早全新世古气候演替旋回

距今 10 000～7 500 年,称早全新世。全球气温虽开始回升,但,乍暖犹寒,仍然冷气逼人。因此,此阶段的沉积物大量存留了气温与湿度演变的烙印。特别是台塬与高原黄土,留存的指示物更丰,诚可谓是一部无字真经,有待学者们深入研究和破译。在这里仅将早早全新世黑垆土与晚早全新世黄土及平原同层位地层所存留的涉及气候信息标志物分述之,进而剖析该时段古气候的演化特征。

1)早早全新世黑垆土

该时段的土壤层,为黑褐色古土壤。荥阳马窑沟剖面该层黑垆土黏土矿物含量较丰,为蒙脱石－伊利石组合,但未取样做孢粉检测。故此,乃将其他地区同层位地层所含孢粉分述之。

(1)陇西黄土高原黑垆土。全为草本植物,主要为藜科,次为喜湿的蓼科。所表征的环境为广袤无垠的草原。

(2)陕北洛川坡头村黑垆土。乔木花粉略占优势,以桦属、松属为主;草本花粉,主要为禾本科与蒿属,蓼科次之。其生态环境为针叶落叶阔叶林草原。

(3)鄂尔多斯北部高原黑垆土。广布的黑垆土有机质含量略大于1%,层厚达米许,系草甸土壤,表征其生态环境为草原。

然而,黄淮海中东部平原同层位的河湖沼积层,色浅灰或灰黑,其孢粉组合如下:

(1)海黄平原东北部淤泥质土。木本花粉以松属为主,含少量云杉、冷杉、榆、栎等属;草本花粉以藜、蒿、禾本科为主,含少量蕨类与苔藓。其生态环境为针叶落叶阔叶林草原。

(2)郑州东部平原淤泥质土。木本花粉以松属为主,含少量榆、栎等属;草本花粉主要为藜、菊、毛茛科与蒿属。此外,尚含一定数量喜湿的蓼与荇菜等科。据此,平原生态环境为针叶落叶阔叶林草原。

上述种种生态环境说明:历时 2 000 余年的早早全新世,黄淮海平原及其邻近地区的古气候环境温凉而湿润。

2)晚早全新世黄土

马窑沟晚早全新世黄土,黏土矿物含量与下部黑垆土基本相同,不重述。但,各地同层位的沉积物所含孢粉则不尽一致。例如:

(1)陕西省洛川坡头村黄土。全为耐旱蒿属,表征的生态环境为荒漠草原。

(2)长城以北毛乌素等地风砂层。为无孢粉的风积流砂,实则是毫无生机的荒漠。

(3)海黄平原东北部湖沼积层。孢粉组合:草本植物花粉占优势,以耐旱的禾本科、藜科、蒿属为主,次为莎草科、黑三棱科、麻黄科、蓼科等;蕨类孢子居其次,主要有水蕨科、石松科、水龙骨科及凤尾蕨等;乔木花粉居第三位,主要有栎属、槭科、胡桃属、榛属及柳属等。生态环境为落叶阔叶稀疏林草原。

(4)郑州东部平原沼积层。所含孢粉,草本花粉略占优势,以藜、菊两科为主,次为蓼科与荇菜等科;乔木花粉主要为鹅耳枥、胡桃、榆、槭等属,并有少量榛、栎、椴、桑、柳等属及杉科;蕨类孢子,主要为凤尾蕨,次为水龙骨与膜蕨科。据此,所反映的生态环境为落叶阔叶林草原,气候温暖。

综上所述,历时约 500 年的晚早全新世,黄淮海平原及其邻近地区的古气候环境温暖而干燥。

2. 中全新世古气候演替旋回

距今 7 500～3 000 年,称中全新世。据黄土高原与荥阳马窑沟剖面的黄土组合:下部为早中全新世黑垆土,上部为晚中全新世黄土。然,黄淮海中东部平原同层位地层为流水相沉积。不过,这两套沉积物均可反映黄淮海平原及邻近黄土展布区古气候环境的基本特征。兹一一述之。

1) 早中全新世黑垆土

(1)马窑沟黑垆土。色棕褐,黏土矿物含量高,占矿物总量一半,为蒙脱石－伊利石组合。然而,其他地区同层位地层所含孢粉不尽雷同,乃选择代表性地区的层位作为例证述之。

(2)陇西黄土高原黑垆土。草本花粉占优势,以蒿属、蓼科为主,禾本科等次之;乔木花粉以松、桦两属为主,鹅耳枥等属次之。其生态环境为针叶落叶阔叶林草原。

(3)鄂尔多斯北部高原黑垆土。该层黑垆土分布广,有机质含量较丰,厚约 1 m。孢粉组合以蒿属为主,并含一定数量喜温湿的蓼科与蔷薇科分子。可见那时的鄂尔多斯高原为绿草如茵的草原。

然而,黄淮海中东部平原早中全新世流水沉积物,为浅灰、深灰或灰黄色湖沼或河湖沼积相堆积层,所含孢粉如下:

(1)海黄东北部平原淤泥。孢粉含量,木本与草本处于均势。然木本以栎属为主,次为榆与鹅耳枥属;草本则以藜、蒿为主,并且含一定数量霓虹温湿的香蒲与眼子菜等。据此,其时其地的生态环境为落叶阔叶林草原。

(2)郑州东部平原淤泥质土。木本花粉,以喜温湿的阔叶树种为主,如胡桃、榆、椴、柳、胡颓子等属,并含少量的鹅耳枥、榛、铁杉诸属与忍冬科等。草本花粉,以藜科为主,蒿属、菊科次之,含少量喜湿的蓼科、荇菜科与泽泻属。孢子,以凤尾蕨为主,次为水龙骨等。

那么,孢粉组合所反映的生态环境,与黄淮海平原东北部基本相同,亦为落叶阔叶林草原。

另外,西安半坡文化遗址,考古发掘出仰韶文化期的獐、竹鼠等动物残骸。

纵观上述诸地域的生态环境,可知历时 2 900 年的早中全新世黄淮海平原与黄土高原的区域气候温暖而湿润,属亚热带至暖温带。

2) 晚中全新世黄土

(1)马窑沟。该时代黄土,色灰黄,黏土矿物含量高,为蒙脱石－伊利石组合。此乃说明:其时其地气温高,氧化分解作用强。

然而,黄土高原及黄淮海平原诸地域同层位地层含孢粉较丰,特举例述之。

(2)陇西黄土。乔木花粉,桦、榆、栎属为主,草本花粉,主要为蒿属,并含少量蓼科。生态环境为落叶阔叶林草原。

（3）鄂尔多斯高原北部风砂层。为灰黄色风积流砂，多为荒漠。

（4）海黄平原东北部湖沼积层。灰或暗灰色淤泥质土，所含孢粉：木本花粉，以松、桦属为主，栎、榆、栗属次之，并含少量云杉；草本花粉，以耐旱的藜科、蒿属为主，蓼属、麻黄科少量。生态环境为针叶落叶阔叶林草原。

（5）郑州东部平原河湖沼积层。浅灰色或深灰色淤泥质粉细砂层，所含孢粉：木本花粉，以松属为主，榆、椴属次之；草本花粉，藜科为主，菊、禾本科与蒿属居其次；蕨类孢子，多为凤尾蕨与水龙骨科。为此，其生态环境为针叶落叶阔叶林草原。

另外，据考古研究，河南安阳殷商文化遗址发掘出貘、水牛、野猪等遗骸。同时，殷墟甲骨文尚有猎获象的记载，至今河南省仍简称豫。"豫"字，乃是左"予"右"象"，意思是"我这里有象"。可见殷商时代安阳等地比现在暖和多了，否则生活在热带与亚热带的哺乳动物群是难以生存的。

还有，山东省章丘县龙山镇城子崖文化遗址的灰坑中发现残存竹节等。那么，4 000～4 500年前，济南一带的气候环境是适合当今生长于亚热带的竹类植物生长的。

依据上面所叙述的各代表性地区生态环境剖析，距今 4 600～3 000 年间的晚中全新世，黄河中下游流域古气候有明显的差异。中游黄土高原与沙漠高原温和干燥，属暖温带。下游黄淮海平原温暖湿润，属亚热带。

3. 晚全新世古气候演替旋回

公元前 1050 年至公元 1900 年，历时 2 950 年，称晚全新世，此期间自然沉积的土，称表土层。由于长期裸露于地表，遭受强烈侵蚀而荡然无存。或人类大肆破坏与扰动，难以辨其层序。唯有黄土高原与沙漠高原人烟稀少之穷乡僻壤，尚保存其原貌。

据实地调查，黄土高原晚全新世黄土由两层土壤组成，下部为黑垆土，上部为黄土，然沙漠高原，除下部为黑垆土外，上部则为风积流砂。据 C^{14} 测定，黑垆土底、顶界年龄，距今分别为 3 000 年、2 000 年。那么，其形成地质时代：黑垆土属早晚全新世；黄土与风积砂为晚晚全新世。可是，黄淮海平原同层位的沉积层为河湖沼积建造。关于以该时段黑垆土与黄土等为代表的堆积物所反映的古生态环境分别述之。

1）早晚全新世黑垆土

该层古土壤所含孢粉，分布于陇西高原者以草本植物为主，主要为蓼科，次为藜科；乔木花粉少量，仅有松属。露布于陇东高原的只有草本花粉，蒿属占绝对优势，居其次者为蓼科。然埋藏于鄂尔多斯北部沙漠高原者，层厚，有机质含量超过1%。

然而，该层黑垆土所含孢粉组合，充分反映其时其地的古生态环境：陇西为稀疏松林草原，陇东及漠北为草原。

可是，埋藏于黄淮海中东部平原的河湖沼积层，以浅灰色淤泥质层为主，所含孢粉：草本居优势，以蒿属、禾草及莎草科为主，并含一定数量的香蒲属与蓼科、水龙骨科等；乔木花粉，以松、桦、榆、栎等属为主，且含少量云杉。表征生态环境为针叶落叶阔叶林草原。

上述种种生态环境说明，早晚全新世黄河中下游流域的古气候环境：黄淮海平原温暖湿润，黄土及沙漠高原温和湿润，略偏干燥。

2）晚晚全新世黄土

该时段的黄土所含孢粉，分布于陇东高原者，木本花粉以桦属为主，松属次之；草本花粉占优势,以蒿属为主,藜科次之,并含少量蓼科。展布于漠北者以风积流砂为主,仅局部生长蒿草,或零星木本植物。

然而,埋藏于黄淮海中东部平原之河湖沼积层,所含孢粉:木本以阔叶树种为主,如榆、栎、榛、椴、胡桃、枫杨等属;草本则以蒿属、禾本科为主,含少量蓼科。所反映的生态环境为落叶阔叶林草原。

据以上所述生态环境总体说来,黄河中下游流域晚晚全新世古气候温暖偏干燥,但各地不一。黄淮海平原温暖湿润。黄土高原南部温和偏干燥,其北部及塞外沙漠高原温凉而干燥,且季节与昼夜温差大。

另外,公元前11世纪至19世纪中期,即西周初期至清代中叶的漫长历史时段,属晚全新世。然,西周初至西汉末近1 000年,属早晚全新世;东汉初至清代中叶,属晚晚全新世。

关于上述两地质时段黄河中下游流域古气候的旋回性演替,根据域内不同地点不同时期生态环境的演化,已作了梗概介绍。不过,那只是长周期性的。然而,中国历史悠久,文史资料极为丰富,历朝历代有关气候环境的记述颇多。特别是春秋战国以来,史料浩繁,可谓汗牛充栋。兹以此为据,再深入一步叙述域内古气候短周期的演替旋回。

自公元前1050年至公元1900年的晚全新世,黄河中下游流域古气候呈现温湿与凉干的周期性演替,大体可划分下列三个演变旋回。有关各旋回的演变特点及相关文史记载详述如下:

(1)第一个古气候演替旋回。

该旋回自公元前1050年至前770年,历时280年,气候变化可分为前后两个时段。

前期即西周早期,历时约一个世纪,渭河盆地及以东地域气候温暖,《诗经》多有记载。例如,"摽有梅,顷筐塈之。"《国风》;"瞻彼淇奥,绿竹猗猗。"《卫风》。

《诗经》成书于春秋,为我国古代诗歌总集,反映西周初期至春秋中期的社会风貌。"风",乃地方乐歌,即民歌,反映当时当地民间生活与生产的民谣。"国",即国都所在地区,即今陕西省关中地区。"卫",系当时朝歌,即今河南省淇县。"淇奥",指淇河河湾,淇县位于淇河口。

然而,梅、竹乃喜温湿植物,如今生长在长江以南的亚热带。可是,那时竟迁移至黄河中下游流域,气候温暖湿润可管窥一斑。

后期,即西周中晚期,历时近两个世纪,气候变冷,且偏干燥。《诗经·豳风》有"二之日凿冰冲冲"及"九月肃霜"等记述。又《竹书纪年》记载汉水于公元前903年及公元前897年出现冰凌(周孝王时),同时还记载冰封年之后紧接着就是大旱之年。

"豳",即今陕西省彬县,位于泾河中游。今泾河冬季并不封冻,而那时二月河冰尚未解冻,如欲取水需竭力冲凿破冰,可见天气之寒冷。《竹书纪年》成书于战国,记述夏代至战国时期诸多往事。由此可知,西周中晚期黄河中下游流域气候寒冷,是毋庸置疑的了。

(2)第二个古气候演替旋回。

本旋回始于公元前770年,止于公元589年,历时1 359年,区域气候变化亦可划分为前后两个时段。

前期,公元前770年至公元25年,历时795年。即春秋初期至西汉末年,黄河中下游流域气候又渐次回暖转湿润。有关这方面的资讯史籍记载颇多。如:《诗经·秦风》所咏"终南何有? 有条有梅"。《左传》多处提到今山东境内有梅有竹。《吕氏春秋·任地篇》记述"冬至后五旬七日,菖始生。菖者,百草之先生者也。于是始耕";《史记·货殖列传》云,"陈夏千亩漆;齐鲁千亩桑麻;渭川千亩竹。"还有,汉武帝元封二年(公元前109年),汲仁等发卒伐淇园竹堵塞黄河瓠子决口,等等。

上述文史著作的编纂年代及若干史例阐述如下 :

"秦",即今陕西关中。"终南",即终南山,位于今陕西省长安县之南的秦岭北侧。

《左传》,成书于战国初期。

《吕氏春秋》,成书于战国末期。书中之"菖",即菖蒲,喜温湿,生长在水边,如今多分布于江南。那个时候的"菖",于冬至后五旬七日(一月下旬)开始生长。然而,现今湖南省境内的菖蒲发芽初始期多在阴历二月下旬或三月上旬。可见那时初春气温回升较今早月余。

司马迁的《货殖列传》所记述产漆的"陈夏",即黄淮南部平原;"渭川",即关中地区;"千竹亩",可见西汉时关中竹林大片存在,而非局部房前屋后孤零零的竹园。

梅、竹、桑、麻、漆、菖蒲等,均是喜温湿的亚热带植物,春秋至西汉之际却迁移至黄河中下游流域,可见那时的区域气候是异常温暖湿润的。

后期,公元25年至589年,历时565年,即东汉初年至南北朝,区域气候又变冷,下列文献与史料多有记述。

竺可桢所著《中国近五千年来气候变迁的初步研究》一文,叙述东汉时代的气候变化态势云:"到东汉时代,即公元之初,我国天气有趋于寒冷的趋势,有几次冬天严寒,晚春国都洛阳还降霜雪,冻死不少穷苦人民。"

《三国志·魏书·文帝纪》曾有一段文字叙述三国时冬季出现严寒天气及淮河封冻现象。文曰:"黄初六年(公元225年)冬十月,行幸广陵故城,临江观兵,戎卒十余万,旌旗数百里。是岁大寒,水道冰,舟不得入江,乃引还。"

《晋书·五行志》叙述西晋时今河南等地每年四月还降霜。

《资治通鉴·晋成帝咸康二年纪事》记述东晋早期,辽东湾连续三年冬季封冻(公元366年前后),冰上可行马车。

《齐民要术·种安石榴》云:"十月中以蒲藁裹而缠之;不裹则冻死也。二月初乃解放。"

《齐民要术》,乃北魏贾思勰所著。这就说明:南北朝时,山东、河南一带冬季气温较低,石榴树需包裹保护方可过冬,否则就会冻死。

以上列举的代表性史料所记述的气候事件说明:东汉至南北朝黄河中下游流域气候又再度变冷,且前期喜温湿的植物均已消失,反映区域气候偏干寒。

(3)第三个古气候演替旋回。

公元590年至1900年,历时1 311年,区域气候变化可划分前后两个时段。

前期,公元590年至1050年,历时461年。即隋朝初期至北宋晚期,黄河中下游流域的气候又转向温暖湿润。有关该时段气候事件,文史记述颇多,兹举数例:

竺可桢在所著《中国近五千年来气候变迁的初步研究》叙述7世纪中国气候的变化,

文曰:"中国气候在7世纪的中期变得暖和,公元650年、669年和678年的冬季,国都长安无雪、无冰"。

8世纪中期(公元712~756年),唐玄宗李隆基的妃子江采苹酷爱种梅,号称梅妃(唐曹邺《说郛·梅妃传》卷三十八)。

唐乐史《杨太真外传》说:开元末年江陵进柑桔,李隆基种于蓬莱宫。天宝十年九月结实,宣赐宰臣一百五十多颗。

唐杜甫(公元712~770年)《病桔》诗,说李隆基种桔于蓬莱宫(见清仇兆鳌,《杜少陵集详注》卷十)。

9世纪长安还种梅、橘。唐代元稹(公元779~831年)和乐天梅秋题曲度诗云:"十载定交契,七年镇相随。长安最多处,多是曲江池。梅杏春尚小,菱荷秋已衰。……"(《全唐诗》四〇一页)。

唐武宗李瀍时代(公元841~847年),宫中还种柑桔,且果实累累(唐李德裕《瑞桔赋·序》,《李文饶文集》卷二十)。

北宋诗人林逋(公元967~1028年)居汴京,以咏梅诗而著名。

梅、橘、柑,均属喜温湿的亚热带植物,而今种植于江南。唐宋时可生长于黄河中下游流域,那么,区域气候之温湿可窥全豹了。

后期,公元1050~1900年,历时850年,即北宋末期至清朝末期,区域气候又再度变冷,且以温凉为主,文史典籍多有记载,举例述之如下。

宋代文学家苏轼(公元1037~1101年)咏杏花诗,有"关中幸无梅,赖汝充鼎和。"之句(《苏东坡集》第四册,第86页〈杏〉,商务印书馆国书基本丛书)。

北宋文学家王安石(公元1021~1086年)咏红梅诗,有句云:"北人初未识,浑作杏花看。"(《王荆文公诗》卷四十《红梅》)。

据此可知,北宋时喜温湿的梅树已南迁,而黄河流域气候出现恶化,不适合腊梅的栽种了。

然而,12~14世纪,长江流域太湖多次出现全湖冬季封冻,冰层厚数尺,坚实可通车(元代陆友仁《砚北杂志》卷上)。还有,元代乃贤于至正十一年(公元1351年)所赋堵塞黄河白茅决口(今山东省境)诗云:"分监来时当十月,河冰塞川天雨雪,调夫十万筑新堤,手足血流肌肉裂,监官号令如雷风,天寒日短难为功。"(《金台集·新堤谣》)。

现在黄河下游山东段冬季开始封冻的时间,通常是阴历十一月下旬或十二月上旬,比元代大河封冻的初始期晚。可见,那个时候黄河下游流域的冬天不仅比现在冷,而且时间也长。

15~19世纪,黄河中下游流域气候继续变冷。据竺可桢研究,长江流域的太湖、鄱阳湖、洞庭湖、汉水及淮河在此时段内冬季结冰年次分别为16、6、8、18、12。其中,17~18世纪达到高峰,结冰年次分别为8、3、6、9、8。然而这两个世纪在时间尺度上只占该旋回后期时段的三分之一,而结冰年次所占百分率却高达50%~75%,诚可谓区域气候变异多多。

再者,上述诸水除淮河外,其余均展布于低纬度,即今之亚热带,冬季尚如此严寒,那么,位于北面的黄河流域冬季气温自然更低。不仅如此,这个时段全球气候都变冷了,欧洲称12～18世纪为小冰期。

当然,在11～19世纪的时段里,虽然区域气候变化趋势是变冷,但冷暖仍然是交互更替的,需要进一步深入研究,可以将气候的演替周期划分得更细一些。

4.近代区域气候格局及演化趋势

全球气候自19世纪末期开始转暖,至20世纪气温回升,不断出现高峰。据英国气象观测:1988年为近百年全球气温最高的年份,比1979年前30年平均气温高0.34 ℃,比20世纪初至1949年平均气温升高0.59 ℃。而且,还不断出现高温年份,如1980年、1981年、1983年、1986年及1987年等。

另据欧洲冰川学家于1949～1950年对欧洲现代冰川进行调查的结果,发现318条冰川中:96%退缩、0.5%稳定、3.5%前进。这恰好证明:20世纪以来欧洲气温确实在不断回升。

然而,地球气候的变异受控的自然因素殊多,归纳起来主要有下列三个方面:一是太阳热辐射强度的周期性变化;二是地球围绕太阳旋转轨道的周期性改变;三是地球火山喷发的强度与时空变化。

当太阳出现黑子大爆炸,且持续时间长时,会产生高强度光辐射,则地球接受的太阳热辐射量大增,从而使气温升高。如果太阳处于无黑子爆炸的宁静期,则地球承受的光辐射强度相对减弱,那么,地球气温亦相对较低。

再者,在地球围绕太阳运行的过程中,当太阳光直射地球时,由于聚光作用,地球温度升高。如果斜射,因散光作用气温降低。

还有,当火山大规模喷发时,火山灰及其他气体进入大气层而形成尘幕,阻挡太阳光的辐射,遂使地球温度降低,并产生气候异常。如黄淮海平原,第四纪多次出现火山喷发,火山喷发多发生于冰期,恐怕不会是巧合。不过,第四纪五次冰期是全球性的。那么,与此同时所发生的火山喷发是否也具全球性?抑或部分地区火山喷发同样可以影响全球气候?尚待研究。

虽然,气候的变异具全球性,地理位置与地势高度也是影响地区气候的重要因素。因为,在同一时期地区气温升降受地理纬度与地势高度的控制,据统计,地理纬度每升高10°,或地势每升高1 000 m,则气温递减6 ℃;反之,则递增此值。故此,地区气温的增减与地理纬度及地势升高呈逆相关关系。

然而,黄淮海平原及黄土高原南部,气候温暖半湿润,属暖温带。而高原北部,气候温和干燥,且偏干旱或干燥,属温带。尽管同位于中纬度,但纬度差达10°,而地势高差则更大,最大值达3 000余m。因此,域内气候受地理纬度与地势高度的影响比较明显。特别是山系的展布对局部气候影响尤为显著。例如,南部秦岭、大别山及东部千山(辽东)、崂山(胶东)和太行山等山脉,均能阻挡或削弱太平洋副高压带暖湿气旋北上西进。因此,海风难以深入内地,空气含湿量低且偏干燥,昼夜与季节温差大,属典型大陆性气候。

可是,每逢盛夏初秋,极地高压干冷气旋强度减弱,而副高压带温湿气旋增强西进,两者相会于阴山、燕山南侧,往往形成暴雨,此乃黄土高原伏汛期多暴雨之缘由之所在。

基于上述,19世纪末期以来,全球气候转暖已是毋庸置疑的了。根据黄河中下游流域古气候变迁的研究,自公元前11世纪至公元19世纪,域内气候冷暖更替已经历了三个旋回,而各旋回历时长短不一,最长者为第二旋回,达 1 387 年;最短者为第一旋回,仅 280 年。居中间者为第三旋回,达 1 282 年,与第二旋回接近。那么,20 世纪以来黄河流域气候变迁应是上述旋回性演替的延续,可称为第四演替旋回,即向又一个旋回温暖气候期演进,可是,其时间的长短尚难预测。若与前述三个旋回经历的时间对比剖析:与第一旋回对比,本温暖期该接近尾声,然而全球涉及气候变化的种种现象表明,无此迹象,相反,却有大量迹象显示,全球气温将继续回升;如与第二、三旋回对比,此温暖期刚刚开始,至少还会延续几个世纪,至于孰长孰短,尚待继续观测研究。总之,当前气温不断回升,乃是气候演变的必然规律,并非完全由人类活动所造成。不过,人类某些行为会对局部气候演化起促进作用。然而,对全球气候的演变起主导作用的还是大自然本身。

第二节　黄淮海平原古地理环境的变迁

一、前第四纪华北区古地理环境的变迁

(一)吕梁运动前华北区古地理环境

当地球处于泛大洋时代,华北及四周乃是浩瀚无际的大洋。至太古代末,由于泰山运动使局部隆起而成为古陆,如燕山、太行山、嵩山、泰山及千山(辽东半岛)等。而这些古陆呈链状排列,形成岛弧链。其展布:以燕山为代表者呈近东西向;以太行山、嵩山及千山、泰山为代表者呈北北东向。然,岛链之间为深海槽。

后经五台与吕梁两次地壳运动,诸多海槽全部隆升回返而成为古陆,至此,今中华大地出现了第一个最古老的大面积古陆,即华北古陆。展布范围:北界阴山、燕山南麓,南抵秦岭、大别山北侧,西达贺兰、六盘山西缘,东临黄海西侧,呈不规则的长方形。

(二)吕梁运动后华北区古地理环境的变迁

1. 中晚元古代华北古陆古地理的变迁

经过吕梁运动,华北地区已隆升成陆,但,四周仍被茫茫大洋所包围。具体的态势是:北侧为古蒙古大洋,东南部为古扬子大洋,西边则是古特提斯洋。那么,华北古陆仿如一叶轻舟,载浮于泛大洋之间。每当古洋面上升或古陆下沉,则海水入侵而泛流于古陆,低洼地带乃成泽国。为此,中晚元古代早期出现海进,而晚期则是海退。堆积物呈现由粗到细、再由细到粗的沉积韵律旋回。例如,长城系,底部为基底砾岩,下部为石英砂岩及石英岩,中部为石英砂岩、石英岩、页岩夹白云岩,上部为白云岩与页岩互层夹粉砂岩,顶部为白云岩夹页岩及砂岩;蓟县系,下部为含燧石或硅质条带白云岩、砂质白云岩夹少量石英砂岩,中部为页岩夹透镜状白云岩,上部为页岩与泥质条带灰岩互层夹白云岩及石英砂岩;青白口系,下部为砂页岩互层夹灰岩,中部为页岩、泥灰岩及含砾石英粗砂岩。

据上述实例所表征的沉积韵律旋回剖析,长城及蓟县纪前期为海进期,而蓟县纪后期及青白口纪为海退期。

在海进与海退的冲刷与搬运过程中,推移质与悬移质不断沉积,因而形成了累计最大厚度达 8 590 余 m 的碎屑岩与碳酸盐类岩石沉积建造。虽说堆积层空间分布不均,但总的变化态势是:东厚西薄,东粗西细。原因在于:中晚元古代的华北古陆,四周虽被古大洋

所环绕,可是,北、西、南三侧均有山系为屏障阻挡海水入侵,唯有东部地势低矮,海水即由此而入。

还有,古陆地势西高东低,呈簸箕状,由西向东掀斜。故,海进时海水由东向西进犯,海退时则由西向东撤离,从而出现沉积物的上述变化规律。再者,域内古地势起伏度大,山间盆地多,也是沉积厚度空间变幻莫测的主要原因。总之,中晚元古代的华北古陆,岛屿林立,盆底呈波浪起伏的陆表浅海。

2. 古生代华北古陆古地理的变迁

经过中晚元古代的剥蚀与夷平,华北古陆地貌大为改观,已成为准平原了。与此同时,周边的古地理环境也有很大的变化。譬如:东、南边的古扬子大洋及西边的古特提斯洋的东北边缘地带,经晋宁运动隆升回返成陆。但,与华北古陆毗连的边缘,却又断裂下沉而成为海槽,即祁连—秦岭地槽。那么,古生代初期的华北古陆,就只有北缘濒临大洋了。然而,华北古陆于早古生代初开始下沉,海水再度由东向西进犯,几乎浸漫整个古陆,持续时间长达1.1亿年,于中奥陶世末撤离。在此期间,堆积了厚746~1 359 m以碳酸盐类岩石为主的浅海相沉积建造。因属陆表浅海,故盛产底栖生物。如寒武纪的三叶虫与奥陶纪的珠角石等。

可是,晚奥陶世至早石炭世,在长达1.6亿年的时间里,华北古陆整体抬升,长期遭受剥蚀,成为四周海槽沉积的物质补给源,而自身所存留的就只有风化壳了。

中晚石炭世,古陆再度小幅度下沉,海水又一次入侵,其范围亦遍及全域。不过,系陆表浅海,沉积物以浅海相碳酸盐岩类及滨海相煤系碎屑建造为主,总厚200 m左右。

石炭纪末,古陆出现隆升,海水全部撤离。但,此次陆壳运动直延至二叠纪末,且升降活动不均一,隆起与拗陷并存,故产生若干拗陷盆地,如黄淮海、沁水及鄂尔多斯等巨型拗陷,成为华北二叠纪内陆湖相沉积的三大中心。

3. 中生代华北地区古地理的变迁

中生代华北古陆的演变可分为两个阶段:一是三叠纪至早侏罗世;另一是中侏罗世至白垩纪。关于这两个阶段华北古陆的演变状况分别述之。

(1)三叠纪至早侏罗世。此阶段古陆的演化是继承性的,即沿着二叠纪古陆的运动轨迹继续发展。除南、北、西三面边缘地带经古生代地壳运动而出现环形山系外,域内仍以三大拗陷为沉降中心贮水成湖。湖盆之间为缓慢隆升带,并形成平缓的古陆梁。故此,早中生代的华北古陆,不仅进一步准平原化,而且发展为以内陆湖盆水系为主体的古地貌景观,从此开创了大陆地貌的新纪元。

(2)中侏罗世至白垩纪。自早侏罗世末至白垩纪,华北地区地壳发生了剧烈地水平挤压运动。与此同时,随着地壳的挤压变形而产生一系列的断裂。在此构造运动方式的作用下,已准平原化的古陆的地表形态大为改观,不仅某些拗陷湖盆隆升回返成山,而隆起的某些山地亦断陷或拗陷成湖。沁水拗陷回返成山及燕山隆起陷落成湖,即为其例。

不过,受稳固的结晶基底的控制,上地壳的形变强度有限。除局部地貌结构有所变化外,总体地貌仍基本保持原有轮廓,即以内陆湖盆水系为主体的古地貌结构模式。所不同是:沁水沉降中心消失,起而代之者为燕山拗陷。

另外,至白垩纪末,历经燕山运动,所有陷落带均隆升回返而成为山地,且起伏度大。

山系走向:除南北两侧为北西西至近东西向外,境内山脉则以北东向为主,次为近东西向。于是,形成了不规则的棋盘格式的山系地貌。而纵横山脉之间则为大小不等的盆地。至此,从前所形成的准平原古地貌已荡然无存了。

　　4.第三纪黄淮海盆地古地理的变迁

　　古新世时,华北地区地壳处于相对稳定状态。经燕山运动破坏改造所雕塑的峰峦起伏的古地貌景观,在千万年的剥蚀与夷平作用中又再度准平原化。可是,自始新世至上新世,区域地壳运动又再度活跃,古黄淮海盆地的地貌景观自然随之而演变。然而,早第三纪与晚第三纪构造活动的方式不尽一致,故而古湖泊的形成发育也不一致,特述之。

　　1)早第三纪古湖泊的形成发育

　　古黄淮海盆地乃是在早中生代拗陷基础上经燕山运动块状断落下沉,形成了四周被山系环绕的断块盆地。然而,古新世时,盆地北高南低,除周口—亳州—徐州—连云港一线以南之东西两侧与南部边缘,局部存留洼地潴水成湖外,其余地区均隆起遭受剥蚀(见图1-4)。

　　始新至渐新世时,盆地发生张裂运动。除中部继续隆起外,东西两侧出现呈南北向展布的串珠状断陷湖泊。可是,南段(前述一线之南)洼地于始新世末隆升回返,湖泊消亡。于是,盆地沉积中心由南向北迁移,古地势转化为南高北低了。

　　2)晚第三纪古湖泊变迁

　　自中新世始,盆地中部开始拗陷下沉,而南部(蒙城以南)及东部(潍坊—淄博—济南—巨野—沛县—徐州至洪泽湖一线以东,包括胶辽半岛及苏北)则继续隆起,或隆升回返而凸起(如古苏北清江拗陷湖)。同时,由于湖水超复,水面扩大,早第三纪时阻断湖泊连通的陆嶂,均被湖水浸漫,而形成统一的大湖了(见图3-3),水域面积达29万 km^2,为当时华北最大的内陆湖盆水系。

　　上新世末,盆地隆升回返,巨型湖泊自此消亡,从而为古黄淮海平原的塑造奠定了基础。

二、第四纪黄淮海平原古地貌的变迁

(一)黄淮海平原早第四纪古地理轮廓

　　早第四纪以来,黄淮海平原断裂运动非常活跃,四周抬升而成为山岳,平原陷落形成盆地,不仅如此,原内次级线状断裂活动极为强烈,将平原切割成若干断块,断块的运动方式不尽一致,譬如,海黄断块张裂陷落成为裂谷盆地。而黄淮断块的情况较为复杂,东部泰山隆起抬升成山,西南部淮阳断块虽整体呈下降趋势,但不同地区所表现的形式有很大的差异,其南部断落下沉,北部受南北向侧压力推挤相对抬升隆起,即通徐隆起。故此,淮阳断块的总体地貌形态乃是由北向南倾斜的掀斜盆地。

　　然而,海黄与黄淮两构造盆地的次级线状断裂十分发育,将盆地分割成若干正负块状地貌体,且排列极为有序,其走向:海黄盆地者为北北东向;黄淮盆地者为近东西向。两盆地的负向块状地体,因强烈陷落而集水成湖,使黄淮海平原产生了若干大大小小的古湖泊,且星罗棋布,状若苍穹。

　　由于早第四纪冰川活动频繁,冰期累积达98万年,间冰期共计约140万年。可是,冰

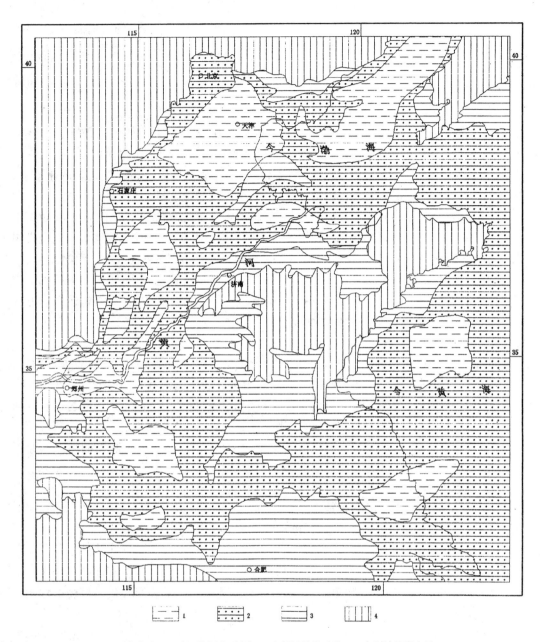

1—古湖泊；2—古河湖沼积平原；3—古侵蚀基岩丘陵；4—古剥蚀基岩山地

图3-3 黄淮海平原早第四纪古地理略图

期气候干燥，降水少，湖泊萎缩，陆原面积扩大。而间冰期的状况则与之相反，气候温暖，降水充沛，湿地面积大幅增长，形成了平原型河湖沼泽水系网络（见图3-3）。在长达近240万年的岁月里，古黄淮海平原的古地理就是在干、湿气候环境呈多旋回性演替而变迁的。

（二）黄淮海平原晚第四纪古地理的变迁

黄淮海平原晚第四纪的地貌结构是继承性的，与早第四纪的古地理轮廓无太大的差别。仍然是四周山系环绕,盆地下降,沉降速度北快南慢,地势南高北低,湖泊、水凼星罗棋布。诚然,这一切的一切与早期无异。所不同者,也是变化最明显的则是下列四个方面,特申述之。

1. 山前洪积扇的扩展

早第四纪晚期,太行山等山前地带的洪积扇已开始出现。但,规模小,分布零星。可是,到了晚第四纪,洪积扇的发展规模空前。不仅燕山、太行山及泰山等山前地带广泛分布,且规模巨大,扇扇相连,甚至相互叠交,形成洪积扇群。之所以如此,原因有二:一是古地势的演化,黄淮海平原晚第四纪块断运动不断增强,平原与周边山区的高差迅速增大,发源于山区的河流与溪沟的纵比降随之增大,甚至出现悬流或跌水现象。毫无疑问,这对增大水流的搬运能力极为有利。故此,粗大的碎屑颗粒远距离搬运至山前地带,在短短十万年的晚第四纪,燕山与太行山等地就经历了两次冰川活动。众所周知,冰川对地壳表层岩体的破坏能力极强,这就为流水侵蚀奠定了基础。另外,间冰期区域气候温暖湿润,降水充沛,多暴雨洪流,每当山洪爆发,乃将泥沙及粗大碎屑物输送至山前,日久天长则形成规模巨大的洪积扇。故此,山前洪积扇的发育强度,不仅直接反映平原近期构造活动方式与强度,而且间接反映区域古气候的变化态势。

2. 山前黄土台塬的形成

黄淮海盆地边缘多被断裂切割,而这些断裂带呈阶梯状错落。因此,燕山、太行山、伏牛山及泰山等山前地带产生了台阶状基底地貌结构。晚中更新世,尤其是晚第四纪以来,黄土尘埃大举东扬,广泛撒落于平原,形成了数十米厚的黄土层。由于山前基岩台阶台面平坦,且呈梯状,黄色尘土被覆,亦呈台阶状。于是,形成了独具特色的黄土地貌景观。

然而,黄淮海平原黄土台塬的发育,虽始于晚中更新世,却完成于晚第四纪。其原因有如下三点。

1)气候的变化

晚更新世的两次冰川活动对黄土发育有莫大的影响。因为黄土系干寒气候的产物。凡冰期堆积的黄土均为巨厚层或厚层,可见黄土发育是受气候支配的。

2)物质补给源的变化

晚第四纪黄土的形成,除早期黄土的补给源外又增加了新的补给源,即西部地区广阔无垠的沙漠,这些沙漠形成于晚更新世与全新世,为晚期黄土的发育提供了更为丰富的物质补给源。

3)搬运介质强度的变化

原生黄土的搬运介质是风,所以称黄土为风成。然而,黄河流域受控于极地高压西风带。以现今大气环流为例,每逢冬春季节西北风强劲,常出现尘暴与风沙流,华北平原亦被波及,这就为黄土尘埃的搬运提供了强大的动力。可是,晚第四纪以来黄河流域的气候愈来愈干燥,形成了干旱与半干旱气候带,特别是冰期,气候尤为干燥,这就为极地干冷气旋大举南下创造了有利条件,黄土尘埃乘风东扬是很自然的了。所以,黄淮海平原黄土台塬主要形成于晚第四纪,虽受众多因素的影响,更重要的还是与古气候变化有关。

3. 下游古黄河等水系的形成发育

晚第四纪以来,黄淮海平原不均匀沉降的差异增大。总的变化趋势是:海黄平原沉降速度的增幅,东北部大西南部小;黄淮平原沉降幅度,东南部大西北部小。这样,两平原的地势差随时间推移而渐次扩大,古地面坡降也就随地势差的增大而增大。于是,平原固有的古内陆湖泊型水系由于排泄基准面的变化而加速溯源侵蚀,独立的湖泊水系通过河流溯源侵蚀而渐次串通,形成了统一的向海洋排泄的通道,下游古黄河由是而诞生了(见图3-4)。

然而,与下游古黄河形成发育的同时,尚有古济水、古淮河及古沂水(江)亦以同样的方式而形成发育,这就出现了《汉书·沟洫志》所记载的"四渎,河为宗"。由于四渎的产生,黄淮海平原古内陆水系乃转化为海洋型水系,无疑,这是大自然演化历程中一次重大的变化,可谓为平原进一步发展开创了新纪元。

4. 海水入侵古渤海

早第四纪的渤海,系黄淮海平原的淡水湖泊。只因晚第四纪以来海水三度入侵,湖水咸化,而称它为海。不过,在海水三次入侵中出现两次大海退,而且退出了古海黄平原,因此古渤海之水又两度淡化,与此同时,恢复了湖泊的固有地貌。关于海水进退的变化状况详述如下。

1)第一次海水进退

距今10万~7万年的早晚更新世早期,即井陉—北冶间冰期,大陆冰川消融,极地冰川萎缩,故而古太平洋洋面大幅度升高,海水大举西侵,并注入古渤海湖而使之成海,海面最高时西岸边界已达今河北省昌黎—玉田—固安(东)—献县及今山东省乐陵—滨州(西)—昌邑(北)等地,水位较今海平面高10 m左右,此为黄淮海平原晚第四纪以来经历的第一次海侵。

然而,距今7万~5万年的早晚更新世晚期,又出现全球性的冰川活动,黄淮海地区称之为北冶冰期。在此期间,冰封大地,雪积高山,冰川不断扩展,降水难以返回海洋,遂使洋域萎缩,海面遽降。入侵渤海之古海流大举东撤,不仅退出古渤海,而且还退到南黄海。据海洋部门在海洋调查研究中,曾于南黄海东部海底发现该时代黄河等河口三角洲,可见那时的古海面较今低80 m左右。此为古太平洋西侧边缘海槽晚第四纪第一次海退。

与此同时,黄河等古河系随之东进,并注入原渤海洼地,潴水成湖,古渤海又转化为古淡水湖了。

2)第二次海水进退

距今5万~3万年的晚晚更新世早期,即北冶—百花山间冰期,山地冰川消融,海水西犯,再度入侵古渤海。古渤海西岸边界达今河北省昌黎—固安—文安(西)—南皮(西)及今山东省乐陵—高青—昌邑(北)等地,水位较今海面高8 m左右。此为海黄平原晚第四纪第二次海进。

可是,距今3万~1万年的晚晚更新世晚期,全球又莅临冰期,气候严寒,此即黄淮海地区所称的百花山冰期。

在此期间内,由于与第一期海退同样的缘由,入侵渤海的古海流大幅度东撤,特别是距今2.3万~1.8万年的冰川鼎盛期,古海水出现惊人的大退复,不仅退出古渤海,而且还退出古东海大陆架,乃龟缩于冲绳海槽。

据海洋部门调查研究,现今东海大陆架外缘水深190 m的海底,发现栖息于古淡水或

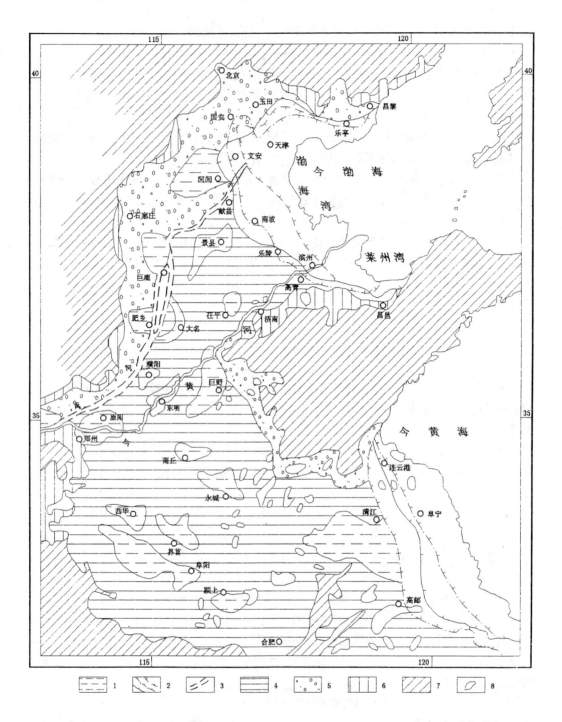

1—古湖泊;2—古海岸线及其形成年代(万年):上,早早晚更新世岸线(距今10～7)中,晚晚更新世早期岸线
(距今5～3);下,早中全新世岸线(1～0.4);3—古黄河(禹河);

4—古河湖沼积平原;5—古洪积平原;6—古黄土台塬;7—古基岩山地;8—古基岩残丘与孤山

图3-4　黄淮海平原晚第四纪古地理略图

古咸淡水汇流带(河流入海口)的蚬壳化石。又据东海海底地形图展示,大陆架外缘海底等深线为200 m,且于此深度范围内存留河流相沉积物。由此推知,当时西部大陆河流已延伸至东海大陆架外缘。据此推测,那时的古海平面较今低200 m左右。

然而,继冰川鼎盛期之后,气温略有转暖,东海古海面又开始回升。至距今12 000年已升至今水深60 m左右的海域,西岸边界则达今东海大陆架中部,曾于此地带发现大量的由贝壳与细砂组成的潮流沙脊群,说明古海水回升至此,出现较长时间的停顿。

3)第三次海水进退

近万年来为冰后期。太平洋洋面再度出现升降现象,距今1万~0.75万年的早全新世,海水又侵入渤海。于中全新世中期(距今6 000~5 000年)达到高峰,古渤海的西侧边界已扩展至昌黎—乐亭—玉田—黄骅—昌邑一线附近,古海面较今高5 m左右,之后又有所回落。此为海黄平原晚第四纪第三次海退。

可是,距今4 000年左右的中全新世末期,海水开始缓慢后退,至距今3 500年左右的商初,已退至今渤海海岸线西20~36 km附近(天津东)而终止,且停留至战国初期,历时1 240年左右。由于潮流冲刷、搬运、沉积而形成了贝壳堤,堤高1~2 m。堤底贝壳 C^{14} 年龄距今3 400±115年,年代属商代初。

之后,海水又开始东撤,退至今海岸线西13~24 km终止,停留近300年,并形成了一道贝壳堤,堤高4~5 m。堤身贝壳 C^{14} 年龄距今2 020±100年,年代属西汉晚期。

此后,海水又再度东撤,退至今海岸线西0.5~7 km停止,停留1 000余年,又形成了一道贝壳堤。堤内贝壳 C^{14} 年龄距今1 080±90年,年代属北宋末期。

然而,南宋以来海水略有后退,但,退复不大,水位降幅大致在1 m左右,渤海西部边界基本维持在今海岸线附近。那么,近800年来太平洋洋面大体处于稳定状态。

另外,晚第四纪期间,由于古海平面升升降降,黄河古道(禹河故道)亦随之进进退退。早晚更新世早期,禹河于今河北省献县东北注入古渤海。然而,早晚更新世晚期,海水退至古南黄海,禹河亦随之跟进,穿越古渤海、古北黄海陆地平原与古淡水湖泊,而于古黄海峡口南端注入古南黄海。

之后,晚晚更新世早期,古海水盛涨,西进至渤海西侧。禹河乃随之大举后退,仍于今献县东北注入古渤海。

可是,晚晚更新世晚期,古海水再次大幅度东撤,退回到古冲绳海槽。禹河亦随之东进,穿越古渤海、古黄海及古东海大陆架诸大陆平原,于今济州岛西南隅注入古东海深海槽(冲绳海槽)。

至早、中全新世,古海水不仅又再度入侵古渤海,而且扩展到它的西侧。禹河仍退回到古渤海西岸,于今河北省文安县东南注入古渤海。稍后,古海水又有所后退。至商代,禹河入海口则移至今天津市北郊。

由是观之,当内陆大河转化为海洋型水系时,则其发展乃受大洋进退的控制。故此,晚第四纪黄河的演化,是其发展史上一次重大的历史性演变。

第四章　下游黄河的形成发育与
下游古河道变迁

第一节　黄河的形成发育

远在 250 万年前的第三纪,今巴颜喀拉山以东、胶辽半岛以西、昆仑—祁连—阴山—燕山以南、岷山—龙门山—秦岭—大别山以北的辽阔地域,古湖泊星罗棋布,其大者,自西而东有玛涌、唐克、共和、陇西、宁南、银川、河套、鄂尔多斯、汾渭及黄淮海等。在此期间,以这些巨型湖泊为中心而形成众多的各自独立的内陆湖盆型水系,可是,经晚第三纪喜马拉雅运动尾幕的改造,湖泊发育有很大的改观。如陇西、宁南与鄂尔多斯等湖盆,则隆升回返而萎缩消亡。其余湖泊,虽水体犹存,而景观迥异。特别是经过第四纪构造运动改造之后,昔日风采并非依旧,成因类型也千差万别。如玛涌、唐克及共和等古湖,乃演化为断陷湖;银川、河套及汾渭等古湖,则演化为裂谷湖,然而,黄淮海盆地的地质结构特殊,在第四纪构造运动改造的过程中,中部继续隆起,将盆地一分为二,北部海黄盆地所存留的古湖泊,则演化为裂谷湖,南部黄淮盆地残存的古湖泊则演化为断陷湖。

第四纪期间域内所存留的诸多断裂古湖泊,对内陆型水系的发育具有决定性作用。首先,由于这些洼地的存在,成为当地的潜水盆地,并各自发展为独立的内陆湖泊型水文网系统。其次,诸湖泊的成因均属于块断构造型,其活动方式多半是整体陷落或整体抬升,尽管存在不均一的差异运动,而整体运动仍为其主体。这样,湖面升降具有整体性,而成为当地水系网排泄的统一基准面。再次,诸古湖泊间为绵亘的隆起带所梗阻,当湖面下降时则因排泄基准面的变动引起周边河系溯源侵蚀增强,日久天长,湖泊间随河流溯源侵蚀逐渐贯通而产生水力联系,统一的河系由此而诞生。最后,内陆封闭型湖泊通过河流溯源侵蚀串通出现出口向外排泄。于是,古湖泊逐渐被疏干成为平原或山间盆地。尽管如此,由于盆地至今仍存在高强度的活动性,湖泊虽消亡,而它对河流的发育还是具有重大控制作用的。

另外,古内陆湖泊型水系经过上述诸阶段的演化连通,最终转变为海洋型河系。古黄河就是在这样的多阶段演变中发育而成的。然而,有关黄河形成发育的若干问题详述如下。

一、古黄河形成发育的地质年代

古黄河,系由众多封闭的古内陆湖盆水系,通过河道溯源侵蚀相互串通而形成的一条统一的大河。其发育是从中上游河段开始的。确切的部位则是玛曲至龙门。其原因为:这个地段在早第四纪时就存在共和、银川、河套及汾渭四个古大湖,每个古湖都是当地河系的排泄与潜水中心,古湖面即为当地排泄基准面,湖面消涨成为当地河系发育的制动器。特别是汾渭古湖,乃是控制中上游古黄河水系发育的中心枢纽,原因有三:一是,汾渭古湖居下方而地势卑,扼上游诸湖盆河系的咽喉,吞吐在彼;二是,古湖属裂谷型,张裂陷落是其主要活动方式,不仅年均沉降速度大,而且沉降幅度也大,如第四系厚达 667 ~ 1 396 m,可谓降幅惊人,这就为古湖扩容抢占先机;三是,地势高差大,据诸盆地现今海拔高度展示:汾渭小于 500 m,河套与银川 1 000 ~ 1 500 m,共和近 3 000 m,如此大的落差,自然有利于河流溯源侵蚀,故而峡谷段湍流险滩比比皆是,甚至落差达 20 余 m 的大瀑布亦有之,如壶口瀑布。

由于汾渭古湖的中心枢纽控制作用,玛曲至龙门段的古内陆湖盆型河系,于晚早更新晚期发育连通,距今年龄为 150 万 ~ 120 万年。此为黄河形成发育的第一阶段。

尔后,古黄河继续发育,于早中更新世晚期向东西两头扩展。向西,溯源侵蚀穿越玛曲峡口进入古唐克湖;向东,则穿越晋豫峡谷而于孟津进入华北平原的古沁阳湖。这个地质事件发生于距今 70 万 ~ 50 万年。此为黄河形成发育的第二阶段。

再后,古大河于晚中更新世晚期至晚更新世初,继续向东西两头扩展。向西,循唐克古湖水系故道溯源侵蚀,穿越古多石峡于玛多进入古玛涌湖;向东,于武陟北侧绕太行山南端折向北,沿太行山东麓北流,穿越众多古湖泊入古渤海。该地质事件发生时间距今 30 万 ~ 10 万年。至此,古黄河从河源至河口终于连成一体,而成为一条统一的大河,且由内陆型河流转变为古太平洋水系,并延宕至今。如此,诚可谓河流特性的彻底转变。此为古黄河发育的第三阶段(见图 4-1)。

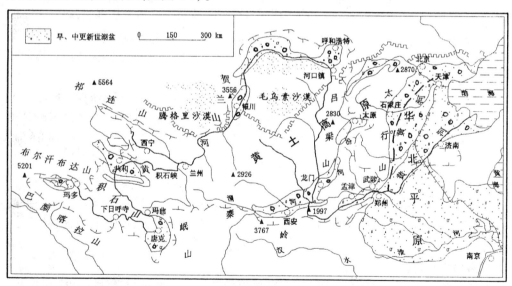

图 4-1　黄河流域早、中更新世湖盆及近代水系分布略图

古黄河经过上述三个阶段的演化,将古内陆湖盆水系串通而成为向海洋排泄的大河,使许多古内陆湖泊有了排泄口。可是,古湖泊疏干消亡的时间并不一致。首先萎缩干涸的是古共和湖,其次是古唐克湖与古汾渭湖(或称古三门湖),再次是银川与河套两古湖,最后则是古玛涌湖与海黄盆地沿程诸多古湖泊。可是,古玛涌湖并非全部干涸消亡,至今尚残存扎陵与鄂陵两湖。尽管水域面积远小于畴昔,然而湖泊尚存,可谓失中有得矣。

黄河各河段形成发育与沿程古内陆湖泊消亡的时间虽早晚不一,但演化历程中仍存诸多的发育形迹,特择其要者述之。

(一)吕梁山西麓早第四纪冰碛物的露布

黄河晋陕峡谷中南段东西两岸,广泛露布早更新世冰碛漂砾与卵石层,砾径大小不一,大者达数十厘米,小者仅数厘米。砾石表面多有冰川磨蚀痕迹(如条痕或钉字头擦痕)与压坑。卵石成分复杂,混杂堆积,无排列,杂乱无章。岩石成分,以变质岩与岩浆岩为主,另外还有石英岩与灰岩等。

然而,这类岩石均产于吕梁山。黄河西岸(即陕北)露布于地表的地层主要为二叠系与三叠系的红色砂岩与泥岩,并无此类岩石,可见这些冰积物只能来源于吕梁山区。如果本段黄河的形成早于晚早更新世冰期,则西岸不可能有此冰积物。因为吕梁山山麓冰川不会超越古黄河而将其挟带物输送至西岸。那么,合理的解释只能是该段古黄河的形成晚于晚早更新世冰期。

可是,黄土高原边缘山区,早更新世冰积物分布最广的则是公王岭冰碛层,该冰碛层产生于晚早更新世早期,距今170万～150万年。由此可见,黄河晋陕峡谷的形成最早不超过150万年,即晚早更新世晚期开始形成发育。然,晋陕峡谷乃是古黄河形成发育最早的河段之一,无有先于此段者,其形成之日,即古黄河初始发育之时。

(二)黄河各段阶地发育状况及其形成时代

黄河各段阶地的发育,不仅数量不一,而且初始发育期亦殊。大体情况是:玛曲至龙门,峡谷段阶地发育共有四级,除第一级为堆积阶地外,其余三级均为基座型,即侵蚀堆积型,只有龙羊峡例外,为残缺不全的侵蚀阶地。然,盆地段情况不一,共和盆地段的阶地发育状况与峡谷段一致,而银川与河套盆地段只有三级,除第三级为侵蚀堆积型外,其余两级均为堆积阶地。

玛曲以上及龙门至孟津河段,阶地状况基本相同,都发育三级。所不同者,玛曲以上河段的阶地,除第一级为堆积阶地外,其余两级为基座型。然龙孟段,三门峡以下峡谷段的阶地结构类型与前者一致。汾渭盆地段除第三级为基座型外,其余两级均为堆积阶地。至于孟津以下平原型河段,除孟津至孟县有两级堆积阶地及孟县至温县展布第一级堆积阶地外,温县以下河段无阶地。

尽管各河段阶地级数与成因类型不同,但全河每级阶地发育的地质时代是一致的(不仅黄河如此,其他河流也无一例外),故举晋陕峡谷碛口附近剖面为例,叙述各级阶地的形成年代。

1. 第四级阶地(T_4)

该级阶地展布于黄河西岸,黄河古河岸基岩顶面高程 800 m,上覆更新世(包括早、中、晚更新世)黄土,地表高程 830 m。

该级阶地基座顶面高程 775 m。其堆积物:除基底为冲积砂卵石层外,上部尚被覆厚10 余 m 的中、晚更新世黄土。据陕西省洛川黄土古地磁测试资料,下中更新统底部黄土层的年龄距今 120 万年。那么,此基座顶面侵蚀形成年代早于早中更新世,而晚于晚早更新世早期。如此,则产生于晚早更新世晚期,距今 150 万～120 万年。

然而,此剖面东西两岸古河岸被覆的晚早更新世早期黄土,因强烈侵蚀而残存无几,所余厚度仅 5 m 左右。故此,晚早更新世晚期,此段古黄河下切深度约 30 m。

2. 第三级阶地(T₃)

第三级阶地展布于东岸,基座顶面高程 725 m。由于强烈剥蚀,顶部堆积物已荡然无存。可是,上下游河段,此级阶地尚保存堆积物。除侵蚀期所存留的底砾层外,上部尚被覆晚中更新世及晚更新世黄土。然,上中更新统底部黄土层的年龄,据陕西省兰田县陈家窝上中更新统底部棕红色古土壤层发掘的猿人颌骨(包括牙齿)化石,测定其年龄距今 50 万 ~ 59 万年。以此类推,其形成年代早于晚中更新世,而晚于早中更新世中期(距今 90 万 ~ 70 万年),即产生于早中更新世晚期,距今 70 万 ~ 50 万年。在此时段内古黄河下切深度达 50 m,负向侵蚀强度远大于前者。至此,可以说,黄河第四级阶地的塑造已大体完成。与此同时,第三级阶地基座顶面亦随之诞生了。

3. 第二级阶地(T₂)

第二级阶地亦分布于东岸,基座顶面高程 690 m。上覆堆积层除基底砂砾层外,尚有冲积黏砂土及晚更新世黄土。据河南省孟县附近黄河北岸第二级堆积阶地,被覆于底砾层及冲积黏质砂土层之上的上更新统黄土之底部棕红色古土壤层底部,取样进行热释光测定,距今年龄(9.8 ± 0.6)万年。那么,该级阶地古河床侵蚀形成时代当在晚更新世之前,而在晚更新世早期之后。确切时间大致在晚中更新世晚期,距今 30 万 ~ 10 万年。在此期间,晋陕峡谷负向侵蚀下切深度约 35 m,此即第三级阶地基座阶梯的高度。

4. 第一级阶地(T₁)

第一级阶地亦展布于东岸,台面高程 670 m,下伏基岩顶面高程 658 m,冲积层厚 12 m,且双层结构。下部为砂卵石层,上部为黏质砂土,形成时代为早全新世(距今 10 000 ~ 7 500 年)。然而,古黄河此次负向侵蚀发生于晚晚更新世早期,下切深度约 32 m。此乃第二级阶地基座阶梯的形成期,距今 5 万 ~ 3 万年。

中全新世以来,此段黄河继续下切,现在河床基岩顶面高程 638 m。那么,在短短 7 500 年里黄河竟下切 32 m,速度之快令人震惊。然而,该级阶地现今亦演化为基座型。

不过,黄河第一级阶地的成因类型本来就很复杂,如沉降盆地宽谷段为堆积型,强烈侵蚀峡谷段为侵蚀型,壶口瀑布段即为其例。再加上近期河道强烈下切的峡谷,原为堆积阶地,现在又转化为基座型,则其成因就更加丰富多彩了。

纵观上述,黄河的形成,不仅水平空间的发育有早晚之分,而且垂直方向的发育亦具多旋回性,特述之于后。

晚早更新世早期末(距今 150 万年),黄河才开始发育,不断下切,年均侵蚀速度约 0.083 mm。至早中更新世初(距今 120 万年),负向侵蚀停止,继之者则是侧向侵蚀,河床拓宽。至早中更新世中期末(距今 70 万年),拓宽活动告一段落。于是,古黄河原始河道已形成,即今日所见的第四级阶地基座顶面展示的故道。此为古黄河垂直发育第一个侵蚀活动旋回。

晚早中更新世初,古黄河再度开始下切,年均侵蚀速度达 0.25 mm。至晚中更新世初(距今 50 万年)负向侵蚀基本终止,代之者为河流侧向拓宽侵蚀。至早晚中更新世末(距今 30 万年),河床拓宽活动结束。于是,第三级阶地基座顶面展现的河流故道遂已形成。

此为古黄河垂直发育的第二个侵蚀活动旋回。

晚晚中更新世初,古黄河又一次开始下切,年均侵蚀速度 0.175 mm。至晚更新世初(距今 10 万年)负向侵蚀停止,而古河床侧向拓宽活动日趋活跃。至早晚更新世末(距今 5 万年),此项侵蚀活动终止。第二级阶地基座顶面所展现的河流故道至此形成。此乃古黄河垂直发育的第三个侵蚀活动旋回。

晚晚更新世初,古黄河再一次开始下切,年均侵蚀速度 1.6 mm。至晚晚更新世早期末(距今 3 万年)负向侵蚀结束,继之开始侧向侵蚀。至全新世初(距今 1 万年),河床拓宽活动已告一段落。至此,第一级阶地基岩河床所代表的黄河故道已告完成。此乃古黄河垂直发育的第四个侵蚀活动旋回。

然而,早全新世时(距今 1 万 ~ 0.75 万年),区域地壳曾一度下沉,河南省温县以上黄河各段普遍发育第一级堆积阶地,堆积层厚 5 ~ 12 m,年均沉降速度 2 ~ 4.8 mm。可是,中全新世(0.75 万 ~ 0.3 万年)以来,平原与盆地继续下沉,河床仍以淤积为主。但,各峡谷段却隆升,河流大幅度下切。如碛口峡谷段,黄河年均负向侵蚀速度达 4.3 mm,可谓历史之最。因此,堆积型的第一级阶地乃演变成基座阶地了。而今河道正进入第五个侵蚀活动旋回的下切期。然而,平原型河段河道的活动方式恰好相反,乃处于强烈沉降的淤积期,而河床则因河道淤积而抬升。

(三)黄土高原古流水侵蚀形迹

黄土高原的黄土,除近代强烈侵蚀外,在地质历史时期曾发生几次大规模的侵蚀。据黄土埋藏的区域古侵蚀面与黄土古沟谷的研究,确定有下列四个强烈侵蚀期。

1. 第一侵蚀期

该期发生于晚早更新世晚期,距今 150 万 ~ 120 万年。原内隆起与高阜地带的古黄土多被侵蚀殆尽,上覆老黄土与之呈平行不整合接触,而古黄土层顶部的侵蚀面呈波浪状起伏,起伏度达数十厘米,甚至有逾数米者。这表明在此期间黄土高原存在大面积的古流水侵蚀。然而,这个时期恰好是古黄河开始发育的萌芽阶段。

2. 第二侵蚀期

第二侵蚀期发生于早中更新世晚期,距今 70 万 ~ 50 万年。此次古流水侵蚀异常强烈,不仅上下段老黄土呈角度不整合接触,而且埋藏型的黄土古沟谷与古侵蚀洼地普遍存在,深达数米至数十米,其边坡平均坡度一般为数度至十余度。

3. 第三侵蚀期

第三侵蚀期发生于晚中更新世晚期,距今 30 万 ~ 10 万年。该期侵蚀极为强烈,黄土古沟谷出现大发展,高原黄土塬梁峁的形成乃奠基于此时。黄土高原西北部黄土梁峁地带的掌地与杖地(或称涧地)系此时侵蚀而具雏形,切割深度一般为 30 ~ 50 m,最深者达 70 m 以上。古谷坡的平均坡度达 15° ~ 20°。不仅如此,全区大型黄土古滑坡多形成于这个时期。此可说明当时的沟谷侵蚀切割强烈程度。

4. 第四侵蚀期

第四侵蚀期发生于晚晚更新世早期,距今 5 万 ~ 3 万年。此期的侵蚀特点:黄土古沟谷切割深度大大增加。深切沟谷普遍发育黄土老滑坡,且规模巨大,常常形成滑坡群,这就加快了黄土高原梁峁的形成与发展。

5.第五侵蚀期

第五侵蚀期发生于中全新世,并延宕至今,即最近7 500年内黄土高原产生了强烈的沟系侵蚀,所谓"千沟万壑"的黄土高原地貌景观,即此侵蚀期的杰作。

据野外实地调查与室内航片研究统计,陇东与陕北黄土塬冲沟发育密度(以冲沟长度为代表),平均值为1.58~1.65 km/km²,占总面积的37%~51%。平均切割深度120~140 m,沟床平均纵比降7‰~9‰。然而,梁峁区,黄土冲沟则更为发育,其密度(km/km²):陇东2.85,陕北2.2~5.34,晋西3.24~3.27。如此,梁峁残存无几,几被冲沟侵蚀殆尽。由此可窥黄土高原近期沟系侵蚀活动之强烈,远远超过往日各侵蚀期的强度。

纵览全局,从古至今,黄土高原流水侵蚀变迁,确与黄河负向侵蚀息息相关。凡黄河纵向侵蚀期,乃是黄土高原沟谷的形成发育期。由此可见,黄河干流已成为当地水系网的排泄廊道,它控制了支流水系的形成与发育。

二、黄河河段的划分

黄河分段,歧见颇多。相关学科与研究黄河的学者专家,从不同学科角度提出了黄河的分段方案或意见。然而,诸多方案有近似者,抑或有相左者。虽然如此,倒没有什么不好,可以说是百家争鸣吧!也许在今后的长期科学研究与生产实践中会逐渐统一的。下面将地学界与水利界具代表性的分段方案略予介绍。

在黄河的长期研究与治理开发中,地学界与水利界均将今黄河进行三分,即划分为上、中、下游三段。但,两者分段原则与河段部位的划分不一致,兹简介之。

地学工作者根据"区域地质地貌环境和河谷地貌特征",先后有如下三种划分:

以龙羊峡与花园口为界:河源至龙羊峡下口为上游,龙羊峡至花园口为中游,花园口以下为下游。此其一。

以刘家峡(洮河口)与花园口为界:河源至刘家峡为上游,刘家峡至花园口为中游,花园口以下为下游。此其二。

以青铜峡与桃花峪为界:河源至青铜峡为上游,青铜峡至桃花峪为中游,桃花峪至海口为下游。此其三。

然而,水利工作者根据"河流特性"有下列两种划分:

以河口镇与三门峡为界:河口镇以上为上游,河口镇至三门峡为中游,三门峡以下为下游。此其一。

以河口镇与桃花峪为界:河源至河口镇为上游,河口镇至桃花峪为中游,桃花峪以下为下游。这是当前水利界普遍采用的分段方案。此其二。

然而,黄河河段的划分,何以不同专业之间差异如此明显?何以相同专业前后划分也不一致?症结在于:人们对黄河的认识不尽一致,或对问题的理解有差别。尽管各自确立了河段的划分原则,但学者对两者之间的差别很少深入进行对比研究,彼此之间很少展开交流,自然是各说各的,无交集可言。作者近年来对黄河分段问题多方进行探索,特再次提出河段的划分原则,即以控制黄河河道水动力特性的地质地貌机制,为准绳而拟订分段新方案,而将作者往日提出的黄河分段方案做适当修正。至于本方案妥否?作者不揣冒昧,秉笔直书,而求教于方家。

（一）控制黄河河道水动力特性的地质地貌机制

1. 区域地貌结构

众所周知，黄河导源于巴颜喀拉山北麓东流，穿越青海高原、黄土高原与华北平原三个大台阶。此三大台阶的地貌基本特征如下。

1）青海高原

位于拉鸡山—西秦岭山脉之西的青海高原，为准平原，由原面与阶梯两部分组成。原面呈波浪状起伏，多山间平原与丘陵，海拔高度一般为 4 000 ~ 5 000 m。积石山与阿尼玛卿山山脉绵亘于东部边缘，最高点高程达 6 282 m，乃为其东部屏障。

然而，阶梯展布于积石—阿尼玛卿山与拉鸡山—西秦岭山脉之间，亦由山岭与山间盆地组成。兴海—香扎寺—玛曲与共和—同仁—夏河—岷山之间，地势较平坦，多盆地和沼泽，是为次级台阶的台塬，宽 30 ~ 70 km。其东侧为阶梯，坡脚止于拉鸡—西秦岭板块俯冲带（北西向），与黄土高原毗连。

可是，次级台塬的成因，乃是阿尼玛卿褶皱带东缘展布一条北西向斜切黄河的板块缝合线，而其东侧出现一条同向的板块俯冲带，那么，次级台阶塬面位于两构造带之间。故此，青海高原的阶梯并非单一的斜坡，而呈台阶状。此为黄河穿越的第一个大台阶。

2）黄土高原

展布于拉鸡山—西秦岭与太行山—熊耳山诸山脉之间的黄土高原，由黄土堆积平原与阶梯组成。

然黄土高原（包括沙漠高原），位于阴山山脉之南、秦岭山脉之北、拉鸡山—西秦岭山脉之东，北山（渭北）横亘于南缘，成为南部屏障。原面并不平坦，起伏度大，由塬、梁、峁次级地貌单元组成。且地形破碎，诚所谓千沟万壑，山脉纵横，海拔高度一般为 1 000 ~ 2 000 m，最高点高程达 2 995 m（六盘山北面的南华山）。

高原阶梯，位于太岳—中条山脉与太行山—熊耳山脉之间，主要由基岩组成，地势变化大。境内的山脉：北有中条，南有华山（西岳）、崤山。山脉之间为黄土盆地，北有沁水，南有伊洛。尽管地形多变，而整体变化态势为西高东低。如三门峡段黄河河面高程约 300 m，而孟津（老孟津）附近不到 150 m。故此，该阶梯为斜坡，坡脚止于太行岩石圈断裂，并以此与华北平原分界。此乃黄河穿行的第二个大台阶。

3）华北平原

展布于太行山—熊耳山脉之东的华北平原，由河湖海积平原与基岩山地组成。原面地势平坦，海拔高度一般小于 150 m。唯东部泰山矗立其间，最高点高程 1 524 m。辽东千山与胶东五莲山绵亘于东缘，形成屏障。

然而，阶梯坡脚位于黄海西侧，已被海水淹没。除晚更新世古黄河两度穿越整个阶梯外，其余时间大河只蜿蜒蛇行于原面，未越雷池一步。此乃黄河流经的第三个大台阶。

2. 区域地质构造活动特点

黄河流经的两个大地构造单元，以六盘山为界，之西为西域陆块，之东为华北陆块。两者不仅形成的地质时代不同，结构与活动特性也不一致，特分述之。

1）西域陆块

古生代以来，西部古洋域不断褶皱回返，或成陆后，又旋即陷落为海。经中新生代印支、燕山、喜马拉雅等造山运动之后，全域才褶皱回返成陆。由于形成时代较晚，地壳固结程度低，活动性强，稳定性差，至今仍挤压隆升。因此，受印度板块俯冲碰撞，形成压应力场，在强大推挤力作用下，驱使西域陆块不断向华北陆块俯冲碰撞，从而使阿尼玛卿山至六盘山之间产生多条压应力集中带，并挤压成山，而且成为岩石圈或地幔断裂集中带。同时，也是破坏性大地震活动带。然，这些构造活动带对河流水体运动特性（负向侵蚀）是有重大影响的。例如，此段黄河峡谷极为集中，其因盖此。

2）华北陆块

华北陆块为古老的稳定陆块，基底固结坚硬，盖层薄。可是，晚中生代的水平剪切运动使其分裂成若干断块，而断块相互碰撞推挤，或使之挤压抬升，或使之掀斜下沉。总之，陆块的整体稳定已不复存在，剩下的就只有断块间的相对稳定了。

更有甚者，新生代以来的水平拉张运动，使这个古老陆块进一步撕裂，所产生的构造应力场为张应力场，并形成若干张应力集中带。然，张应力集中带在强大的拉力作用下张裂陷落，形成张裂带，特称之为裂谷。

然而，在同一构造力系作用下，所产生的诸多裂谷槽地（包括槽地中次级断突）呈串珠状展布，称为裂谷带。与此同时，裂谷带之间却出现由凸起组成的相对抬升的断隆带。当若干裂谷带与断隆带组合时，则称为裂谷系。

诚然，华北陆块在新生代水平拉张运动中产生了河套（以前称银呼）、汾渭与海黄三大裂谷系。这三大裂谷系的张裂运动，不仅对黄土高原与黄淮海平原的形成演化产生了重要的影响，而且对黄河形成发育影响则更为重大、深远。

例如，黄土高原南部之中条山，为其阶梯的起点，如情况正常，中条山西北侧应为缓慢抬升的高原。然而，事实并非如此，而是沉降盆地。原因在于张裂陷落的汾渭裂谷的存在，使之改变了该地带的地质地貌结构。不仅如此，由于盆地间歇性地张裂陷落，潴水成湖，其古湖湖面即当地古水系网的排泄基准面。凡注入该古湖泊的河流，随着古湖面的升降不断调整自身的水流动力特性。

譬如河龙段黄河，在穿越黄土高原原面，本应具有平原型河流的特征，如河床宽阔、谷坡平缓、水流缓慢、阶地不发育等现象。可是，事实恰好相反，河道狭窄、谷坡陡峻、基座阶地发育、水流湍急，多险滩，甚至出现瀑布，如此等等。原因在于汾渭裂谷不断下沉，排泄基准面随之急遽下降，促使该段黄河产生强烈溯源侵蚀，而且周期性出现高强度负向侵蚀。于是，不仅未出现平原型河流的特征，而是产生了深邃的峡谷。由此可见，地质内动力对地表外动力的控制作用是巨大的。就整体而言，它是区域地貌结构演变的主动力源泉。

（二）黄河分段新方案

前面所介绍的各家有关黄河的分段均采用三分，即划分为上、中、下游三段。当然，对小河而言，三分是适宜的。可是，流程逾万里的黄河，而且沿程自然环境又如此复杂，三分法就不一定适宜，甚至在某种情况下不足以反映河流的特性，譬如，李仪祉曾说黄河："尾闾不畅，全河受阻。"那么，这个"全河"是指哪段呢？整条黄河？当然不是，没有那么大的影响。仅指下游？也不是，影响不了那么远。然而实际影响范围不会超越入海河段，即河口段。如果在河段划分方案中将河口段单独列出，也就没有那么多的疑惑了。诚然，疑惑的产生与说者"语焉不翔"有关。若河段划分得更细一点,问题也是可以避免的。何况河口段的特性与下游段并不一致,单独分出来是很有必要的。再如河源,黄河河源自古就说法不一,近几十年来分歧依旧。如何缩小分歧,统一认识,是需要学术界再下一番功夫研究的。作者拟于后面另列标题详述,在这里只探讨河源段的划分问题。

玛多以上的黄河,系在古玛涌湖的基础上发展起来的,具有独特的演变史。虽然后来由于下游古湖盆河系溯源侵蚀而沟通,使之与下游河段连成整体。但,毕竟具有自身的河流特性,而这些特性在探讨河源问题时具有重要意义。因此,在确定分段方案时将河源段单独划分是很有必要的。

基于上述各种缘由,作者提出黄河分段的新方案,乃是五分而非三分,即将全河划分为:河源、上游、中游、下游及河口五段。河段之间的分界点,自西而东分别为:玛多、积石峡(下口)、孟津(老城)及济阳。故此,五个河段的具体范围:玛多以上为河源段,玛多至积石峡为上游段,积石峡至孟津为中游段,孟津至济阳为下游段,济阳至海口为河口段。关于此五段河道的基本特征分述如下。

1. 河源段

该段为山间盆地型水系,流程长 270 余 km,河床高程 4 373 ~ 4 140 m,落差 233 m,平均纵比降 0.86‰,区间流域面积 2.3 万 km^2,由河湖沼泽水系网组成。其中,发源于雅拉达泽山(海拔 5 214 m)东侧的河流有约古宗列曲(又称玛曲)与卡日曲。两者汇流于星宿海后,接纳来自北岸的扎曲,东流入扎陵湖。出湖后分成多股水道,又接纳来自南岸的多曲与勒那曲入鄂陵湖。于鱼场出湖,流向转为南东,蜿蜒弯曲至玛多。

然而,扎陵与鄂陵为藏语,译成汉语则为灰白色与青蓝色,两湖相距 28 km。前者,湖面高程 4 293 m,周长 123 km,水域面积 526 km^2,平均水深 8.9 m,最深处 13.1 m,总蓄水量 47 亿 m^3;后者,湖面高程 4 269 m,周长 153 km,水域面积 611 km^2,平均水深 17.6 m,最深处 30.7 m,蓄水量 108 亿 m^3。

可是,河湖水网间,为水凼星罗棋布的草滩,每逢夕阳西下,阳光照射,仿如耀眼群星,故称星宿海。此乃湖盆型水系进入河湖沼泽型水系的重要特征。同时也是该类型水系向河流型水系演进的第二个阶段。迄今为止,河源段河系化远未完成,这就是该段黄河最大的特点。

2. 上游段

玛多至积石峡(下口)为上游,流程长 1 364 km,河床海拔高度 4 140 ~ 2 000 m,落差 2 140 m,河道平均纵比降 2‰,区间流域面积 13.44 万 km^2。以玛曲为界,划分为上、下两段。

1) 上上游段

玛多至玛曲,行河于流域第一个大台阶的原面,长 600 km,流程落差 579 m,河道弯曲,平均纵比降 0.85‰,河床宽浅,阶地不发育,为平原型河流特征。主要支流:北侧有多曲等三条,南岸有热曲、科曲及黑白二河等八条。

2) 下上游段

玛曲至积石峡(下口),行河于台阶的阶梯,流程长 684 km,河谷窄狭,谷坡陡峻,几成峭壁,以峡谷为主。宽谷段阶地发育良好,多为侵蚀堆积型。而峡谷段阶地发育不佳,或被侵蚀殆尽。著名峡谷有拉加峡、野狐峡、龙羊峡、李家峡及积石峡等,几乎是峡峡相连。而今已于龙羊峡、李家峡等河段建库,原有峡谷地貌景观已消失殆尽。

然而,河道不仅狭窄,且坡陡流急,多险滩,全段落差1561km,平均纵比降2.28‰,属典型侵蚀性河段。两岸支流:北岸有西科河等四条,南岸则有泽曲、隆务河等六条。

3.中游段

积石峡(下口)至孟津为中游。流程长2720km,区间流域面积约58万km²,系由盆地型宽谷与峡谷组成。河床海拔高度2000~120m,落差1880m,平均纵比降0.69‰,其中积石峡至三门峡,流程长2557km,落差1700m,平均纵比降0.67‰。

可是,黄河出积石峡则进入流域第二个大台阶——黄土高原。总体状况是:积石峡至三门峡为黄土高原原面;三门峡至孟津(老城)为黄土高原阶梯。然而,黄河以大拐弯的方式流经此级台阶。由于该河段地质结构复杂,地壳内动力活动方式特殊,对河流发育影响至大,故以河口镇、三门峡为界,再划分上、中、下游段。兹分别叙述各段河流发育的基本特征。

1)上中游段

积石峡至河口镇,流程长1606km,行河于黄河流域第二个大台阶的原面,河谷宽窄相间。河床高程2000~984m,落差1016m,平均纵比降0.63‰。

然而,青铜峡以上河段,为黄土高原的后缘段,流程长715km,以峡谷为主。著名峡谷有刘家峡、盐锅峡、八盘峡、桑园峡、下峡、乌金峡、红山峡、黑山峡、虎峡及青铜峡等。该段河谷虽狭窄,但阶地发育较好,以基座型为主。然,河道弯曲,河床高程2000~1200m,落差800m,平均纵比降1.12‰,两岸支流发育不对称。北岸大支流只有湟水与庄浪河,南岸则有大夏河、洮河、宛川河、祖厉河及清水河。然而,现已建库于刘家峡与青铜峡,并蓄水成湖,乃为黄土高原增添波光粼粼的湖天景色。

青铜峡至河口镇,长890km,以盆地宽谷型河谷为主,阶地多为堆积型。河床宽阔,多漫滩,水流平缓散乱,形成河系网,摆动幅度大,河道不稳定,具典型平原型河流特征。海拔高度1200~984m,落差216m,平均纵比降0.24‰,为淤积型河段。支流主要集中在南岸,大支流有苦水河、都思兔河、西柳沟等,而北岸仅有一条大黑河。

2)中中游段

河口镇至三门峡,流程长951km,河床高程984~300m,落差684m,平均纵比降0.72‰。

据区域构造格架与活动状况剖析,中条隆起西延,经朝邑至骊山所组成弧形隆起带,属鄂尔多斯断块南缘组成部分,即黄土高原南缘隆升部分,可是,由于晚近期汾渭裂谷的张裂陷落,改变了区域地质地貌结构与构造运动方式,使本段黄河未按固有模式发育,而是受裂谷构造控制出现了新的河流结构模式。下面阐述在此地质背景下该河段的发育方式。

(1)河口镇至龙门段。为晋陕峡谷,长725km,落差595m,平均纵比降0.82‰,谷底宽400~600m,两岸为黄土源梁峁组成的高原。河道弯曲,谷坡陡峻,水流湍急,多险滩与瀑布。阶地发育,以基座型为主,尽管建库于万家寨,但水库的规模不大,影响有限。然而,两岸水系发育不对称,大支流多集中于西岸,不仅源远流长,而且多为树枝状水系。主要有黄甫川、孤山川、窟野河、秃尾河、佳芦河、无定河、清涧河、延河、云岩河及宜川河,东岸则源近流短,多羽状水系。主要有浑河、偏关河、县川河、朱家川、岚漪河、蔚汾河、湫水河、三川河及昕水河。

上述西岸支流的中上游段,行河于黄土高原,河道平直,河床宽浅,水流平缓,广布滩地,阶地不发育,具平原型河流特征。但,下游段受黄河峡谷的控制,河道弯曲,水流湍急,河谷深邃,侵蚀堆积型阶地发育,亦多为峡谷。

(2)龙门至三门峡段。为平原型宽谷,长 226 km,河床高程 389 ~ 300 m,落差 89 m,平均纵比降 0.39‰。以潼关峡口为界,龙门至潼关长 126 km,河床高程 389 ~ 325 m,落差 64 m,平均纵比降 0.5‰,河床宽阔,河道不稳定,摆动幅度大,为游荡性河流;潼关至三门峡,长 100 km,落差 25 m,平均纵比降 0.25‰,为盆地型宽谷,现已建库拦泥蓄水,尽管水库汛期敞泄排沙,淤积问题仍然严重。

然而,该河段支流非常发育,黄河大支流主要集中在此段。西岸有泾、洛、渭三大水系,东岸有汾河。不论从河流长度、流域面积、支系发育状况及水沙来量,均是全黄河之最。

3)下中游段

三门峡至孟津为豫晋峡谷,长 150 km,河床高程 300 ~ 120 m,落差 180 m,平均纵比降 1.2‰,水流湍急,多险滩,所谓"人、神、鬼"三门,即此段河道惊险的表征。

段内阶地发育较好,共有三级,除第一级为堆积型阶地外,其余两级属基座型。然,两岸支流不发育,除北岸亳曲河稍长外,余则为短小的羽状溪沟。现建坝于小浪底,已蓄水成湖,固有的河谷地貌景观则长埋于水下,或消失殆尽矣,无复再现。

4.下游段

孟津至济阳为下游,流程长 690 km,流域面积 5.05 万 km²,然而,河出孟津即进入华北平原,蜿蜒于流域第三个大台阶的原面,地势宽阔平坦。河床高程 120 ~ 22 m,落差 98 m,平均纵比降 0.14‰,属平原淤积型河流,全靠堤防工程约束水流,是为半人工河。据河道特性将其再分为上、中、下三段,并细述之。

1)上下游段

孟津至桃花峪为上下游段,长 104 km,区间流域面积 3.35 万 km²,河床高程 120 ~ 95 m,落差 25 m,平均纵比降 0.24‰,为弱淤积性河段。

此段黄河行河于南北两邙山黄土台塬之间,河床宽阔平直,水流散乱,心滩、边滩发育,水分多股,是为网状河系。然孟津至温县段,除两级漫滩外尚存两级堆积阶地,温县以下则只有漫滩而无阶地了。与此同时,大河南偎邙山,北依大堤,渐渐由天然河向半人工河过渡了。

尽管本河段不长,但有两大支流注入,北为沁水,南为伊洛河。此两大支系的基本特点是水量大,含沙少,为清水河,但洪峰流量大,流程短,准确预报不易,易造成水患。

2)中下游段

桃花峪至艾山(京杭运河入黄口)为中下游,长 356 km,河床高程 95 ~ 43 m,落差 52 m,平均纵比降 0.15‰,为较强淤积性河道。

黄河过桃花峪东向而流,至东坝头折向东北,河床宽浅,水流散乱,心滩边滩非常发育,多斜沟,主流摆动幅度大,属游荡性河流,靠大堤约束水流,堤距宽 5~20 km。

自山东东明高村开始,至艾山,河道渐次变窄,堤距宽 1.5~8.5 km。但,弯道增多,河流已由游荡型向弯曲型过渡,也是靠大堤维持河道。有两条支流注入,北为金堤河,南为大汶河。

3)下下游段

艾山至济阳为下下游,长 210 km,河床高程 43~22 m,落差 21 m,平均纵比降 0.1‰,河道弯曲,南依泰山,北靠长堤,为人工河,河床宽 0.4~5 km,河槽较为稳定,曲折系数达 1.21,属弯曲型河道,为较强淤积性河段。

5. 河口段

济阳至海口为河口段,为人工河段,长 222 km,落差 20 m,平均纵比降 0.09‰,为强烈淤积性河段。由于泥沙来量大,且受海水顶托,常常引起溯源淤积,河床不断升高,全靠大堤约束水流。特别是垦利宁海以下河段,为三角洲。在长约 92 km 的河段,河道总是在淤积、延伸、改道的往复循环中演变。

然而,河口三角洲展布范围,以宁海为顶点向海域辐射,形成北起徒骇河,南至小清河的巨型冲积扇,面积达 5 400 余 km²,而且每年以十数或数十平方千米的面积增长。这种现象在世界级大河中确实少见,岂不令人惊叹!

然而,河流纵比降对水流动力作用方式的影响至大。作者通过黄河干支流现代河道各河段平均纵比降(J)的对比研究,所得结果是:河流特性大体可分为两类:一类是 $J \geq$ 0.3‰,具侵蚀性;另一类是 $J <$ 0.3‰,具淤积性。再根据河道纵比降值的大小进一步划分侵蚀与淤积强度的等级,从而可准确地判断河流水动力作用强度,如:

侵蚀性河道:$J \geq$ 1‰,强烈侵蚀;0.5‰ $\leq J <$ 1‰,中等或较强侵蚀;0.3‰ $\leq J <$ 0.5‰,弱侵蚀。

淤积性河道:0.2‰ $\leq J <$ 0.3‰,弱淤积;0.1‰ $\leq J <$ 0.2‰,较强淤积;$J <$ 0.1‰,强烈淤积。

根据上述河流平均纵比降的分级标准,评估黄河各段的河流特性如下:

河源段,位于青海高原原面,平均纵比降 0.86‰,属中等强度侵蚀性河段。

上游段,行河于青海高原,全段平均纵比 2‰,属强烈侵蚀性河段,但,玛多至玛曲行河于高原原面,平均纵比 0.85‰,为中等强度侵蚀性河段。而玛曲至积石峡,行河于高原阶梯,平均纵比降 2.28‰,为强烈侵蚀性河段。

中游段,行河于黄土高原,全段平均纵比降 0.69‰,就整体而言为中等强度侵蚀性河段,但,原面与阶梯段的河道纵比降平均值差别甚大,前者为 0.67‰,属中等强度侵蚀性河段;后者达 1.2‰,属强烈侵蚀性河段。可是,虽位于同一高原原面的河段,只因受域内局部构造活动强度与特性的影响,河流的特性与动力作用方式也千差万别。如,积石峡至青铜峡段,河流平均纵比降达 1.12‰,为强烈侵蚀性河段;青铜峡至河口镇段,平均纵比降只有 0.24‰,属弱淤积性河段;河口镇至龙门段,平均纵比降 0.82‰,为侵蚀性较强的河段;龙门至潼关段,平均纵比降 0.5‰,亦为较强侵蚀性河段;潼关至三门峡段,平均纵比降 0.25‰,为弱淤积性河段。由此可知,地壳内动力的活动对河流动力作用方式的控制是多么地强烈。

下游段,行河于华北平原,全段平均纵比降0.14‰,就整体而言,为淤积性河段。但,不同河段有明显差别,孟津至桃花峪,平均纵比降0.24‰,为弱淤积性河段;桃花峪至济阳,平均纵比降0.1‰~0.15‰,为较强淤积性河段。

河口段,濒临渤海,涨潮时即受海水顶托,行河不畅。平均纵比降0.09‰,为强烈淤积性河段。

据上所述,黄河各段河流的动力特性与基本特征,主要受控于区域宏观地貌与大地构造环境,即受控于流域三大地貌台阶与不同构造应力场的微陆块运动方式、活动强度及周期性运动旋回频度。故此,凡台阶的转折点,即河流的转捩点,以此作为河段划分的分界点是适宜的。由是观之,黄河分段新方案,为深化认识黄河各段的河流特性奠定了理论基础。与此同时,对于今后修订黄河治理开发方案,也是有益的。

三、黄河多套的缘由

古黄河(全线贯通后的黄河)自源头东向而流,至玛多折向东南,至唐克绕阿尼玛卿山南端折向西北,至共和绕马御山西端折向东,至兰州折向东北,至临河折向东,绕鄂尔多斯断块北端,于河口镇折向南,至潼关绕中条山西端折向东,至武陟绕太行山南端折向北,循太行山东麓北流入海。

然而,今黄河流路有异于古黄河者,乃是过潼关后东流至东坝头,折向东北入海。

所谓河套,系河弯曲如"弓",即套也。河套内侧均有脊柱,黄河总是绕脊柱环流呈弧形,弧顶外侧多是陷落带,即断陷盆地,曾潴水成湖。因此,黄河河套就是在这两个因素联合作用下形成发展的。兹将两个因素的控制作用分述如后。

(一)区域构造应力场对黄河流向的控制作用

黄河流域晚近期区域构造应力场有很大的差异,以青铜峡为界,之西为压应力场,之东为张应力场。然而压应力场的主应力为水平推挤力,而张应力场的主应力则为拉张力。两者力学特性不同,对河套形成的控制作用也不一致。特分述之。

1. 压应力场的控制作用

西域陆块的推挤力来自印度板块向青藏陆块的俯冲碰撞,使本来已产生形变的构造带继续挤压褶皱变形而隆起。如,黄河河源至青铜峡段两侧的褶皱隆起带:河源至唐克,北为布尔汗布达—阿尼玛卿褶皱带,南为巴颜喀拉褶皱带;唐克至共和,西为积石—阿尼玛卿褶皱带,东为马御褶皱带;共和至青铜峡,北为祁连褶皱带,南为西秦岭褶皱带。由此可知,此段黄河乃穿行于强烈褶皱带之间的舒缓带,即局部拉应力集中带。

2. 张应力场的控制作用

青铜峡之东的区域构造应力场的地应力已转化为拉张力,则黄河行河地带的地应力与表现形式亦随之改变。如,青铜峡至潼关,大河环绕鄂尔多斯断块而流,脊柱为鄂尔多斯断块,外弧构造带各段不一,青铜峡至临河,西为贺兰隆起;临河至河口镇,北为阴山隆起;河口镇至龙门,东为吕梁隆起,龙门至潼关,东为峨眉—中条隆起。总之,黄河总是蛇行于抬升或相对陷落断块与隆起之间的拉张带,即张应力集中带。又譬如,西北段(青铜峡至河口镇)与南段(龙门至潼关)行河于裂谷,而中段(河口镇至龙门)吕梁隆起西侧展布一条强烈活动的南北向张性岩石圈断裂,鄂尔多斯断块乃位于其下降盘,黄河于河口镇呈直角急转弯南下,毋疑是受此断裂应力场的控制。

潼关至孟津,大河两侧亦为隆起,北为中条—太行,南为华山—崤山,黄河穿行于其间的拉张带。孟津之东,古黄河于武陟突起北侧绕太行隆起南端折向北,沿太行岩石圈断裂北流,即行河于饶阳裂谷带。

综上所述,大河自源头东流,尽管河道弯曲多变,其总体流向总是受控于张性构造带,即行河于张应力集中带。

(二)古湖盆水系对黄河流路的导引

黄河河套的结构,内侧为脊柱,套顶外侧为断陷盆地。早第四纪黄河尚未形成时,断陷盆地潴水成湖,产生了若干封闭的内陆湖泊型水系。如,阿尼玛卿脊柱倾伏端之南为古唐克湖,马御脊柱倾伏端之西为古共和湖,鄂尔多斯脊柱北端为古临河湖,中条脊柱倾伏端之西为古汾活渭湖(又称古三门湖),太行脊柱倾伏端之南为古沁阳湖。

然而,古湖泊河系,凡展布于脊柱两侧者,当湖盆不断下降,注入湖盆的水系则产生强烈溯源侵蚀而相互串通。于是,闭流的古湖因出现排泄通道而渐次疏干,并转变为河流型水系。不过,起连通作用的河流与湖盆主河道后来多成为黄河干流。两侧水系则为支流。至此,黄河河套亦随之形成。由此可知,古黄河流路的选择,乃视古湖泊河系的流路而定,即受控于古地理环境与古地势。

然而,河套一词最早见于明代。据《明史》卷四十二志第十八之文曰:"又北有大河,自宁县卫东流经此地,西经旧丰带西折而东,经三受降城南折而南,经旧东胜卫,又东入山西平鲁卫界,……,大河三面环之,所谓河套也。"至今仍称此段黄河为河套。同时,称宁夏段为西套,内蒙段为东套。又以西山嘴为界,将东套一分为二,山嘴之西称后套,其东叫前套。此乃河套之所由来。

类比明代河套,可称为河套者尚有四套,均以套顶地名称之,即绕阿尼玛卿山者名唐克套、绕马御山者称共和套、绕中条山者名潼关套、绕太行山者称武陟套。当然,黄河之河套,并非只有五个,此不过就其大者而言之。若就小河湾而论则多多矣。人言"九曲黄河",诚非虚言。不过,用于此处之"九",非量词,而是形容词"多"的意思。看来明清时代文人用词可能受佛家思想影响较深,如,"世道轮回,九九归一",《西游记》唐僧取经蒙受"九九八十一难",等等,无不喜欢用"九"。可见此处之"九",实非量词。

四、黄河河源问题的探讨

黄河河源,史籍颇多记述。如,《尚书·禹贡》云:"导河积石"。而该书成书于春秋晚期,可见春秋之时对黄河河源就有看法了。

然而,秦汉以来,有关河渠的重要著作无不涉及之。尤其是唐代,河源段成为进藏的交通要道。如贞观十五年(公元641年),吐蕃王松赞干布亲迎文成公主于河源,即今鄂陵湖稍西。元、明、清三代多次派员探寻河源,最远抵达今星宿海。

由于历代有关黄河河源研究程度的不同,所定源头差别亦大。如明初称玛曲为黄河源,但,1952年以来,黄河水利委员会三次派员复查河源,将约古宗列定为黄河正源,玛曲曲果正式定为正源源头,于1985年树立河源标志。

玛曲曲果位于东经95°59′24″,北纬35°01′13″,海拔4 660 m。此处作为黄河正源源头,史学界与地学界看法不一,有赞成者,亦有持异议者。总之,众说纷纭。《人民画报》1979年5月号撰文,把卡日曲河源定为黄河正源,否定约古宗列曲河源为正源。此后出版的《辞海》和中小学地理教科书,乃以此作为引用依据。

1978年8月17至22日,青海省主持召开扎陵湖、鄂陵湖和黄河河源问题科学讨论会,会议《纪要》提出:"定卡日曲为黄河正源比约古宗列曲更为合适。"

《人民黄河》编辑部于1983年第4期发表马秀峰等有关黄河河源问题讨论四篇文章,附编者按,号召读者本着"百家争鸣的方针,广泛展开讨论"。尔后,该刊于1984年第一、二期相继发表尤联元、景可及郭敬辉等的文章六篇。其观点归纳起来大致有二:一是以历史习惯为依据,坚持约古宗列曲为黄河正源;另一是强调卡日曲比约古宗列曲长10～15 km,应改卡日曲为正源。总之,仁者见仁,智者见智,各执一词。当然,这种学术性笔谈只能有这样的结果。

因为,尽管当前国内外划分河源的方法很多,归纳起来无非是两类:一是根据河流的自然要素,即河流长度、宽度、流域面积及水量大小等而确定干支;二是按历史习惯,即遵循前人所确定者。这两类确定河源方法都不尽如人意,共同的缺点是,没有提出确定河源正偏的原则与理论依据,自然无法统一认识,争论起来只能是各说各的,无交集可言,更谈不上谁说服谁了。

譬如,第一种方法,以测量统计河流自然要素为依据,用之划分河流等级则可。可是,若将它作为确定河流干支的标准就不一定可靠了,因为控制河流形成发育的最重要的因素是水流的排泄基准面,它可能是海洋、湖泊或河流的水面。要确定河系网的干支关系,必先实地调查研究确定当地水流的主要排泄基准面。如果某河流成为当地水系排泄的总通道,它自然成为控制当地水流水系发育的主体。果如此,河流的干支关系就很清楚。可是,要做到这一点,单靠上面所说的测量统计方法是办不到的,何况影响河流自然要素的差异性变化还有其他自然因素,如区域地质结构、气候及古地理环境,等等。

另外,第二种方法也有其局限性。如前人所定正确,沿袭之自无大碍。若情况相反就不能照搬照抄了。例如,明代之前把岷江定为长江之源,明徐宏祖实地考察后改金沙江为长江之源,将岷江列为支流。事实证明,徐宏祖的订正是正确的。倘若当时徐宏祖也强调历史习惯,岂非以讹传讹?!

由是观之,上述两类界定河源的方法均有局限性,缺少普遍适用价值。只能在特定条件下方可运用。诚然,河流的形成发育千差万别,其演变方式也五花八门。尽管如此,将自然河流河源段水系发育状况归纳起来不外乎两大类型:一是山谷型水系;二是湖泊型水系。此两大类水系的发育特点分别详述之。

(一)山谷型水系

河流发源于山区,沿山谷溯源侵蚀而形成河系,其中有一条河沿特定的构造带先期发育,是为后成河系的排水廊道,该河水面即为当地侵蚀基准面,并控制其他河流的发育,此河称为干流,其河源自然是正源。凡晚于此河发育并受其控制者,当为支系,其源头自然是偏源。

(二)湖泊型水系

以湖泊为集水中心发展起来的闭流式湖盆水系,湖面即为注入湖泊周边河流的排泄基准面,诸水系的形成发展受控于湖水的消涨。尽管诸河流有大小之分,却无干支之别,其源头也就无所谓正偏了。这就是湖泊型河源段河系发育的主要特点,然而,黄河与长江河源段的发育状况,即属此。

作者曾考查青藏高原地貌,并研究山间盆地湖泊型水系转化为河流型水系的演变历程,大体可划分下列四个阶段。

1. 封闭式湖泊阶段

闭流式湖泊水系,乃大陆湖泊型水系发育的初始期,盆地封闭,四周山地之河流与溪流直接或间接注入盆地,潴水成湖,形成无排泄口的封闭型湖泊,并控制当地水系网发育,成为当地的集水中心,湖面即当地水系的排泄基准面。此为湖盆型水系发育的第一个阶段。

2. 排泄式湖泊阶段

由于湖盆内外的河流溯源侵蚀,湖泊出现缺口而向外排泄,湖泊水域面积渐渐缩小,并出现沼泽草滩,河流亦渐次向盆地中心地带延伸,湖盆上游常常产生多股水道,蜿蜒曲行于盆地,形成河沼水系网,且草滩密布,此时的湖盆已演化为河湖沼泽水系网。此为湖盆型水系发育的第二个阶段。

3. 河沼化阶段

当湖泊排泄水道继续下切,排泄量渐次增大,湖水最终被疏干而转化为沼泽。与此同时,河流继续发展扩大,形成河系网,主河道开始诞生。但,河道宽浅,不稳定,摆动幅度大,常出现多股河,河间为沼泽草滩,此为湖盆型水系发育的第三个阶段。

4. 河流化阶段

由于当地排泄基准面大幅度下降,河流不断深切,沼泽被疏干,多股道的数量减少,主河道的作用增强,已成为盆地水系的集中廊道,即总体通道,控制当地水系的发展。此为湖盆型水系发育的第四个阶段,即成河阶段。

对比上述湖盆型水系发育模式,玛多以上的黄河河源段,乃在古玛涌湖盆水系的基础上开始发育的,目前刚进入湖泊型水系发展的第二个阶段,即排泄式湖泊阶段,所呈现的地貌景观为河湖沼泽网状水系,离河流化阶段还相当遥远。可是,有关部门提出黄河河源的讨论,作为学术性的研讨是很有价值。不过,人为地指定某河源头为正源,未免操之过急,恐有悖于客观事物的发展规律。因为黄河河源段的发育尚未达到区分干支流的阶段,又何必急急忙忙拟定其源头的正偏呢?! 如果一定要有个说法,那么,现阶段黄河河源就是多源,何来正偏之分。

第二节　下游黄河古河道变迁及黄淮海平原古水系网的演化

晚中生代以来,太平洋大举向北扩张。至早新生代,洋域已扩展至千岛群岛及日本列岛东缘。与此同时,西太平洋板块沿上述岛屿东侧海沟周期性地向亚洲大陆板块俯冲,而陆块亦因之向洋块仰冲。那么,板块碰撞则形成岛弧构造。由于陆块仰冲的牵引作用,岛弧内侧张裂陷落而出现弧后盆地。当海水侵入盆地乃成为边缘海槽,我国的南黄海、东海与南海即由是而诞生。

然而,海水入侵东海始于始新世中期,至渐新世才浸漫其大陆架,展布位置大体是济州岛与台湾岛连线的隆起部位。由于该隆起的出现,成为阻挡海水西侵的屏障。故此,隆起之西的辽阔地域,晚第三纪为内陆湖盆,无海水入侵。只是到了早第四纪间冰期,古太平洋洋面升高,不仅古东海大陆架全部被淹没,而且南黄海低洼地带亦被海水所侵占。古海水浸漫的边界大体沿今海水 65 m 等深线展布。

晚第四纪以来古海水大举入侵,并深入渤海西岸,旋即大幅度东撤。今之黄、渤海乃是第三次海退遗存水域,并延宕至今,海面虽时有升降,但变幅不大。

由于晚近期太平洋不断向北扩张,特别是晚第四纪以来的大肆扩张,黄淮海平原的江淮河济古水系,由内陆湖盆型渐次转化为海洋型。于是,以平原中部通许—泰山隆起为界,北侧者入渤海,南侧者入黄海,关于四大古水系网的形成演化详述于后。

一、黄淮海平原原始水系网格局的形成

黄淮海平原,为黄河流域第三个大台阶,原面平坦,四周山系环绕,为集水盆地。特别是平原东部边缘的辽胶隆起带,由千山—五莲山组成,形成东部屏障。展布于辽东半岛的千山,海拔高度 600～1 000 m,最高点为步云山,达 1 130 m。其南侧为北黄海,以斜坡方式与之毗连,然而,位于胶东半岛的五莲山,海拔高度 700～1 000 m,最高点为崂山,达1 133 m。其临黄海之山麓,乃为海水淹没的台阶状地貌。台面宽阔平坦,阶梯陡峻,几呈峭壁,但,东侧与南侧台阶规模不一。东侧者临北黄海,台面宽 25～40 km,水深 20～25 m,阶梯高度 20 m;南侧者(临南黄海)台面宽 35～75 km,水深 20～30 m,阶梯高度 35 m。

然而,辽胶隆起西侧为岩石圈断裂(郯庐断裂),东侧为板块俯冲带与缝合线(即扬子板块向华北板块碰撞俯冲)。正因为受这些构造带的推挤,隆起带不断抬升而阻挡古湖盆水流外泄,并形成封闭的内陆湖盆型水系网。与此同时,由于胶东半岛东侧存在壳层断裂带,且产生阶梯状断落,故而黄海西北缘出现水下台阶。有关黄淮海平原史前期古河系的形成发育分别述之。

(一)四渎形成发育的地质年代

1. 下游古黄河

河出孟津,即进入华北沉降平原。河流的作用以淤积为主。因此,今孟(津)温(县)段发育两级内叠式堆积阶地,温县以下只有漫滩而无阶地,出现这种现象的原因在于晚第四纪古沁阳湖的水域范围已达温县附近,孟温之间为河口段,湖水盛涨可倒灌至孟县,故此,温县以西河谷地带的上第四系,除上覆黄土外,下部沉积物均为河流相。其形成时代第一节已详述,此处不再重复。

至于温县以下的禹河,其成因与形成时间各段不一,大体可划分为两类:一是湖泊型,二是湖间冈地型。

1)湖泊型河段

太行山之东的海黄平原,晚第四纪时湖泊众多。据历史地理学家史念海著文所述:"历史时期,黄河下游曾经有许多湖泊,星罗棋布,……仅就其大的来说,在今山东省内就有大野(或作巨野)、雷夏、菏泽三个,在今河南省内也有荥泽、圃田、孟诸三个,今河北省南部还有一个大陆泽,其余小的更多。这些湖泊虽然不断有所变迁,不过在 6 世纪初郦道

元作《水经注》时,还繁多。仅太行山东就不下四五十个,黄河以南,嵩山、汝颖以东,泗水以西,直至江淮以北,较大的也有140个。""……古代最大的湖泊就是大陆泽。大陆泽虽很早见于记载,可是具体范围直到9世纪初期才比较明确,大致是在今河北巨鹿、宁晋、束鹿、深县诸县之间。……到了19世纪末期,仅剩下两个很小的湖泊,其一就是宁晋泊,另一个虽还沿用大陆泽的名称,实际上已和古代的大陆泽自然不同了。……大陆泽受黄河的影响最早,远在春秋战国时期,黄河就曾流经泽中,淤积了大量泥沙。"

然而,据作者对黄淮海平原第四纪岩相古地理的研究,禹河自南而北穿行于沁阳、肥乡、大陆泽及文安等古湖之中,各湖泊的面积大致分别为 $1\,000\ km^2$、$1\,750\ km^2$、$1\,900\ km^2$ 及 $7\,000\ km^2$。由于古黄河挟带大量的泥沙入侵,诸湖泊先后淤积萎缩消亡。

据作者实地考察研究,沁阳、肥乡两古湖出露的地层剖面:下全新统为河湖沼积相,中全新统为河流沼积相,上全新统为河流冲积相。那么,两湖的消亡时间当在7500年前的早全新世末,距今7500~3000年为河沼化阶段,近3000年来的晚全新世已进入河流化阶段。然,《水经注》成书于北魏,郦道元书中未提及两湖(已消亡)是很自然的了。

至于大陆泽与文安湖,受禹河泥沙淤积,湖域渐次萎缩,但,并未因之而消亡。故,19世纪初大陆泽尚存两个小湖,文安湖至今仍遗留白洋淀等水泊就是例证。

2)湖间冈地型河段

禹河也是由多个封闭的古湖泊水系溯源侵蚀相互串通而形成的(见图4-2)。因此,湖间冈地段河道的形成年代早于湖泊型河段。吴忱等对河北平原埋藏古河道的研究指出:"禹河底界埋深45~60 m,而埋深30~45 m的淤泥,^{14}C年龄4.2万年。"那么,禹河底界年龄当超过此值。又据孟县黄河第二级堆积阶地被覆的黄土底部古土壤层底界年龄值为(9.8±0.6)万年,则禹河当形成于晚中更新世末期至早晚更新世初,底界年龄距今约10万年。

然而,《尚书·禹贡》称这条故道为禹河,有关流路的记述:"东过洛汭(今伊洛河口),至于大伾(山名,位于今豫北浚县东南),北过降水(今漳河),至于大陆(泽),又北播为九河(分多支),同为逆河(九河流向东南,而大陆泽之南的禹河由南向北流,两者流向相反,故称逆河),入于海。"

《尚书》的"尚",古通"上"。那么,《尚书》乃为上古文献汇编,相传系孔子编选。如此,《禹贡》则成书于春秋晚期。可是书中未提及沁河,也许是当时的沁河不直接注入禹河。

综上所述,禹河接纳伊洛河与沁河之后北流,经今河南省武陟、修武、新乡、浚县及今河北省临漳、肥乡、巨鹿、新河、武强、大成、静海,于今天津北郊入渤海湾。河床一般宽5~10 km,最宽达20余 km。河道弯曲,牛轭湖发育。发源于西侧太行山的河流,如漳河、滹沱河及永定河等均注入禹河,亦为其主要支流。

另外,从支流的发育状况亦可推测禹河的形成年代。例如洛河,洛宁以上为上游,洛宁至宜阳为中游,宜阳至洛阳黑石关为下游,黑石关以下为河口段。各段的发育特点:

(1)上游。盆地与峡谷相间,以峡谷为主。阶地发育良好,共有四级。除第一级为堆积阶地外,余为基座型。

(2)中游。第三纪至早第四纪时为内陆湖盆,地势平坦,河床宽阔,除漫滩外尚有三

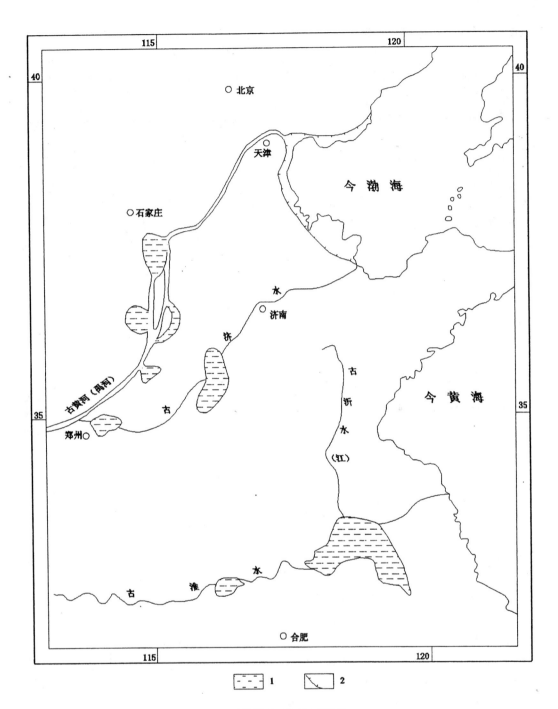

1—古湖泊;2—晚商古海岸线

图4-2 黄淮海平原史前期古水系网格局略图

级阶地。第一级为堆积型,余下两级则为基座阶地。而且阶地顶面广覆黄土。特别是第三级阶地,黄土之下埋藏厚度较大的河湖沼积层。

(3)下游。为洛阳盆地,河道宽阔平坦,发育两级阶地,为内叠堆积型,尤其是第二级阶地堆积层,下部夹多层淤泥质土,系沼泽沉积,可见早晚更新世该段洛河尚处于河沼化,直至晚晚更新世才进入河流化阶段。

(4)河口段。河谷狭窄,只有漫滩而无阶地。说明河流以下切为主,而无较长时间的停顿。

综上所述,洛河各河段初始发育期可与黄河类比:上游为晚早更新世;中游为早中更新世晚期;下游为晚中更新世晚期至晚更新世初,乃与禹河雷同。

另外,有的文章或著作称:"邙山处于黄河冲积扇顶部""郑州西部山前地带阶梯状黄土地貌为黄河第二、三级阶地""古黄河南流入黄海",等等。事实果真如此吗?答案是否定的。

原始古黄河出孟津,"东过洛汭,至于大伾,北过降水,……。"上文叙述颇详,不再重复。在这里只侧重探讨邙山与郑州西部是否有古黄河的遗迹,答案同样是否定的。因为邙山与郑州西部的阶梯状地貌乃是黄土台塬,而非河成阶地。中晚更新世及全新世风化成黄土直接被覆于基岩之上,并未夹河流相沉积物。何况基岩台阶系山前阶梯状断裂所致,亦非河流侵蚀而成。那么,所谓"邙山处于黄河冲积扇顶部"之说从何而来呢?作者曾几度实地调查,并查阅大量的钻探资料,均未发现有关这方面的任何证据。却发现某作者的文章除把黄土台塬误作为古黄河阶地描述外,并未提供多少能说明问题的直接证据,更不用说掌握多少经得起核查的"确据"了。这样,所谓原始"古黄河南流入黄海"之说可能是认识上的错误,或者以讹传讹。

另外,邙山由三皇山与敖山组成。西高东低,呈东西向展布。于古荥西折向东北,与武陟东南郇山相连。然而,两山的基底构造均为突起。邙山由三叠纪红色岩系组成,上覆黄土厚约80 m;郇山主要由太古代变质岩系组成,上覆黄土厚仅10余 m。今黄河乃穿行于两山之间的垭口。

据徐福龄撰文所述:"有史以来,黄河从孟津出山谷成为堆积性河道,按其自然流势,应向东流,但大河到荥阳一带,即转东北,于天津入渤海。这主要是由于大河在孟津以下,黄河南岸有绵长的邙山作屏障,原来的山势从荥阳以下横过当前的黄河转向东北,犹如一条天然挑水坝,一直控制大河的走势。据古文献记载,古荥阳(今古荥镇)以西有三皇山,亦称广武山,是邙山的西段,在广武山西北,还有敖山。因这一带山势向东北倾斜(伏),大河从荥阳转向东北。"

作者在所著《黄河下游河道地质特征与古地理环境》一文详细论述了此段古黄河的流路及邙山阶梯状黄土地貌非黄河阶地。在这里仅略为复述而已。

2. 古淮河

淮河发源于桐柏山,东流纵贯黄淮平原,过洪泽湖,入黄海。其流域范围:北以通徐隆起与黄河分界;南以大别山与长江水系隔离。北岸支系发育,源出西部山区者有洪河与颖河两水系。发源于北部隆起的则有西淝河、涡河、浍河、沱河及新濉河等河系。然而,南岸紧临大别山,源近流短,支系虽多,但都短小。

由于早第四纪黄淮海平原内陆封闭式湖泊甚多,规模大者为数不少,诸湖泊水系,溯源侵蚀,相互串通,于晚第四纪形成了统一的古淮河水系。

据发源于嵩山的颖河支流的调查研究,山区河段发育三级阶地,除第一级为堆积阶地外,第二、三级为基座型。可是,平原后缘的山前地带,却只有两级内叠式堆积阶地,平原河段只有漫滩而无阶地。

又据钻探揭示,平原段岩相的垂直变化:中下更新统为湖相,上更新统为河湖相,全新统为河沼相。

综上所述,古淮河初始发育年代:山区河段为早中更新世晚期;山前河段为晚中更新世晚期至晚更新世初,平原河段为晚更新世至全新世。

3.古济水

古济水为平原型河流,发源于武陟突起东坡,东流过圃田泽折向东北,再流经雷泽及巨野泽后,行河于泰山隆起西麓,入渤海。亦是由多个封闭式古内陆湖泊水系溯源侵蚀相互串通而成。其形成发育时代与禹河大体一致。

4.古沂江

古沂江,又名古沂水,今称沂河。发源于鲁山南坡,东南流至沂水市折向南,过骆马湖折向东,纳沭河,行河于苏北平原,入黄海。

沂水以上为上游,行河于山区,河谷窄狭,阶地发育良好,共有三级,除第一级为堆积阶地外,余为基座型。沂水至骆马湖为中游,流经山间盆地,河道宽阔,水流较为平缓,阶地、漫滩均较为发育。过骆马湖后为下游,河床宽阔平坦,漫滩较为发育。然而,各河段初始发育年代与古淮河基本一致。

(二)四渎形成发育的地质构造机理

晚第四纪以来,黄淮海平原的构造活动仍以断块运动为主。并且,在整体断块运动的同时,局部出现差异性运动。于是,产生一系列的相对陷落带。如海黄裂谷系的饶阳黄骅、济阳裂谷带及黄淮断块南部诸断陷。这些构造洼地不断陷落,潜水成湖,形成了自成系统的湖泊型水系。四渎就是在诸多独立的湖泊水系溯源侵蚀,且相互串通而形成而发展的。

1.禹河

禹河出孟津东流,折向北,沿饶阳裂谷带继续北流入海。

然饶阳裂谷带两侧,为相对抬升的断隆带,东为沧内,西为大隆,禹河乃穿行于两隆升带之间的裂谷沉降带,带中裂谷槽地多潜水成湖。如古沁阳湖与大陆泽等,系控制禹河形成发育的重要古湖泊。特别是该裂谷带的古地貌结构,北宽南窄,沉降速度北大南小。这对禹河流路的稳定起了重大作用,故禹河行河竟长达九万余年。

2.古淮河

黄淮断块南部的一系列断陷带,系扬子陆块北向碰撞俯冲,引起华北陆块向南仰冲,产生了强大的牵引力,使之张裂陷落而成。因此,诸断陷呈东西向展布,古淮河乃是沿此张应力集中带而形成而发育的。

然而,新生代以来该构造带的升降运动仍然活跃,活动强度亦未见消减,该时段的沉积物厚度达 3 300 ~ 7 600 m。淮河中下游至今广布的大小湖泊与水洼沼泽,乃是晚更新世诸多大型内陆湖泊萎缩而残留的。故此,今平原段的淮河,之所以汛期易积水而涝,原因在于晚近期地壳的持续沉降。

3. 古济水

古济水自河源至雷泽,行河于黄骅裂谷带。之后,沿北西西向断裂穿越菏泽凸起进入济阳裂谷带。至巨野泽北端折向东北,沿泰山西缘壳层张性断裂而流,越过泰山隆起再度进入济阳裂谷。

由此观之,古济水主要沿张性裂陷构造带发育,河道稳定。若无古黄河袭夺是不会消亡的。

4. 古沂水

沂河自沂水沿郯庐岩石圈断裂南流,至骆马湖折向东,行河于胶东隆起南缘的张裂带。然而,郯庐断裂原为裂谷,可是早第四纪晚期受断块挤压,潍坊以南裂谷段因之闭合消亡,成为张剪性断裂带。

另外,骆马湖以东河段,因扬子陆块向华北陆块碰撞俯冲,引起胶东隆起向南滑动牵引而形成张应力集中带。因此,古沂水就是在张剪力与张应力场长期影响下而形成而发育的,故而河道稳定。

（三）四渎形成发育与古地理环境变迁

晚第四纪,全球气候多变,短短十万年,出现两次冰期。冰期来临,气候干寒,降水少,或冰或雪,不易流动,故而古太平洋洋面急遽降低,其西缘边缘海槽的海水大举东撤。与此同时,湖泊萎缩,或干涸消亡。在此期间,古黄淮海平原曾两度出现旱原现象。

然而,两冰期之间或冰期之后,则是间冰期与冰后期,气候温暖潮湿或凉温偏干,降水充沛或雨水增多,此时,黄淮海平原的湖泊又再度恢复或扩容。特别是东部边缘地带,海水西侵,渤海古湖水咸化,并与古黄海连通而成为海洋的组成部分。每当海水盛涨时,东部低平原均沦为海域。在古气候与古地理变迁中,四渎的发展随环境的演变而变迁。例如,平原中西部钻探揭示上第四系垂直剖面的岩相变化,常常是湖相、河湖相、河湖沼泽相、河沼相与河流相交互叠加。而东部滨海(包括渤海)地带则交互呈现湖积、河湖积、河湖海积及河海积相等错综复杂的沉积建造。由此可知,四渎的形成发育与平原古地理环境变迁的关系极为密切。

二、历史时期下游古黄河大改道迁徙与平原水系网的调整

（一）历史时期下游古黄河大改道迁徙

黄河易徙,尽人皆知。然,河之大徙,则歧见颇多。如,清初胡渭在所著《禹贡锥指》中指出,黄河自大禹到明代凡五大改道:一是周定王五年河徙宿胥口,到长寿津与漯川别行,合漳水至章武入海;二是王莽始建国三年,河决魏郡,泛清河、平原、济南至利津入海;三是宋仁宗庆历八年商胡决,河分二派,北流合永济渠至乾宁军入海,东流合马颊河至无棣入海;四是金章宗明昌五年,河决阳武故堤,灌封丘而东,一由北清河入海,一由南清河入淮;五是元世祖至元二十五年,河徙阳武县南,新乡之流绝,至明洪武中筑断黄陵岗支渠,遂以一淮受全河之水。

清末刘鹗在《历代黄河变迁图考》中绘出黄河六次变迁:一是周定王五年之后西汉河道;二是东汉之后河道;三是唐代至宋代河道;四是宋代商胡决口后二股河道;五是黄河南泛后明清故道;六是铜瓦厢改道后之河道。

黄河水利委员会1956年《人民黄河》中提出历史上黄河下游共发生26次较大的改道，即公元前602年（周定王五年）河决宿胥口（今淇河口），东行漯川，经滑县、戚城、元城、贝城、成平，至章武入渤海；公元前132年（汉武帝元光三年）瓠子（今濮阳西南）决口，东南流向巨野泽，经泗水入淮；公元前109年（汉武帝元封二年）馆陶沙丘堰决口，自沙丘堰向南分流为屯氏河，与大河平行，经临清、高唐、夏泽，于平原以南入大河；公元前39年河决灵县鸣犊口（今高唐南），水流向东北，穿越屯氏河，在恩县以西分为南北二支，南支叫笃马河，经平原、德县、乐陵、无棣、沾化入海，北支叫咸河，经平原、德县、乐陵之北入海；公元11年（王莽始建国三年）魏郡（今南乐附近）决口，大河流经今河南南乐、山东朝城、阳谷、聊城、临邑、惠民，至利津入海；公元955年（周世宗显德二年）阳谷决口，分一支叫赤河，经大河南，于长清以下再入大河；公元1020年（宋真宗天禧四年）滑州（今滑县）决口，经澶（今河南濮阳）、濮（山东濮阳）、曹、郓一带入梁山泊，东流入泗、淮；公元1034年（宋仁宗景祐元年）澶州（今河南濮阳）横陇埽决口，流入赤河，至长清仍入大河；公元1048年（宋仁宗庆历八年）河决澶州商胡埽，向北直奔大名，进入卫河，流经今馆陶、临清、景县、东光、南皮，至沧县与漳河汇流，从青县、天津入海；公元1060年（宋仁宗嘉祐五年）魏郡第六埽决口，与原河道分流，奔向东北，经南乐、朝城、馆陶，入唐故道北支，合笃马河，经乐陵、无棣入海；公元1080年（宋神宗元丰四年）澶州小吴埽决口，河水流向西北，经内黄入卫河；公元1128年（宋高宗建炎二年）决河今滑县、浚县以上地带，大河经延津、长垣、东明入梁山泊，尔后由泗入淮；公元1168年（金世宗大定八年）李固渡（今滑县沙店镇南）决口，经曹县、单县、萧县、砀山，至徐州由泗入淮；公元1194年（金章宗明昌五年）阳武决口，经延津、封丘、长垣、兰封、东明、曹县，入曹、单、萧、砀河道；公元1286年（元世祖至元廿三年）原武、开封决口，水分两路流向东南，一支经陈留、通许、杞县、太康等地由涡入淮，另一支经中牟、尉氏、洧川、鄢陵、扶沟等地由颖入淮；公元1297年（元成宗大德元年）河决杞县蒲口，水行东北200多里，于归德横堤以下和北面汴水泛道合并；公元1344年（元顺帝至正四年）河决曹县白茅堤和金堤，经今山东东阿，沿会通运河及清济河故道，分北、东二股流向河间及济南一带，分别入渤海；公元1391年（明太祖洪武二十四年）阳武黑羊山决口，流经开封城北折向东南，过淮阳、项城、太和、颖上，至正阳关由颖河入淮；公元1416年（明成祖永乐十四年）开封决口，经亳县、涡阳、蒙城，至怀远由涡河入淮；公元1448年（明英宗正统十三年）原武、荥泽决口，北股由原武向北抵新乡折向东南，经延津、封丘、濮县抵聊城、张秋，穿运河会大清河入海，中间一股在荥泽决口，漫流于原武、阳武，经开封、杞县、睢县、亳县入涡河，经怀远入淮，南股也是决口于荥泽，经明初故道入淮；公元1489年（明孝宗弘治二年）开封决口，向南、北、东三面分流，一支经尉氏会颖河入淮，另支经通许会涡河入淮，再一支与贾鲁河故道平行，至归德经亳县合涡河入淮，还有一支自原武经阳武、封丘，至曹县冲入张秋运河，又一支由开封至归德，经徐州会泗水入淮；公元1509年（明武宗正德四年）曹县决口，经单县、丰县及沛县入运河；公元1534年（明世宗嘉靖十三年）兰封决口，经仪封、睢县、归德、夏邑、永城等地，由浍水入淮；公元1558年（明世宗嘉靖三十七年）曹县决口，经单县至徐州沛县分成六股，俱入运河至徐洪，另外又砀山分成五小股，由小浮桥汇流徐洪；公元1855年（清咸丰五年）河决铜瓦厢，分三股，一股由曹县东流，另外两股由东明南北分流，至张秋穿运河后复合一股，夺大清河入海；公元 1938 年(中华民国二十七年)花园口决口,经尉氏、西华、商水、项城、沈丘,至正阳关入淮。

黄河水利委员会治黄研究组 1984 年出版《黄河的治理与开发》一书云:"黄河下游河道在历史上决口改道频繁。从远古时代的禹河故道到目前的现行河道,经历过六七次大的迁徙。"所述具体内容摘要如下:

周定王五年河决宿胥口,王莽始建国三年河决魏郡,宋仁宗庆历八年商胡埽决口,南宋高宗建炎三年河决滑县,金章宗明昌五年河决阳武,清咸丰五年河决铜瓦厢,1938 年河决花园口。

张含英在其所著《历代治河方略探讨》一书之插图"历代黄河大变迁示意图"标示的河道为:"周定王五年以后河道,王莽始建国三年以后河道,宋仁宗庆历八年以后河道,金章宗明昌五年以后河道,明孝宗弘治七年以后河道,清文宗咸丰五年以后河道。"

叶青超等所著《黄河下游地貌》一书附表"黄河下游河道主要改道情况"摘要:公元前 602 年宿胥口改道,公元 11 年魏郡改道,公元 1048 年澶州商胡埽改道,公元 1194 年阳武改道,公元 1494 年开封荆隆口改道,公元 1855 年铜瓦厢改道,以及公元 1938 年郑州花园口改道。

徐福龄曾著文提出界定黄河大改道的原则:"黄河决口后,另走一条较长的流路入海,并逐步形成了固定的新河道,不再回归原河道,才算一次大改道。"并据此确定"黄河下游在历史上共有五次大改道。"具体内容摘要如下:

第一次大改道。周定王五年(公元前 602 年),河决浚县宿胥口,是黄河第一次大改道。西汉时贾让说:黄河有连贯的堤防始于战国。那时齐与赵魏以河为界,各距河 25 里修筑大堤,堤距为 50 里,宽立堤防,使洪水有了一定的约束。至西汉,沿河两岸群众在宽广滩地上层层筑堤,围护园田,堤距逐渐缩窄,堤防有了修守,形成固定河道。大河从浚县至濮阳,经内黄、清丰、南乐、大名、冠县、馆陶、临清、平原、东光,于黄骅西南入渤海。至王莽始建国三年,河决魏郡改道东流,北渎遂空,此道行河 613 年。

第二次大改道。河决魏郡时,正是王莽执政,决口后自由泛滥 60 年之久,形成第二次大改道,东汉明帝永平十二年(公元 691)命王景治河。王景自河南荥阳至山东千乘海口,修筑了千里大堤,使黄水就范。……,结束了 60 年的河水泛滥,固定了新的河道,直到宋庆历八年(公元 1048 年),大河于濮阳商胡埽北徙,行河 970 余年。

第三次大改道。黄河从商胡埽决口北徙,形成第三次大改道。大河从濮阳北经清丰、南乐、大名、馆陶、枣强、衡水、乾宁军(今清县),由天津附近入海,宋代称为北流,宋嘉祐五年(公元 1060 年),大河魏郡第六埽向东分出一道支流,经陵县、乐陵到无棣入海,名二股河,宋代称为东流。先是北流、东流并行入海,后为防辽,三次回河东流,两次失败,终于绍圣三年(公元 1096 年),尽闭北流,全河之水均入东流。不到五年,于元符二年(公元 1099 年)六月,内黄决口又回北流,东流遂绝,十年回河之争至此结束。至南宋建炎二年,杜充决河南泛,北流遂绝,行河 80 年。

第四次大改道。南宋建炎三年(公元 1128 年),汴京留守杜充,为抗金兵在滑县李固渡决河南泛,从此黄河夺淮入黄海,形成第四次大改道。金元时期黄河在徐州以上多股分流,数十年来"或决或塞,迁徙无定。"(《金史·河渠志》),使黄河形成长期由淮入海的局面。明前期治河的方针是："北堤南分"，河势紊乱。到嘉靖三十七年（公元1558年），徐州以上河段分流达13支之多，"河忽东忽西，靡有定向。"隆庆六年（公元1573年）之后，万恭、潘季驯实施"束水攻沙"的治河，到万历年间已全面修整了郑州以下两岸堤防，使黄河归于一槽，结束了分流局面。其河道行经今郑州、中牟、开封、兰考、商丘、虞城、曹县、单县、丰县、沛县、砀山，到徐州合泗入淮，由宿迁、泗阳至涟水下云梯关，入黄海。至清咸丰五年（公元1855年），河决兰阳铜瓦厢，夺大清河由利津入渤海，原来的老河道，称明清故道，然而，自南宋建炎三年至清咸丰五年，大河南流总计727年。

第五次大改道。铜瓦厢决口改道后，大河自由泛滥达20余年，形成第五次大改道。至光绪三年（公元1877年），兰考至东平南岸开始修大堤，北金堤以南修民埝。位山以下沿河两岸1857年已修筑民埝，后来逐步扩展为大堤，河道得以固定。虽然1938年为抵抗日寇西犯国军决堤于花园口，大河再度南泛。但，1946年予以堵合，行河至今。

然而，黄河的自然习性是北流与东流，南泛完全是人为的。自南宋杜充决堤于李固渡，迫使大河南侵夺淮入黄海，此乃启肇事之先河。至于金、元、明、清诸代，大河频繁迁徙于黄淮平原，致使河患无有已时，实是李固渡决堤的必然结果。因此，金明昌五年至元二十五年阳武改道及明弘治七年荆隆口与张秋等改道，乃是李固渡改道的延续，不能把它们看成大河改道的独立事件。然，大河每次大改道之后，黄淮海平原的水系网为适应黄河的迁徙而进行了相应的调整，或使某些老水系兼并消亡，抑或产生新的水系。而上述几次改道并未产生此等效应，故不能与大河真正的大改道等量齐观，只能列入中等改道。至于1938年花园口决堤泛滥，虽然时间不长，但对黄淮海平原水系网的破坏性不小。因此，亦应列入黄河大改道之列。

作者认为，徐福龄先生提出的界定"黄河大改道"的原则是有道理的。因为，没有统一的标准，常常会各执一词，很难统一认识。前面多数大作多半只叙述黄河那几次改道为大迁徙，并未说明缘由。那么，除几次公认的大改道外，余下的就难以取得共识了。

关于下游黄河大改道的次数与确定原则，作者的看法与徐福龄先生无太大分歧，故不重述，需要补充的是，改道后的新河流路对平原水系网的稳定所产生影响的程度。下文将侧重阐述黄河几次大改道所引起黄淮海平原水系网的大调整。然而，花园口决堤改道，虽然时间不长，但引起了平原水系网大调整。所以，应作为独立的一次大改道，不应并入第五次。那么，黄河大改道应该有六次，而不是五次了。

可是，黄淮海平原原始水系，为江、淮、河、济四渎。江渎偏东南隅，河渎改道迁徙对它影响不大，不遑多述。而影响最巨者为济、淮二渎。兹将下游古黄河多次大改道迁徙引起黄淮海平原古水系网的调整状况分述于后。

（二）历史时期下游平原水系网的调整

1. 黄河宿胥口改道后平原水系网的调整

禹河沿太行山东麓北流，而漳河以南河段逼近太行山，山前洪积扇极为发育。尤其是晚第四纪，洪积扇发展迅速，淇（河）安（阳河）段已扩展至禹河，致使河道阻塞，不能畅其流，终于周定王五年溃决于宿胥口，斜穿沧内断隆带北流，行河于黄骅裂谷，入渤海湾。此为下游黄河第一次大改道（见图4-3）。

禹河衰亡后，凡发源于太行山注入禹河的支流，因失去统一排泄通道而引起紊乱，泛

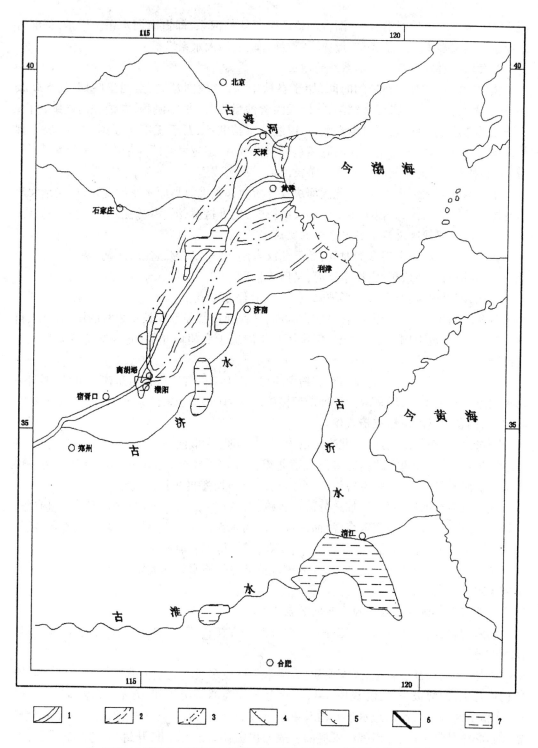

图4-3　春秋晚期至北宋黄淮海平原古水系网格局演变略图

1—宿胥口改道后的古黄河;2—魏郡改道后的古黄河;3—商胡埽改道后的古黄河;
4—西汉时期的古海岸线;5—东汉时期的古海岸线;6—北宋时期的古海岸线;7—古湖泊

流于饶阳裂谷带。后经汇流,并渐次调整产生了新的河系,即古海河水系。于是,黄淮海平原水系网又多了一个新成员,形成了黄、淮、海、济四大水系。

2. 黄河魏郡改道后平原水系网的演化

大河行河于黄骅裂谷带的时间,始于春秋中期,经战国及秦,至西汉晚期,约 600 余年,史称西汉河。虽然沿程多湖泊,终因大河含沙量太高,长年淤积,湖泊先后萎缩消亡,失去调蓄功能。故此,河道日渐衰败,难以继续维持北流,乃于王莽始建国三年溃决于魏郡东徙。从此,西汉河遂绝。大河脱离黄骅裂谷带后,穿越海菏断隆带中段进入济阳裂谷带,于千乘注入渤海莱州湾。此为下游黄河第二次大改道。

由于西汉河两侧无大支流,此次河决迁徙所引起黄淮海平原水系的变化,仅仅是大河自身由北流转为东流,其他水系未受多大的影响,仍维持黄、淮、海、济四水系的网络格局。

3. 黄河商胡埽改道后平原水系网的变迁

大河行河于济阳裂谷带的时间,始于西汉末期,经东汉、魏、晋、南北朝、隋唐、五代,至北宋,总计历时 970 余年,史称东汉河,又曰王景河。

虽然,东汉河流程最短,地形坡降较大,且沿程亦多湖泊。诸多有利的自然因素利于河道寿命的绵延。但黄河泥沙含量实在太高,任何河道都经不起长年累月的淤积,日久自然式微,王景河也不例外,终于宋仁宗庆历八年溃决于商胡埽北徙,此为下游黄河第三次大改道。

当时北宋王朝对大河北流与东流纷争不已,数十年内曾三次挽河东流。可是,那时东汉河河道已衰败不堪,所采取的种种治河措施均无力回天,于宋哲宗元符二年(公元 1099 年)决口内黄,再度北徙,东流遂绝。

不过,大河在往复变迁中,北流至清丰,分成两股,一股向西,斜切内黄凸起折向北,进入饶阳裂谷带,于今衡水北斜穿禹河故道北流,折向东,经今天津(南)入渤海湾;另一股东流再折向北,行河于黄骅裂谷带,经今海兴(南)斜切海兴凸起,入渤海湾。

此二股河行河均不久长,加之分流水势减弱,虽有一股西入禹河故道,但因水量有限,未袭夺海河,而仅仅是假道入海,故而未扰乱海河水系。另一股入黄骅裂谷北流者,系平行西汉故道入海。因两侧无支系,亦无所窃夺,仅维持单一河道。

基于上述,大河此次大迁徙后,并未出现黄淮海平原水系网大调整,仍维持黄、淮、海、济四大水系。

4. 黄河李固渡改道后平原水系网的巨变

南宋初,大河被人为决口于李固渡,大举南侵夺济泛淮,入黄海。此乃下游黄河第四次大改道。

于是,济亡淮乱。自金、元至明初,大河常常形成多股泛流于黄淮平原,在长达 440 余年的岁月里,河势极为紊乱(见图 4-4)。直至明代晚期万历年间,万恭、潘季驯等大力治河,实施窄河,两岸皆堤,逼水于一槽及束水攻沙等治河方针。虽未根治水患,决溢仍然频繁,但,泛流乱局顿减,曾出现小安局面。故河出孟津,经今郑州、开封、兰考、商丘、砀山、徐州、宿迁、清江,至滨海入黄海。河道基本被固定,清代亦承袭之,史称此河为明清河。

然而,黄淮平原的地质环境不利于多沙的大河南行。明清两代的治河者,虽力主攻沙,可是,泥沙难治,河道淤塞,日甚一日,致使河势每况愈下。至清咸丰年间,溃决于铜瓦

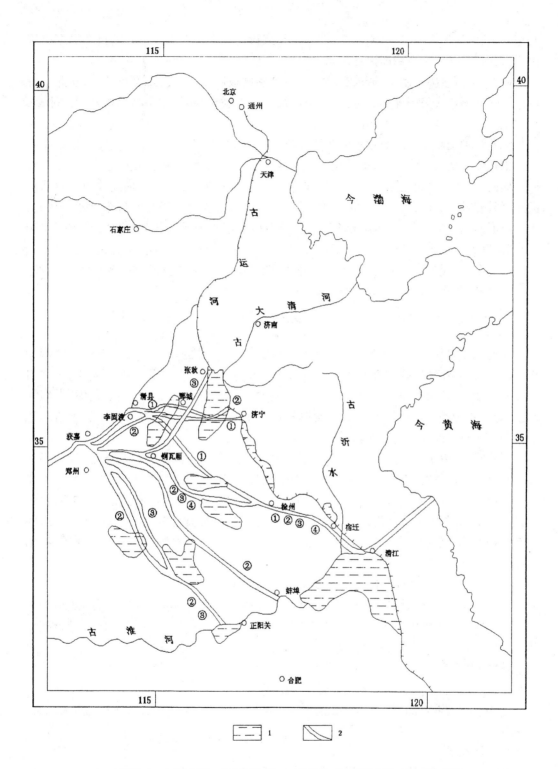

1—古湖泊;2—古黄河(①—南宋故道;②—元代故道;③—明代故道;④—前清故道)

图4-4 南宋至前清古黄河大改道迁徙与黄淮海平原古水系网格局演变略图

厢东流,夺大清河入渤海,南流遂绝。至此,集流行河 280 年左右。虽日后抗倭国军决堤南泛,而时间短暂,堵口后即恢复东流。

诚然,李固渡决堤南泛,造成黄淮海平原水系网极度紊乱。济水淤积消亡,从此消踪匿迹。除典籍与古舆图外,无处觅其踪迹。淮河呢? 被黄河吞噬,更名为黄淮河。那么,平原主要水流只剩下黄淮河与海河两大河系了。

5. 黄河铜瓦厢改道后平原水系网的大调整

铜瓦厢溃决后,大河又东泛夺大清河入渤海,此为下游黄河第五次大改道。

然而,铜瓦厢溃决之际,大河主流系循黄骅裂谷带东流,在受阻于横陇故道之后乃折向东,斜切菏泽凸起及济阳裂谷带南段,并穿越泰山隆起西缘入济阳裂谷带北段。从此,大河再度回归海黄裂谷,并延宕至今,行河时间:以东坝头为界划分东西两段,西段约 430年;东段近 140 年。

大河东徙,脱离淮河之后,引起黄淮海平原水系网两次大调整,于是,出现今日黄、淮、海三大水系(见图 4-5)。

三、下游黄河大改道迁徙的地质机理

黄河之所以易淤、易决、易徙,症结在于多沙。而泥沙之所以为害,又与洪水紧密相连。因为,黄河流经广阔的黄土高原,土质疏松,易侵蚀产沙,加之汛期暴雨集中,常常引起山洪暴发,挟带大量泥沙汇流于黄河,产生高含沙洪水,直冲下游,且沿程落淤,引起河床淤积升高,于是,地下河(河床低于两岸地面)渐次演变为地上悬河(河床高于两岸地面),改道迁徙就是很自然的了。

与此同时,由于中国人口过分膨胀,需要大力开发利用黄淮海平原的土地资源,不允许大河自由泛流,就只有筑堤约束水流。可是,泥沙不可能全部排泄入海,大部分粗沙淤积于河道,造成河床不断升高,行洪能力则日益降低。为了防止河水漫溢,只有加高大堤。这就展开了河堤竞赛,水涨堤高。在此恶性循环中,大河决溢自然频繁。不过,大改道的控制机理远比一般决口复杂得多,除水沙因素外,行河地带的地质条件起主导作用,特细述之。

(一)黄淮海平原块状构造活动对大河流路的控制

黄淮海平原虽为沉降性断块,但,南北两部分活动方式是不尽一致的。北部平原为裂谷,以水平拉张运动为主,且向东南方向滑移,故而形成一系列北东向张裂沉降带与相对抬升的隆起带,前者称裂谷带,后者称断隆带。

然而,南部平原的断块,以垂直差异运动为主,并产生一系列的东西向凸起与凹陷。特别是通徐凸起绵亘于北部,成为阻碍黄河南流的屏障。

这些块状构造带的展布与自然配置,对古今黄河行河流路的自然选择具有重大意义。举例如下。

1. 禹河故道

禹河故道行河于饶阳裂谷带,虽有三小段斜切内黄、隆尧与沧州断隆,但,主体部分位于裂谷(见图 4-6)。故而,河道较为稳定。可是,晚全新世早期(2 600 年前),因禹河南段遭太行山下泄泥石流侵袭,才被迫改道迁徙。

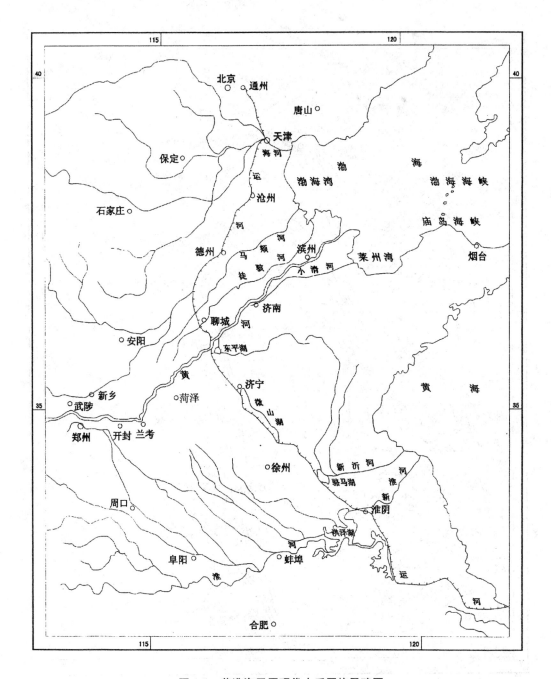

图4-5 黄淮海平原现代水系网格局略图

2. 西汉故道

宿胥口改道后,大河穿越内黄断隆南端再度进入饶阳裂谷带,沿其东缘北流。尔后,斜切沧州断隆南段进入黄骅裂谷槽地,并沿其西侧北流入海。总之,西汉河除局部穿越断隆,大部分河段行河于裂谷。

3. 东汉故道

魏郡改道后,大河横切内黄断隆进入黄骅裂谷带南段,且三度穿越菏泽断隆,蜿蜒于

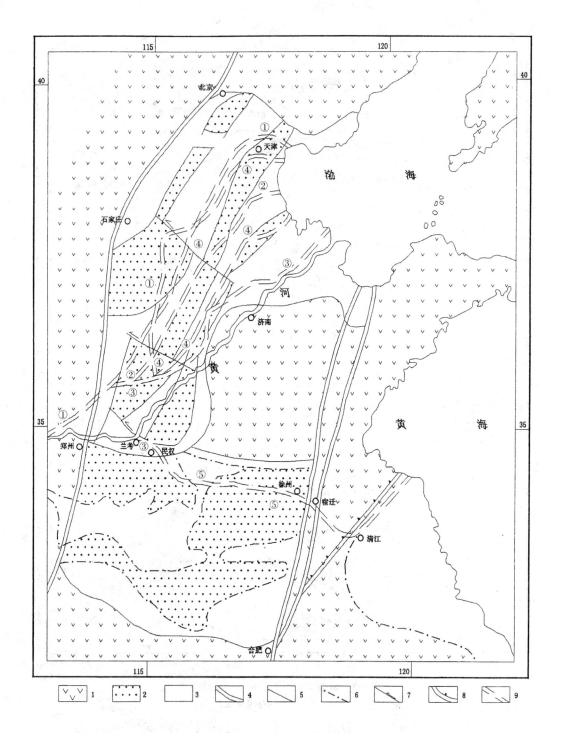

1—隆起；2—断隆与凸起；3—裂谷与凹陷；4—岩石圈断裂；5—壳层断裂；6—基底断裂；
7—盖层剪切断裂；8—板块缝合线；9—黄河古河道（①—禹河故道；②—西汉故道；
③—东汉故道；④—北宋故道；⑤—明清故道）

图4-6 黄河古今行河流路与黄淮海平原块断构造活动关系图

黄骅与济阳两裂谷带之间。至禹城(西),再度进入济阳裂谷,入于海。

4.北宋故道

商胡埽改道后,大河分东西两支:西支斜切内黄断隆进入饶阳裂谷带,又穿越隆尧断隆东北缘,再度入饶阳裂谷北流,至天津南,横穿沧州断隆及黄骅裂谷入海;东支,沿黄骅裂谷东缘北流,至海兴(西),斜切海兴断隆入海。

5.明清故道

自郑州起大河东流,行河至黄骅裂谷带。至兰考,折向东南,入济阳裂谷带。至民权,进入通徐凸起带。至宿迁,穿越胶东隆起南端。至清江,折向东北,行河于苏北凹陷,注入黄海。此河道的主要特点:首尾两段行河于沉降带,而中段则穿越隆起,故而行河流路不顺。

6.现代河道

铜瓦厢改道后,大河折向东北,行河于黄骅裂谷带南段。至东明高村,斜切菏泽断隆进入济阳裂谷带。继之,又穿越泰山隆起西北缘,再度进入济阳裂谷带,入渤海莱州湾。

此河道的流路与明清故道颇为相似,东西两头行河于沉降性构造带,而中段穿越隆起,所以行河流路不顺。

综上所述,大河自然行河均集中于北部海黄平原,以北流为主,次为东流。虽偶尔出现南泛,时间也极为短暂,只要堵塞决口,即回归故道,可见海黄裂谷对黄河流路的自然选择是具有控导作用的,而南流多系人为,有悖于大河流路的天然习性,故南宋之后河患不已,此乃人类的治河违背大河行河流路与流势的必然结果,后世治河者宜引以为诫。

(二)黄河南泛的缘由

南宋初,决堤于李固渡,迫使大河南行。至明清,已历数百年,总是大肆改道迁徙于黄淮平原。河常分数股,甚至十数股泛流,从无安流可言。其故安在?除这段历史时期群雄逐鹿中原,峰烟四起,战祸连年,河道管理无人问津。甚至以水挡兵,决河淹敌。凡此种种,自然不利于大河的稳定。可是,还有一个更为重要的原因,那就是当时的治河者受时代的局限与主观需要,对影响大河河道稳定的自然因素缺少必要的认识,不是因势利导治河,而是逆势而治,结果愈治愈乱。

譬如,下游黄河自形成之日起,就是北流或东流,而不是南流,这不是偶然现象,而是黄淮海平原的地质结构与古地理环境决定的。因为黄淮平原北部为不断隆升的凸起,与泰山隆起隐伏连接,形成黄淮海平原中部东西向(横向)隆起带,成为梗阻黄河南流的陆障。但,通徐与泰山两隆升地体间(鄄城与东平之间)存在带状洼地,即古巨野泽及今东平湖至微山湖所在地。大河北流与东流时,偶尔南犯,多经由此洼地。

另外,黄淮海平原的总体地势:中部高,南北两头低。大河绕太行山南端北流,乃是水流就下,自然顺畅。可是,驱北流之河南行,则是逼水就上,焉能不乱?!当河水漫上通徐凸起带顶部时,则水流分成数股向黄淮平原东南方向辐射。即使潘季驯等采取集流治河方针,逼水于一槽,也同样要使大河长距离穿越隆升带,造成河道上宽下窄,且为反向河,不利于行洪输沙,故而河道不稳定。此为大河南行后洪患不断的主因。

第五章　黄淮海平原治理开发的重大区域工程地质问题

第一节　区域稳定性

华北板块,为古老的大陆板块。结晶基底固结坚硬,为稳固的刚性地体。可是,晚中生代地壳的水平剪切运动,不仅使盖层产生形变,而基底亦出现块断变形,形成若干相对滑移的水平剪切断块。

由于此次构造运动的破坏,古老的、完整的、稳定的华北陆块变得支离破碎,动荡不定。特别是新生代以来的裂谷扩张运动,使陆块进一步分裂,形成若干张裂陷落带与挤压相对抬升带。这种构造现象的出现,对华北陆块的稳定产生重大影响。因为,它的驱动力来源于太平洋板块扩张,而太平洋板块的扩张运动具多旋回性。当洋块扩张时,西太平洋板块沿西侧海沟向亚洲大陆板块俯冲,引起亚洲陆块向洋块仰冲,产生向东南方向滑移的牵引力,则华北陆块的裂谷就扩张发展。若西太平洋板块停止俯冲,因惯性作用而陆块回返,于是产生逆向推力,裂谷停止扩展,甚至闭合消亡。华北陆块的裂谷就是在这样的构造运动中不断演化,故其发展具多旋回性。这就加大了对该构造体系研究的难度,而它恰好是评估华北陆块晚近期稳定与否的要害所在。

然而,黄淮海断块乃是华北陆块的次级构造单元,它的稳定性受华北陆块整体运动的支配。当陆块再度复活,并以块断运动的方式发展时,则其亦随之而活动,且与之同步。于是,断块失稳,并衍生一系列的不稳定现象,特述之。

一、黄淮海断块稳定性的破坏机理

新生代以来,黄淮海断块失稳现象非常明显,表现形式与控制因素有三:一是断裂活动;二是岩浆活动;三是地震活动。此三者的活动状况分别详述。

(一)断裂活动

黄淮海平原晚近期断裂构造运动非常活跃,其活动方式:一是块状断裂运动,二是线状断裂运动。两者的活动,既有紧密联系,又有明显差别,兹一一阐明。

1.块状活动断裂

块状断裂活动,为黄淮海断块的主要构造运动形式。由于外部驱动力的作用方式与方向不同,则黄淮海断块被分为两部分,北部为海黄断块,南部为黄淮断块,两者活动方式的差异十分明显。

1)海黄活动断块

早第三纪以来,由于西太平洋板块沿其西侧海沟以北北东方向向下俯冲,引起深部地幔物质向西迁移,而海黄活动断块深部又存在早期构造运动遗存的深断裂,于是,这些断裂就成为岩浆上涌通道,引起地幔隆起。当岩浆沿断裂侵入地壳,由于强大的上举力使地壳呈穹隆状凸起,而穹隆顶部贮集强大的拉张力,形成张应力集中带。

当顶部岩体破裂,则岩浆向外喷溢,两侧岩体呈阶梯状断裂陷落,形成张裂陷落带,称为裂谷带。

然,裂谷带扩张时向两侧推挤,因而产生强大的侧压力。于是,两裂谷带之间则出现挤压抬升的断隆带,是为挤压应力集中带。

据此,海黄裂谷不仅地应力分布不均,而且不同类型构造带的地应力性质也不一致。如,济阳、黄骅、饶阳与保定诸裂谷带为张应力集中带。海菏、沧内与大隆诸断隆带,则为压应力集中带。正因为这些构造应力力系的平衡不稳定,而是呈周期性变动,故海黄断块的活动亦呈多旋回演替,稳定与失稳交互出现。全新世以来乃是裂谷的扩张期,则该断块现今正处于强烈活动期。

2)黄淮活动断块

据第二章第二节所述,新生代期间南部扬子陆块多次向华北陆块碰撞俯冲,黄淮断块亦随之向南仰冲。然,该断块结晶基底为刚性体,遭受碰撞则产生脆性形变,形成若干次级断块。各次级断块在水平移动中出现垂直差异性断落,断落幅度大小不一。大者成为凹陷,小者则相对凸起,称为断突。

然而,黄淮断块南缘的大别微陆块的组成岩系,亦以结晶岩类为主。虽夹杂半固结岩层,就整体而言,至少属于半刚性体。当它与华北陆块碰撞时,不易屈服,能量消耗大。况且,板块俯冲形成于加里东运动,距今已4亿年了,虽后来历次构造运动有所复活,而其式渐微。晚近期的碰撞,尽管被迫屈服而向下俯冲,可是阻力大,下楔深度小,影响范围有限。故此,临近板块俯冲带的淮阳断块,构造活动形迹较为明显。例如,域内展布一系列的东西向新生代凹陷,且沉降幅度较大,成为黄淮平原第四纪沉积中心,所以稳定性较低。然而,离该板块俯冲带较远的通徐凸起带受影响很小,除北面海黄裂谷水平扩张所产生的侧向推力使其缓慢抬升外,几乎处于稳定状态。

然而黄淮断块中的泰山活动隆起,四周被活动断裂所包围,第四纪以来不断抬升。但,结晶基底稳固而完整,盖层薄,虽受外力影响而活动,多半是整体垂直升降,尚能保持相对稳定。

2.线状活动断裂

黄淮海平原线状活动断裂非常发育,大体可分为两类:一是古老断裂,二是新生断裂。关于此两类断裂的主要特征与活动状况分别叙述。

1)古老断裂

古老断裂,系前新生代先后形成的断裂。尽管生成的年代久远,但活动强烈,是为长期活动的区域性大断裂。它们构成了黄淮海平原的边界,并控制其整体活动。具体展布状况:平原东西两侧分别为郯庐与太行岩石圈断裂;南缘为大别板块俯冲带,即地幔断裂;北缘为燕山壳层断裂。然,地幔与岩石圈断裂,为区域性大断裂,规模巨大,延伸长度达上千千米,甚至数千千米,为岩浆入侵的主要通道。它们控制了黄淮海断块的活动范围与活动强度,是驱动黄淮海断块运动的力源所在,而其自身的活动则受西太平洋板块扩张的控制。因此,晚近期西太平洋运动乃是华北陆块新生代块断运动的主要动力源。

2）新生断裂

新生断裂,系新生代形成的断裂,尤以第四纪以来生成者居多数。以壳层与基底断裂为主,并有众多的派生断裂。然,壳层断裂分布于海黄裂谷,成为裂谷与边缘隆起及其内部裂谷带与断隆带的分界线。同时,也是引起裂谷带沉降与断隆带抬升的动力源。因为,这些断裂乃是小范围内岩浆入侵的通道,没有这些通道,岩浆是难以入侵的。

另外,壳层断裂大体以郑州为起点,向东北方向辐射,形成北宽南窄的块断活动带。所以,裂谷带呈现由东北向西南方向渐次收敛的态势,这大概和岩浆活动有关。因为所发现海黄平原新生代火山熔岩岩浆的总体流动方向,是从东北流向西南。

还有,北北东向的张性壳层断裂,为海黄裂谷系的主断裂。在其力系作用下于第四纪产生两组共轭剪切断裂,即北西与北东向两组断裂。北西向者为压剪,北东向者为张剪。前者常形成压剪应力集中带,反时针方向旋转,使裂谷与断隆带产生横向错位。然而,后者则形成张剪应力集中带,常使断隆带产生横向拉张位移。于是,出现了各裂谷带之间相互连通的横向通道。

至于基底断裂,主要展布于南部黄淮断块,虽然生成于第四纪,亦是产生凹陷的主张断裂。但,活动强度不大,切割深度有限,并未切穿结晶基底,对基底稳定性的破坏不太严重。

(二)岩浆活动

黄淮海平原晚近期岩浆活动可划分为两期:一是燕山旋回,二是喜马拉雅旋回。

1.燕山期岩浆活动

晚中生代燕山运动,引起黄淮海平原及周边地带岩浆强烈入侵。不仅燕山、太行山及胶辽半岛等地发现大规模的花岗岩等岩体入侵,而且平原在地质钻探中普遍揭露该时代的湖相沉积夹多层火山喷发岩。其岩性具典型大陆型岩浆喷发韵律旋回特征。早侏罗世为基性火山岩;中侏罗世为中基性火山岩;晚侏罗至早白垩世为中酸性火山岩。

该期岩浆活动虽然强烈,但,对近代黄淮海平原地壳稳定无多大的影响,不遑多述。

2.喜马拉雅期岩浆活动

黄淮海平原喜马拉雅期的岩浆活动,远不如燕山期强烈,不仅规模小,而且形式单一。据勘探揭示,仅见火山喷发的拉斑玄武岩,集中分布于海黄裂谷。所喷发的熔岩及火山灰的分布如下:

早第三纪拉斑玄武岩(β^1)全裂谷系广泛分布,从南段的开封、东明至北段的北京、乐亭均有发现,但,多集中出现于裂谷北段的保定与济阳裂谷带。主要喷发期为渐新世末。

晚第三纪拉斑玄武岩(β^2)分布范围较小,多展布于聊城以北的黄骅与济阳两裂谷带。南段仅露布于河南鹤壁附近。主喷发期为上新世晚期至早更新世初。

早中更新世拉斑玄武岩(β^3)展布于邯郸至聊城以北各裂谷带及海黄平原东西两侧的边缘地带。主喷发期为早中更新世晚期。

早晚更新世拉斑玄武岩(β^4)仅发现于饶阳裂谷南段无极东侧及黄骅裂谷东侧之海兴与西侧之沧州附近,主喷发期为早晚更新世晚期。

晚晚更新世拉斑玄武岩(β^5)发现于黄骅裂谷西侧之沧州及其东侧海兴、无棣附近。尤其是海兴东部由火山灰与火山碎屑组成的两个火山锥,矗立于地表,高数十米,称大山与小山。然,两山附近之地温,至今仍为高温热异常带。据《华北地热》一书所述,华北平原地温梯度和热流值均由凹陷区向凸起区逐渐增高。其值之变化:凹陷区分别为 3.2 ℃/100 m 和 1.2 HFU;凸起区则分别为 >4 ℃/100 m 和 >1.5 HFU。还有,新生界盖层热异常带的地温梯度分别为:大兴断隆,一般为 6~8 ℃/100 m,最大值达 9~11 ℃/100 m;沧州断隆,4~5 ℃/100 m;海兴断隆,5.5~6 ℃/100 m。然而,海黄裂谷诸多热异常的出现,与晚近期岩浆活动是有紧密联系的。

又据有关单位地热勘探资料,郑州等地地温梯度平均值为 1~2 ℃/100 m。因该区属古老通许凸起,中新生代又无岩浆活动,故而地温梯度值小。由此可以佐证,地温增温率高的地域,乃是地壳强烈活动区。

另外,辽东步云山,亦发现该时代的基性火山岩覆盖于晚晚更新世早期黄土之上,同时又被晚中全新世地层所被覆。因此,该期火山喷发,主要发生于晚晚更新世晚期至早中全新世。

根据岩浆活动状况剖析,燕山运动为黄淮海平原及其边缘地带晚近期构造运动的主体。喜马拉雅运动虽有所表现,但运动的剧烈程度远不及前者,而且其运动方式虽以水平滑动牵引拉张为主,而断块分裂的主作用力却是地幔隆起与岩浆入侵所产生的上举力,即深部热动力为破坏华北陆块稳定的主动力,这一点在海黄裂谷中表现最为充分。凡岩浆活动最活跃的构造部位,就是地壳最不稳定的地带。由此可见,地幔热动力已成为黄淮海断块稳定与否的主要控制因素。

(三)地震活动

黄淮海平原及其边缘,为地震频发区。据《中国地震目录》及《中国地震历史资料汇编》编纂汇总的 3 世纪至 20 世纪 80 年代(历时 1 680 年),该地区发生 4 级及其以上的强震与大震总计 226 次,平均 7.4 年发震一次,其中各级地震发震次数:$4 \leqslant M < 5$,79 次;$5 \leqslant M < 6$,102 次;$6 \leqslant M < 7$,35 次;$7 \leqslant M < 8$,8 次;$M \geqslant 8$,2 次(M 为震级)。

然而,强震并非均匀分布,多集中于北部断块,呈带状展布。而且,均集于主要活动断裂带及裂谷,形成平原强烈地震活动带(见图 5-1)。可是,黄淮断块虽然也有分布,但震级小,多零星散布于凸起的边缘,有关平原地震带展布与地震活动特点分述如下。

1. 太行断裂地震带

太行断裂地震带展布于太行山东麓,沿太行岩石圈断裂发展。然而,该断裂带恰好位于平原与山地的接壤地带。同时,也是地壳厚度变化的转折带,山麓地壳厚度约 38 km,而山顶则增至 42~44 km,两者差值达 4~6 km。不仅如此,该地带又为布格重力异常梯度带,山麓布格值为 -50,而山顶则高达 -120~-130。故此,沿此断裂形成一条北北东向的地幔隆起带,潜伏于黄淮海平原西侧。为了达到区域重力平衡。只有增大山区地壳厚度才能维持。于是,沿断裂带出现了重力异常带。然而,重力平衡是不稳定的。因为深部岩浆沿断裂入侵具周期性,则重力平衡与失衡亦呈周期性变化。于是,域内重力失衡之日,即为地震带强烈活动之时。

据前述文献记载,3 世纪至 20 世纪 80 年代,太行地震带发生 4 级以上地震达 25 次,主要集中展布于太行断裂西侧。兹以泰山(或称黄河)断裂为界,将太行断裂发震状况划分南北两段(其南者为南段,之北者为北段)分别叙述。

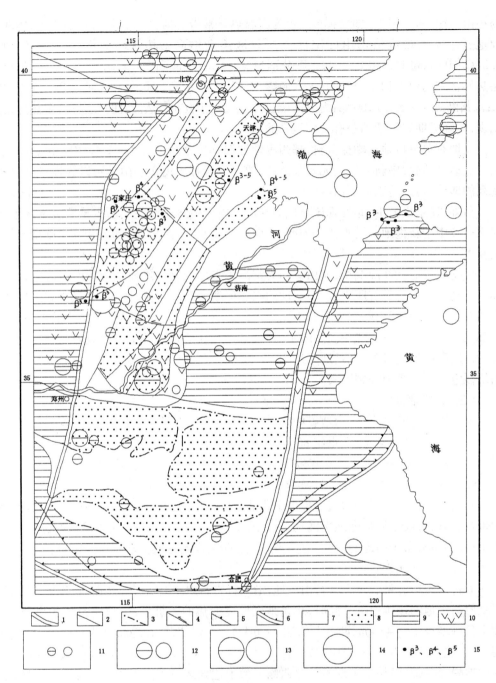

1—岩石圈断裂;2—壳层断裂;3—基底断裂;4—盖层断裂;5—板块俯冲带;6—板块缝合线;

7—裂谷或凹陷;8—断隆或凸起;9—隆起;10—地震强裂活动带,地震震中与震级

(左为20世纪前的历史地震,右为现代地震);11—5≤M<6(级);12—6≤M<7;13—7≤M<8;

14—8≤M<8.5;15—拉斑玄武岩:β^3、β^4、β^5—早中更新世、

早晚更新世、晚晚更新世至全新世的火山喷发岩

图5-1 黄淮海平原地震活动展布略图

1）北段强震发震状况

（1）历史地震。3世纪初至19世纪末所发生的地震，称历史地震。在此时段内，本段发震次数：$4 \leqslant M < 5$，1次；$5 \leqslant M < 6$，7次；$6 \leqslant M < 7$，5次；$7 \leqslant M < 8$，1次，共计14次，发震频率每100年0.88次。

（2）现代地震。20世纪以来发生的地震，称现代地震。在此时段内本段发震次数：$4 \leqslant M < 5$，3次；$5 \leqslant M < 6$，4次，共计7次，发震频率每10年0.7次。

2）南段强震发震状况

（1）历史地震。共计发生3次：$5 \leqslant M < 6$，2次；$6 \leqslant M < 7$，1次。发震频率每100年0.19次。

（2）现代地震。仅发生$5 \leqslant M < 6$地震1次，即发震频率每10年0.1次。

2. 郯庐断裂地震带

郯庐断裂地震带展布于黄淮海断块东缘，沿郯庐岩石圈断裂发育。然而，该断裂带由两条相对倾斜的北北东向断裂组成，出现东西两侧抬升，中间陷落。而且，两断裂南延至合肥附近，合并成一条，继续南延，其向北延伸者穿越渤海东侧，并延至辽东湾以远。

断裂带地壳厚度与两侧差别甚大，以泰山断裂为界，划分南北两段：北段，渤海海底地壳厚31～34 km，而东侧辽东半岛壳体厚37 km，两者差3～6 km；南段，断裂带壳体厚36 km，东侧胶东隆起的厚度增至38 km，西侧泰山隆起最厚达39 km。那么，断裂带壳体厚度，与东西两侧隆起地壳比较，薄2～3 km（见图1-2）。

据上述现象剖析，在郯庐断裂带地壳底部展布一条与之相适应的巍巍耸立的地幔隆起带。正因为这条地幔隆起带的存在，为该断裂带地震的酝酿提供了极为丰富的热动力源，使之成为黄淮海平原一条高强度的地震活动带。近1 680年以来，南北两段的发震状况：

1）北段强震发震状况

（1）历史地震。仅发生$6 \leqslant M < 7$的地震3次，发震频率每100年0.19次。

（2）现代地震。共发生11次，其中：$4 \leqslant M < 5$，6次；$5 \leqslant M < 6$，3次；$6 \leqslant M < 7$，1次；$7 \leqslant M < 8$，1次。发震频率每10年1.1次。

2）南段强震发震状况

（1）历史地震。共发生8次，发震频率每100年0.5次，其中：$5 \leqslant M < 6$，6次；$7 \leqslant M < 8$，1次；8.5级1次。

（2）现代地震。仅发生$5 \leqslant M < 6$，1次。发震频率每10年0.1次。

南北两段发震次数有明显差异。北段，历史地震次数少，尤其是6级以下的地震史籍无有记载。合理的解释是，该震段位于渤海海域，低强度地震对陆地造成破坏性影响小，即使有感，人们也不会太重视。然，20世纪以来已进入仪器监测年代，大小地震都不会疏漏，何况是强震。所以，记录的次数就多。

然而南段，8.5级地震发生于1668年（清康熙年间），距今已300余年了，虽然后来发生6级以上的强震，而且近年来地震也不活跃，但，并不等于此地段处于稳定状态。因为，大地震的能量释放比较彻底，而酝酿新的大震，贮集足够的能量所需时间长（一般需数百年），何况此震段具备再酝酿大震的地质条件。例如，地幔高高隆起，可供应充足的热能；

此段断裂为剪切型,并处于收敛部位;基底固结坚硬,为刚性体,有利于能量蓄集;东侧扬子陆块,向华北陆块碰撞俯冲,而此地段正处于其前缘,承受撞击的强度最大。此四者为酝酿大地震创造了有利的地质条件,历史上所发生的 8.5 级大地震,决非偶然,而是有其先天条件的。

3.燕山断裂地震带

燕山断裂地震带展布于黄淮海断块北缘的燕山南麓,沿燕山壳层断裂发育。同时,恰好位于平原向山区转换的过渡地带。该地带的地壳厚度约 36 km,而燕山顶部的壳体厚达 40~42 km,两者相差 4~6 km。并且,此地段为布格重力异常梯度带,燕山山麓布格值为 -30,而顶部则达 -130,两者差值 -100。很明显,在地壳底部沿燕山断裂展布一条近东西向的地幔隆起带,此为该地区地震活动强烈的主因。

据统计,近 1 680 年来,燕山地震带发生 4 级及 4 级以上的强震达 68 次,发震频率每 100 年 4 次。其中:历史地震共计 11 次,$5 \leqslant M < 6$,7 次;$6 \leqslant M < 7$,4 次。发震频率每百年 0.7 次。现代地震共 57 次:$4 \leqslant M < 5$,35 次;$5 \leqslant M < 6$,19 次;$6 \leqslant M < 7$,1 次;$7 \leqslant M < 8$,2 次。发震频率每 10 年 5.7 次。

然而,在所发生的 68 次强震中,危害最大的乃是 1976 年 7 月 28 日 7.8 级的唐山地震,它的破坏是毁灭性的。

4.泰山断裂地震带

泰山断裂地震带展布于海黄断块南缘,沿泰山壳层断裂发育。然,该断裂展布地带,壳体厚 36 km。可是,其南北两侧地壳厚度变化甚大:南侧,东部泰山隆起最大厚度 39 km,西部通徐凸起厚 37 km,且壳体等厚线稀疏平缓,表征地壳基底顶面宽缓平坦,近似平原;北侧,因临近济阳、黄骅、开封三个裂谷槽地,其槽底地壳厚度最小值分别为 31 km、35 km、34 km。那么,断裂东段(大体以东平湖分界)南北两侧壳体厚度相差 4~8 km,而西段则差 3 km。由是观之,海黄裂谷南缘潜伏一条北东向波浪起伏的地幔隆起带,而泰山断裂恰好位于其东南坡的转折部位,自然成为酝酿地震的温床。自 3 世纪以来,共发生强震 7 次。其中,历史地震:$4 \leqslant M < 5$,1 次;$5 \leqslant M < 6$,4 次;$6 \leqslant M < 7$,1 次;发震频率每 100 年 1 次。然,现代地震,仅发生 $4 \leqslant M < 5$,1 次,即发震频率每 10 年 0.1 次。

5.大别断裂地震带

大别断裂地震带展布于黄淮海断块南缘,沿大别微板块俯冲带发育。由于南侧扬子陆块较为稳定,活动强度不大。因此,向北推挤碰撞速度缓慢,所产生的能量有限,难以形成高强度地震带。据史料记载,近 1 600 余年来该地震带仅发生 $5 \leqslant M < 6$ 级,6 次。其中:历史地震 4 次,发震频率每 100 年 0.27 次;现代地震 2 次,平均每 10 年发震 0.2 次。

6.海黄裂谷地震带

海黄裂谷,地表地势平坦,是为平原。可是,深部地幔顶面,则高峰林立,层峦叠嶂。自东南而西北,沿裂谷带发育三条呈北东向展布的地幔隆起带,即济阳、黄骅、饶阳三带。关于诸地幔隆起带的展布与主要特征分述之。

1)济阳地幔隆起带

由渤中(渤海中部)、平原及开封三个地幔隆起组成,各隆起顶部地壳厚度分别为 31 km、35 km、34 km,而海黄平原地壳厚度最大值为 37 km。以此为基准计算,则各隆起垂直高度分别为 6 km、2 km、3 km。据此可知,由这三座耸立的高峰组成的呈弧形弯曲的地幔隆起带,乃为海黄裂谷系深部隐伏的东南部屏障。同时,也是一条隐伏于地壳深部的北东向张应力集中带。其能量贮集与释放是造成海黄断块不稳定的主要因素。

2)黄骅地幔隆起带

渤海湾地壳底部存在穹隆状地幔隆起,沿黄骅裂谷向西南方向延伸,尖灭于沧州断隆壳底。其顶部壳体厚 32 km,幔峰最大垂直高度达 5 km,成为矗立于黄骅裂谷带地壳底部的一座地幔奇峰。

3)饶阳地幔隆起带

饶阳裂谷谷底,地壳厚 35 km,两侧断隆壳体厚 37 km,彼此相差 2 km。这说明沿裂谷展布一条地幔隆起带,且高出两侧地幔顶面 2 km。但,长度不大,仅 200 km 许,其特点是,中部高两头低,并向南北两端断隆壳底倾伏尖灭。

由于上述三条北东向地幔隆起带的展布,海黄裂谷系壳底呈现隆起与拗陷带相间排列的地幔景观。然而,在地幔隆起向拗陷的转折部位,为地应力集中带,当岩浆强烈活动,地幔隆起拱升,则该构造部位成为挤压应力集中带,并产生剪切活动。当岩浆停止上涌,在上部重压力作用下地幔隆起陷落,所贮集的能量急剧释放,于是,产生强烈地震。海黄裂谷系之所以强震频发,其因盖此。

据统计,3 世纪以来,海黄裂谷系共发生 4 级以上的强震 91 次,发震频率每 100 年 5.42 次。而强震的酝酿与发震状况乃受构造带的控制,特分述之。

(1)保定地震带。保定地震带展布于保定裂谷带,共发震 7 次,均为历史地震。其中:$4 \leqslant M < 5$,1 次;$5 \leqslant M < 6$,4 次;$6 \leqslant M < 7$,2 次。发震频率每 100 年 0.44 次。

(2)大隆地震带。大隆地震带展布于大隆断隆带,共发震 49 次。其中:

历史地震 $5 \leqslant M < 6$,3 次;$6 \leqslant M < 7$,3 次;8 级三河大地震 1 次。发震频率每 100 年 0.41 次。

现代地震 $4 \leqslant M < 5$,19 次;$5 \leqslant M < 6$,18 次;$6 \leqslant M < 7$,4 次;$7 \leqslant M < 8$,1 次。发震频率每 10 年 4.2 次。

(3)饶阳地震带。饶阳地震带展布于饶阳裂谷带,共发震 7 次,均为历史地震。其中:$4 \leqslant M < 5$,1 次;$5 \leqslant M < 6$,4 次;$6 \leqslant M < 7$,2 次。发震频率每 100 年 0.41 次。

(4)沧内地震带。沧内地震带,展布于沧内断隆带,共发震 10 次。其中:

历史地震 $4 \leqslant M < 5$,2 次;$5 \leqslant M < 6$,4 次。发震频率每 100 年 0.35 次。

现代地震 $4 \leqslant M < 5$,1 次;$5 \leqslant M < 6$,2 次;$6 \leqslant M < 7$,1 次。发震频率每 10 年 0.4 次。

(5)黄骅地震带。黄骅地震带展布于黄骅裂谷带,共发震 4 次。其中:

历史地震 $5 \leqslant M < 6$,1 次;$6 \leqslant M < 7$,1 次。发震频率每 100 年 0.12 次。

现代地震仅发生 $6 \leqslant M < 7$,2 次。发震频率每 10 年 0.2 次。

(6)海荷地震带:海荷地震带,展布于海菏断隆带,共发震 6 次。其中:

历史地震 $4 \leqslant M < 5$,1 次;$5 \leqslant M < 6$,1 次。发震频率每 100 年 0.12 次。

现代地震 $4 \leqslant M < 5$,1 次;$5 \leqslant M < 6$,1 次;$6 \leqslant M < 7$,1 次;$M = 7$,1 次。发震频率每 10 年 0.4 次。

(7)济阳地震带。济阳地震带,展布于济阳裂谷带,共发震 11 次。其中:

历史地震 $5{\leqslant}M{<}6,2$ 次 $;6{\leqslant}M{<}7,1$ 次 $;M{=}7.5,1$ 次。发震频率每100年0.24次。

现代地震 $4{\leqslant}M{<}5,5$ 次 $;5{\leqslant}M{<}6,1$ 次 $;M{=}7.4,1$ 次。发震频率每10年0.7次。

从以上叙述的黄淮海平原强震带发震状况来看,强震频发与大地震发震区,主要集中于海黄裂谷系及其边缘地带。何以如此?作者从下列三个方面予以论述。

(1)地震产生的力源机制。华北陆块的强震带多汇集于裂谷,而裂谷之强震与大地震又多集于谷中断隆及其边缘断裂上升盘。海黄裂谷系的地震情况亦复如此。其原因在于:裂谷型地震的主动力来源于岩浆的高温热力。然而,海黄裂谷系的几条裂谷带,均为地幔隆起带。当地幔隆升,岩浆上涌,并侵入地壳,则产生强大的上举力。与此同时,围岩在高温作用下膨胀,使地壳拱起,因而形成巨大的侧向推力。于是,两侧断隆深部岩体被挤压而高度压缩,形成压应力集中带。此乃地幔深部热力通过岩浆活动的方式,使地壳变,则热能转化为应变能,成为海黄裂谷系地震活动的主要动力源。

(2)地震能量贮集的地质条件。海黄断块及其周边隆起的基底,为结晶岩类,固结坚硬,属刚性体,有利于能量贮集。在地幔缓慢隆升的过程中,所产生的强大侧向推挤力,使断隆结晶基底承受巨大的压力而引起弹性变形。于是,外部驱动力转化为内应力而荷布于隆起基底,转化为应变能。并通过能量迁移,逐渐富积,形成能量富积带,称为储能构造。

然而,海黄断块的储能构造,多出现于裂谷断隆带和收敛端,或活动断裂带的交汇区,而且以前者为主。据国家地震局所测算的20世纪60~70年代海黄平原所发生的几次7级以上大地震的主震震中深度,多为20~35 km。均位于结晶基底下部之莫霍面附近,或其上十余千米处。由此推知,结晶基底的刚性岩体为孕育大地震的贮能母体。缺少这个必备条件,大地震是难以孕育形成的。

(3)地震诱发的构造因素。当储能构造储集的能量达到饱和程度,则产生强大的扩张力。如扩张强度超过上部围岩的抗阻强度,则围岩产生脆性形变而破裂,所储存的能量瞬间释放而产生巨大的冲击波,引起地壳强烈振动。这就是海黄平原多强震与大地震的原因。然,激发能量释放的断裂,称为地震诱发断裂。

还有一种情况,储能构造的能量储集并未饱和,也没有达到爆发式的释放程度。可是,由于域内活动断裂受外力驱使其突然加速运动,促使储能构造域的应变能迅速迁移而富积,在短时间内达到饱和而急遽释放,从而引发大地震。例如,1975年辽宁海城7.3级地震及1976年河北唐山7.8级地震的发震情况,与此颇为类似。因此,大地震的产生,总是受某种外部因素的刺激而爆发的,这一因素多半是构造活动。

二、黄淮海平原地震灾害实例

中国东部位于环太平洋地震带西缘,属地震多发区。而黄淮海平原又位于西太平洋西缘弧后盆地的西部边缘地带,自然成为地震多发区。据前文叙述,近1 600余年来域内强震与大地震频发,足以证明此言不虚。可是,黄淮海平原为我国重要经济区,自春秋伊始,就不断开发,而今已是中国政治、经济、文化腹地,人口稠密。若发生大的自然灾害,所造成的灾难性损失是可想而知的。在这里举数例叙述7级以上大地震所产生的毁灭性震害。

(一)磁县7.5级地震

1.发震时间与地点

磁县地震,清道光十年闰四月二十二日(公元1830年6月12日)发生于河北磁县,震中位于北纬36°24′及东经114°12′,震级7.5级(见图5-2)。

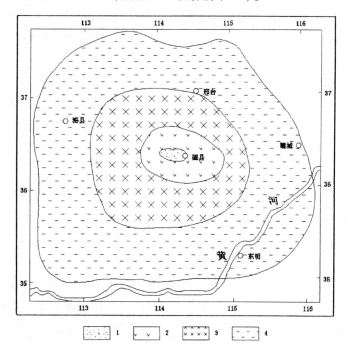

1—极震区;2—严重破坏区;3—较严重破坏区;4—轻度破坏区

注:等震线引自科学出版社1971年出版的《中国地震目录》第一册第153页

图5-2 河北磁县7.5级地震破坏区展布图

2.地震地质的主要特征

磁县地震震中位于太行断裂北段与大隆断裂带南端的交汇部位。同时,也是太行重力梯度带的转折地带,即太行地幔隆起带的西缘。岩浆活动明显,震源区多处发现早中更新世喷溢的基性火山熔岩,如拉斑玄武岩等。由此可见,岩浆高温热力乃是孕育大地震的主动力源。

当壳体受深部高温热力驱动发生形变时,所产生的应变能逐步迁移汇集于构造交汇区,形成了地应力饱和构造域。并且,受北西西向压扭性活动断裂剪切位移错动,引发能量急遽释放,于是,出现磁县大地震。这可从等震线展布的形迹获得解释。如图5-2所表征的该地震等震线呈椭圆形,长轴方向为北西西,恰好与发震断裂走向一致,此等吻合决非偶然。

3.地震灾害

此次地震发生于河北与河南两省的交接地带。因此,两省毗邻地区震害较为严重。不过,遭受破坏的程度与距震中距离远近有关,近者严重,远者轻微。具体破坏实况依文献记载摘要述之。

1）极震区

该震区位于磁县境内。等震线呈椭圆形,长轴方向为北西西。地震烈度达10度。衙署、民房、祠庙坍塌十之八九,大石桥塌毁,城关等地房屋毁20余万间;山崩地裂,涌出黄黑砂土,井水漫溢,而泉反涸,河渠翻凸,茔墓皆平。地陷处软如棉,浮如砂,遇难5485人,磁窑几全部倒塌。二十三日后,地常微震。五月初七,复大震,所剩房屋全部倒塌。

2）严重破坏区

本破坏区展布范围:北达邯郸,南至安阳,东临成安、临漳,西止武安、峰峰。等震线呈椭圆形,长轴方向北西西。地震烈度8~9度。破坏状况:城垣倾圮,寺观及官署、民房多半倾颓,完全者百不一焉,压死人畜甚多,如邯郸死292人;山崩川竭,地裂涌水砂;井水漫溢,平地几成沟渠。

3）较严重破坏区

该区展布范围:北达邢台,南至淇县,西临襄垣、长治,东界大名、清丰。等震线呈不规则的椭圆形,地震烈度7度。破坏状况:城垣、衙署、民房多有坍塌或倾倒,寺庙宫墙有倾圮者;地裂涌黑水;房屋坍塌压伤人口。破坏面最远200km,记录最远400km。

4）轻度破坏区

轻度破坏区展布范围:北到河北省石家庄,南界黄河,东至山东省聊城,西止山西省沁源。等震线呈不规则的椭圆形,长轴方向亦为北西西,地震烈度6度。破坏状况:房屋摇荡,楼垛多拆,城楼瓦落,树木摇撼有声,旧屋倒塌,塔尖摇落,寺庙山墙倾圮。

5）感应区

本区波及面积很大,有记录者涉及河北、河南、山西、山东、江苏5省,总计86县、市。大致范围:北到河北省保定,南抵江苏省南京,西界山西省太原,东达山东省济南。如此辽阔的地域,均有震感。

（二）菏泽7级地震

1.发震时间与地点

菏泽地震,1937年8月1日,发生于山东省菏泽。震中位于北纬35°24′及东经115°12′,震级7级(见图5-3)。

2.地震地质的主要特征

菏泽地震震中位于菏泽断隆南端,且处于开封地幔隆起东北缘的转折带。断隆四周被断裂所围限,东西两侧为北北东向强烈活动的壳层断裂,南北两端为具活动性的北西西向压剪性断裂。在如此复杂的构造环境中,深部幔源的高温热力驱动壳体断裂加速运动,使之转化为应变能。同时,在断裂运动过程中迁移储集,形成了能量饱和富积带。受北北西向断裂活动影响,激发其能量释放,从而产生了菏泽大地震。而且,此区在历史上也是强震频繁,属于大地震频发区。

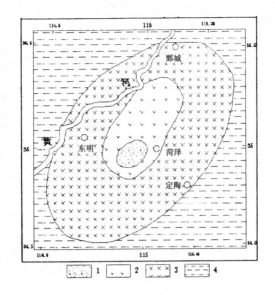

1—极震区;2—严重破坏区;3—较严重破坏区;4—轻度破坏区

注:①等震线引自科学出版社 1971 年出版的《中国地震目录》第二册第 298 页;

②此次地震发生于 1937 年 8 月 1 日

图 5-3　山东菏泽 7 级地震破坏区展布图

3. 地震灾害

1) 极震区

该破坏区位于菏泽西部解元等地 82 km² 内,烈度 9 度,房屋几乎全部倒塌。地裂普遍,宽者 1 m,人畜有陷落者,涌黑水及流砂。死 390 余人,伤者甚多。

2) 严重破坏区

严重破坏范围局限于菏泽境内,烈度 8 度,等震线形状呈椭圆形,长轴方向为北北东。破坏状况:区内房屋倒塌 30% 左右,县城城墙有倒塌,南北城垛震翻,观音堂震倒;城关水井及平地冒黑水;人员多有伤亡。

3) 较严重破坏区

该区破坏范围:北达鄄城,南至兰考,西界濮阳,东抵定陶。地震烈度 7 度,等震线呈椭圆形,长轴方向为北北东。破坏状况:民房倒塌一般约 20%,严重者达 70%,余者多有裂缝,死伤 200 余人;地裂地陷,冒黑水黑砂,洞大如井。

4) 轻度破坏区

该破坏区展布范围:北到桓台、临清,南至民权、砀山,西界安阳、开封,东临费县、淄川。地震烈度 6 度,等震线呈不规则椭圆形,长轴方向为北北东。破坏状况:房屋有损坏或裂缝,老旧房屋多有倒塌,围墙有倒塌者,并有人受伤,牲畜亦有伤亡;个别地点出现地穴翻黑砂。

5) 感应区

感应区波及范围很大,北达天津,南抵南京,西界河南宜阳,东临黄海西缘。最远距离达 500 km,波及六省、市,总计 63 个县、市均有震感。

(三)宁晋7.2级地震

1.发震时间与地点

宁晋地震,1966年3月22日,发生于河北省宁晋。震中位于东汪,地理坐标北纬37°32′及东经115°05′,震级7.2级(见图5-4)。

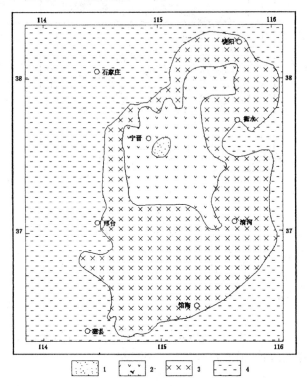

1—极震区;2—严重破坏区;3—较严重破坏区;4—轻度破坏区

注:①等震线引自科学出版社1971年出版的《中国地震目录》第四册第199页;

②此次地震发生于1966年3月22日

图5-4　河北宁晋7.3级地震破坏区展布图

2.地震地质的主要特征

宁晋地震震中,位于隆尧断隆北端,同时又恰处饶阳地幔隆起带南部倾伏端边缘,即地幔隆起的尖灭部位。断隆四周被活动断裂所包围,西侧为太行断裂,西北与东南两翼为壳层断裂;东北缘为北西向盖层断裂。然而,其孕震与发震的地质构造条件与菏泽地震十分相似,同属于裂谷断隆型地震。所谓裂谷断隆型地震,就是在裂谷整体下沉的过程中,四周被断裂切断的断块相对抬升而凸起,成为强大挤压应力集中的储能构造。当能量富集达到饱和度,受外部因素激发(如构造与岩浆活动,或外围地震震动)的状况下,所储能量爆发式地突然释放,则域内地壳产生强烈震动,此乃裂谷断隆型大地震诞生之因由。宁晋地震就是在这样的构造活动环境中孕育而成的。

3.地震灾害

据《中国震例》一书所述:"邢台地震(即宁晋地震)造成死亡8 064人,伤38 000人,毁坏房屋500多万间。"但,距震中距离远近的不同,破坏程度也不尽一致。

1)极震区

该破坏区以宁晋东汪镇为中心,形成长轴为北北东向椭圆形极严重破坏区,面积达137 km²,地震烈度10度。破坏状况:区内地裂冒水、冒沙,规模大而普遍,村内外宽大裂缝纵横交错,缝宽达0.7 m左右,绵延长数十米至数千米不等,不少裂缝垂直错距达几十厘米;滏阳河两岸出现宽大裂缝带,河堤严重坍塌,有的河段大堤移动1 m以上,河床变窄,还有的大桥桥面向南移动,与桥墩错开1.8 m;河畔村庄大量冒水沙,冒水沙孔孔径,最大者达1~2 m,冒出的泥沙最厚达1.3 m;另外,井水普遍外溢,溢流时间长者达三天。

东汪镇本部地裂,最大的裂缝长30 m、宽5 cm;沙河口地裂缝宽1.3 m,喷水冒沙;境内井水上升4 m许。公路路面发生横向裂缝,且出现地面下陷,陷落段长200~500 m。

震前,东汪镇共有房屋15 000余间,地震中全部被毁,并夷为平地,所剩者只有成堆的瓦砾。村内地裂普遍,缝宽者50~70 cm,冒水沙。

2)严重破坏区

本破坏区展布范围:北到深县,南至巨鹿,东临南宫,西界柏乡。地震烈度8~9度,等震线形状极不规则,中间宽,两头窄,大体呈长条形。

破坏状况:境内房屋几乎全部或大部分倒塌,或者损毁严重,街道一片瓦砾,交通阻塞,几座石牌坊全部倒塌;地裂,产生大裂缝,南北向组裂缝有10条,宽40 cm,长2.5~3 km,东侧下落。垂直错距约1 m许;地陷,冒水喷沙多达30余处,其排列呈北东—西南向,与域内构造线走向一致。

3)较严重破坏区

本破坏区展布范围:北界深泽—饶阳,南抵临漳—冠县,西达临城—邢台,东临衡水—夏津。地震烈度7度,局部达到7度强或8度。等震线大致呈不规则的椭圆形,长轴方向为北北东。破坏状况:部分房屋倒塌,大部分房屋损毁严重;土围墙震倒,烟囱出现环状裂缝;地面出现裂缝,水渠两岸发生大面积的地裂和陷落,裂缝长百余米至数百米,宽数十厘米,最宽者达5 m,深4 m,沿裂缝冒水沙;太行山个别地区出现岩崩,或因崩落岩块相互撞击产生火花,引起火灾,焚毁部分森林。

4)轻度破坏区

该区展布范围:波及六省市,北到天津、北京及山西大同,南到河南杞县,西界山西静乐、离石,东临山东德州、济南。地震烈度6度,局部出现6度强或7度。破坏状况:部分房屋损坏或裂缝,少量房屋倒塌(多半是老旧房屋);高崖、土崖塌落,山墙倒塌,窑洞裂缝或坍塌,烟囱倾倒或裂缝(多半不能再用);地裂缝,长数米,最长者达千余米,宽数厘米至1 m,沿裂缝喷泥浆,并出现大小不等的陷坑,深数十厘米,直径数十厘米至2 m;沙河干河床出现顺河裂缝,长60~235 m,宽25 cm,深54 cm,沿裂缝喷水冒沙;滹沱河河滩,展布3条裂缝,长25 m,宽1~2 cm,走向北75°东;潴泷河,震后河水猛涨30 cm。

5)感应区

本区波及河北省,北京、天津两市,山西省,内蒙古自治区,陕西省,河南省,山东省,安徽省,湖北省及江苏省,计11省(市、自治区)81县(市)。具体范围:北到河北省宣化—秦皇岛,南抵武汉,西界呼和浩特—铜川,东临山东垦利—枣庄。上述地域内,人多有感应。如头晕、心跳、摇晃或站立不稳,电灯摇摆,门窗发响及桌椅晃动等。

4. 问题的探讨

据地震部门监测资料记录,宁晋7.2级地震发震前16天,已发生前震10次。首震发生于3月6日8时,地点为宁晋,震级5.2级;8日5时,发生6.8级地震,地点为隆尧;11~18日,于宁晋、隆尧两地,共发生4.7~5.1级地震5次;20日,0时至1时,于巨鹿发生5.6级及5.1级地震各1次。然而,主震7.2级发生于3月22日16时19分27~46秒,持续时间19秒。可是,震前8分10秒,宁晋发生了6.7级地震。由此可见,宁晋大震乃是受震前一系列强震震动激发而诞生的。

另外,下面三个问题值得探索:一是前震的构造部位,二是震源深度,三是地震能量的蓄积与释放。

1)前震的构造部位

大震前所发生的强震,除临震前的6.7级与主震的地点相同外,其余9次展布的构造部位:5次发生于逼近太行断裂的隆尧;2次出现于隆尧断隆西北边界断裂东侧的宁晋;另外2次展布于该断隆东南边界断裂西侧的巨鹿。由此推知,宁晋地震的产生确与断裂活动有关。

2)震源深度

依据大地震能量释放使地壳产生震动的先后次序,将其强震划分为前震、主震与余震三类。所谓前震,即大震前所发生的地震。主震,即地震强度最大的那次地震。余震,乃是主震之后所发生的地震。然,此三类地震在宁晋地震中震源深度的变化述之如下:

(1)前震震源深度。10次前震中,震源深度:33 km者6次,20 km者2次,15 km、9 km者各1次。

(2)主震震源深度。宁晋地震的主震,在19 s之内发生7.2级地震3次,其震源深度均为9 km。

(3)余震震源深度。主震之后,在长达2年5个月零3天的岁月中,共发生余震48次,震源深度:33 km者23次;20~25 km者9次;13~17 km者7次;10 km者两次;8 km者1次;深度不详者6次。

3)地震能量的蓄积与释放

宁晋地震的前震与余震非常密集,在水平空间形成以主震为核心、状如葡萄的强震群。而且,均集于四周被断裂围限的隆尧断隆。不仅如此,垂直空间震源的分布也有明显的变化。例如,主震震源深度为9 km。可是,震前,3月6~11日发震多次,震深33 km;15~20日,发震2次,震深则移至20 km;21日,发震1次,震深上升至15 km;临震前8 min,又发震1次,震深与主震同,由此可知,大地震的产生,乃是大震前通过震级较低的强震爆发,迫使地震能由地壳深部迁向浅部、从外围向中心地带迅速迁移集中,并孕育成强破坏性的大地震。

另外,余震活动亦反映地震能的蓄积与释放规律。如,大震后3 h之内,余震集中于主震区,震深均在20 km之内。尔后,逐步扩散至外围,随着时间的推移,扩散范围越来越大,并延伸至隆尧断隆的边缘地带。与此同时,震深亦渐次增大,由10余 km增至20 km左右。三日后(3月25日之后),绝大部分震深为33 km,10~20 km者只占少数。由是观之,地震能量释放的特点是:先由深到浅,再由浅到深。

通过前震、主震与余震活动,从另一个侧面揭示了地震能量的蓄积状况。如,前震初期与余震后期,震深均为33 km。然而,隆尧断隆地壳各界面埋深:下地壳底界37 km,上地壳底界18 km。上地壳各盖层底界分别为:下古生界9.5 km,上古生界8.7 km,中生界7.7 km,新生界4.7 km。由此可知,地震能量大震前主要迁移至下古生界碳酸盐岩之内,突然爆发而释放,从而产生强烈震动,这就是宁晋大地震的来龙去脉。

(四)唐山7.8级地震

1.发震时间与地点

唐山地震,1976年7月28日凌晨3时42分53.7秒至56秒,发生于河北省唐山市。震中地理坐标:北纬39°25′12″,东经118°0′36″(见图5-5)。震级7.8级(历时2.3 s,发震3次)。同日,7时17分32秒,天津市北郊发生6.2级地震,震中坐标为北纬39°27′,东经117°46′48″;18时45分33秒至37秒,河北滦县又发生7.1级地震3次,震中坐标为北纬39°49′48″,东经118°39′。同年11月15日,天津宁河发生6.9级地震,震中坐标为北纬39°24′,东经117°49′48″。

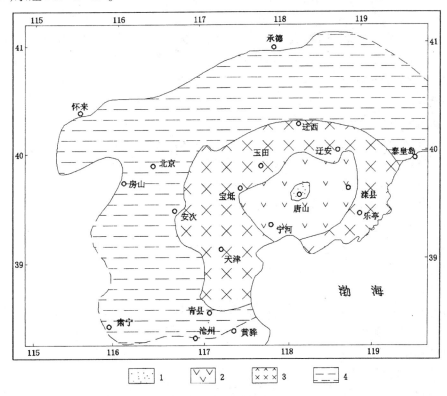

1—极震区;2—严重破坏区;3—较严重破坏区;4—轻度破坏区

注:①等震线引自科学出版社1983年出版的《中国地震历史资料汇编》;

②此次地震发生于1976年7月28日

图5-5 河北唐山7.8级地震破坏区展布图

2.地震地质的主要特征

唐山地震,并非单一的一次大震,而是以其为主体,包括滦县、天津、宁河三次大震的大地震群。因此,其破坏威力就远远超出单一大地震的破坏强度。关于此次大地震群产生的地质机理述之于下。

1)唐山与滦县地震

两次地震发生于燕山断裂北侧上升盘的同一构造体。同时,又恰巧出现于黄骅地幔隆起北缘的转折部位。显然,地幔隆升与燕山断裂活动是使该构体孕育大地震的主因。因为,唐山至滦县一带地壳厚 36 km,其中,下地壳厚约 26 km,上地壳厚达 10 km 左右。可是,地震主震震源深度:第一、二次为 22 km,第三次为 11 km。那么,主震震源乃位于结晶基底之刚性岩体之中。

另外,自 1976 年 7 月 28 日凌晨 4 时 13 分 7 秒至 1979 年 9 月 2 日 11 时 22 分 30 秒,唐山地区共发生 $4 \leqslant M < 5.2$ 级余震 16 次,其中震深:36 km 者 1 次;33 km 者 7 次;20 km 者 2 次;10 km 者 2 次;8 km 者 1 次;余者不详。据此可知,唐山地震震源主要集中分布于下地壳中下部,而出现于上地壳下部与地幔顶部者只是个别现象。

然而,滦县地震 3 次主震的震源深度,前两次分别为 20 km、22 km,末次则上升至 10 km。可是,余震自 1976 年 7 月 28 日 18 时 46 分起,至 1977 年 7 月 10 日 4 时 27 分 49 秒,历时近 1 年,共发生强震 23 次,其中:$4 \leqslant M < 5$,13 次;$5 \leqslant M < 5.7$,10 次。历次余震震源深度:20 ~ 33 km 者 14 次,10 ~ 14 km 者 9 次。那么,滦县地震震源也是多集中在下地壳中下部,而分布于下地壳上部或顶部者所占比例为 38%。

2)天津地震

此次地震发生于沧州断隆与燕山隆起的连接部位,即沧州(沧州断隆东侧边界断裂)与燕山两断裂的交汇带。同时,又位于黄骅地幔隆起西侧斜坡的转折处。因此,天津地震的成因与唐山地震雷同,然而震源深度:主震,震深 19 km;前震,震前 3 h 发震 3 次,震级分别为 4.7、4、5.3,震深分别为 33 km、33 km、25 km;余震,自 1976 年 7 月 28 日 8 时 58 分 44 秒至同年 12 月 2 日 8 时 42 分 55 秒,共发震 4 次,其中 4.7 级 2 次,震深分别为 20 km 与 25 km,5.0 级与 5.2 级各 1 次,震深分别为 21 km 及 24 km。可是,震区地壳厚 35 km,其中,下地壳 17 km,上地壳 18 km。那么,前震,首先发生于地壳底部,并向上迁移。至主震,发震部位已移至下地壳顶部。然而余震震源又返回至下地壳中下部。

3)宁河地震

该地震发生于黄骅裂谷槽地与沧州断隆及燕山隆起交汇的三角地带,同时,又处于黄骅地幔隆起西北侧边缘。因此,地震孕育受断裂与岩浆活动的双重影响,乃为地热能与应变能联合作用的产物。

关于地震能量的蓄积,可从研究震源深度获得答案。据地震部门的监测资料展示,宁河 6.9 级地震的震源深度:前震,发生强震 3 次,震级分别为 4.1 级、5.5 级及 5.1 级,震深分别为 19 km 及 26 km;主震,震深 17 km;余震,1976 年 11 月 28 日至 1977 年 11 月 27 日,先后发震 3 次,震级分别为 4.7 级、6.2 级、5.5 级,震深分别为 18 km、24 km 及 33 km。然而,宁河震区地壳厚 35 km,其中下地壳厚 15 km,上地壳厚 20 km。那么,前震首发于下地壳下部,尔后则快速上移。至主震,已移至上地壳底部。随着时间的推移,通过余震继续释放能量,其释放方式与前震相反,乃由上向下移动,最终回到下地壳底部。据此判断,宁河地震的能量,震前主要储存于下地壳下部刚性岩体之中,与此类似者,唐山、滦县及天津地震的能量储蓄情况亦复如是。

3.地震灾害

唐山地震,乃由多个大地震组成的震群。而且,在很短的时间内反复强烈震动,所造成的破坏自然倍增。但,由于地震破坏区重叠,也就无法区分每次大震所展现的破坏程度,只能统归唐山地震。

1)极震区

该震区位于唐山市内,地震烈度11度。等震线呈椭圆形,长10 km,宽约5 km,长轴呈北东向。震后,市内多数建筑物(包括工厂、学校、民房等)及农村民房基本被夷平,或遭到严重破坏。烟囱倒塌,水塔普遍落地,桥梁普遍毁坏或遭严重破坏,铁路轨道多发生蛇形扭曲或由于路基下沉而呈波浪起伏,公路路面普遍产生横向小鼓包和纵向张裂,并遭受严重破坏。

地表产生大量裂缝破裂带,走向为北东,带宽者30 m,裂缝长者超过8 km,多为右旋扭性裂缝,最大扭距1.5 m,垂直错距0.2～0.7 m,穿越围墙、民房,横切河渠、路基。裂缝带间距一般为50～150 m。沿裂缝带出现喷水冒沙、井喷、重力崩塌、滚石、边坡坍塌、地滑、地基深陷、岩溶洞穴塌陷及煤矿采空区陷落等现象。然,东西向裂缝为张性,南北向者为压性。

2)严重破坏区

该破坏区地震烈度9～10度,等震线呈不规则的椭圆形,长轴为北东东。破坏区范围:东达滦县,西界宝坻稍东,北起迁安,南抵宁河稍南。破坏程度:民房,部分倒塌或遭到严重破坏;烟囱、水塔等高大建筑物,多数从中间折断,少数受到破坏;跨度大的桥梁,多数被震断或遭到破坏;堤坝产生宽大裂缝;铁路部分路段铁轨出现蛇形弯曲,或因路基下沉而呈波浪状起伏;公路路面,普遍出现横向小鼓包与纵向张裂缝;地裂缝,以张裂为主,沿河道与公路路基两侧裂缝宽度较大,沿裂缝喷水冒沙,孔径大者3 m,小者几十厘米,冒沙现象遍及全区。

3)较严重破坏区

较严重破坏区地震烈度8度,等震线呈椭圆形,轴长:长轴120 km,方向北东东;短轴80 km。展布:北到迁西,南抵青县,西界房山,东临渤海。破坏程度:民房,大部分破坏严重,少部分(20%～30%)倾倒;烟囱,普遍震酥、脱皮、产生裂缝,少数被折断,亦有倒塌者;水渠与机井,喷水冒沙,严重地段多被淤塞或遭受破坏;铁路,路基轻度下沉,铁轨于水平方向轻度弯曲;公路,地基下沉,出现裂缝及鼓包;地裂,裂缝普遍存在,但大小不一,长者数百米,短者不足1 m,呈带状展布。

4)轻度破坏区

该破坏区地震烈度6～7度,等震线呈不规则的椭圆形,长轴方向为北东东。展布范围:北到承德,南至黄骅,西界房山,东临渤海。破坏程度:民房,大部分遭到破坏,少部分(10%左右)倾倒;烟囱,普遍产生纵横向裂缝,个别出现错位、掉头或折断;滨海地区,出现大面积砂基液化,而砂基液化区,公路、堤坝等产生裂缝,沿裂缝大多喷水冒沙与地基变形。

5)感应区

本区有感范围:北起黑龙江满洲里,南到河南漯河,西到宁夏石嘴山、吴忠,东至辽胶半岛以远。亦呈椭圆形展布,长轴长 2 000 km,方向北东。震感所及,达 200 万 km² 以上。

(五)临沂 8.5 级地震

1.发震时间与地点

临沂地震,清康熙七年六月十七日戌时(公元 1668 年 7 月 25 日),发生于山东省临沂市。震中地理坐标:北纬 35°18′,东经 118°36′。震级,8.5 级(见图 5-6)。

2.地震地质的主要特征

临沂地震震中,位于郯庐断裂带中段之陷落带偏东侧,即泰山与胶东两隆起的分界处。同时,也是郯庐地幔东侧斜坡的转折部位。而且,地壳主要由结固坚硬的结晶岩类组成,盖层甚薄,有利于地震能量蓄积。加之郯庐断裂晚近期活动强烈,并切穿地壳而进入地幔,为岩浆上涌的通道。因此,在地热能与壳体形变机械能联合作用下,而孕育出高强度的大地震,此乃临沂大地震形成的缘由。然而,临沂断裂周期性活动为地震能释放提供了有利条件。

3.地震灾害

1)极震区

该震区烈度 12 度。震区范围:北到莒县,南至郯城。等震线呈椭圆形,长轴方向为北北东。破坏程度:莒县,一座 13 层塔崩裂一半,官舍民房、寺庙、监库、城垣俱倒,方圆百里一片瓦砾,山崩四散或劈裂一半,城内外普遍出现地裂缝,缝长数十米至数百米,宽数十厘米至米许,沿裂缝冒沙,沭河东岸崩裂为堑,潴水成湖,城东三口井喷水,水头高米许,全城死亡两万余人;临沂,城廓庙宇尽毁,山崩地裂,北门外里许,地陷落成潭,周边长五六丈,深二丈七尺,死 6 900 余人;郯城,城楼、府库、官舍民房、寺庙均夷为平地,地裂,宽不能越,深不见底,水喷高二三丈,地陷落如阶梯,死人 8 700 有奇。

2)严重破坏区

本区破坏范围:北到掖县,南到泗县,西界沛县,东临黄海。等震线呈椭圆形,长轴方向北北东。破坏程度:城垣崩颓或崩毁殆尽,官署民房、祠庙尽圮或倾圮者十之八九;山崩地裂,涌黑水喷沙,沙堆如坟;井喷水,高者达二丈;河水暴涨,海水后退 30 里;平地坼裂,深不可测,地陷为池,死亡以万人计。

3)较严重破坏区

该区破坏范围:北临渤海,南达安徽宣城,西界河南兰考,东临黄海。等震线呈椭圆形,长轴近南北向。破坏程度:城圮,衙署、寺庙、民房多有倒塌。死伤人畜;地裂,喷出水沙,井水涌出,河水上岸及山崖崩落等。

4)轻度破坏区

该破坏区城堞、墙垣多圮或有损坏,城楼、寺庙、民舍有损坏或坍塌倾圮,屋顶掉瓦,寺塔震裂,人畜亦有死伤。

5)感应区

本区震感范围很大,最远记录达 1 000 km 许,波及山东、江苏、安徽、浙江、江西、湖北、河南、河北及山西九省与北京、天津、上海三市,总计 216 县(市)。

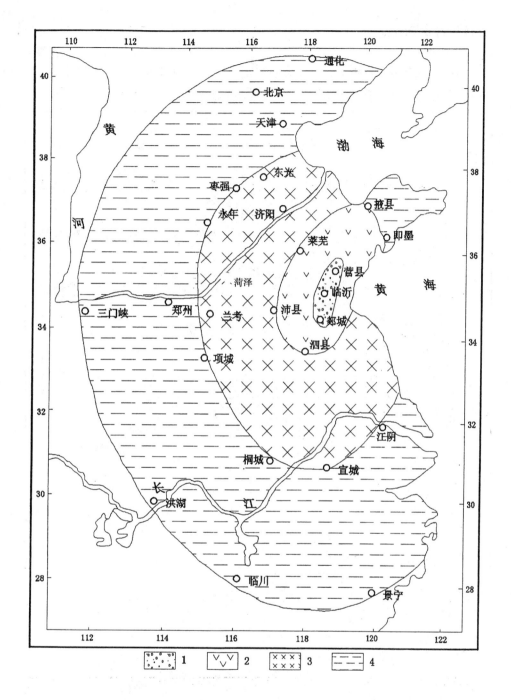

1—极震区;2—严重破坏区;3—较严重破坏区;4—轻度破坏区

注:①等震线引自科学出版社 1971 年《中国地震目录》第一册第 99 页;

②此次地震发生于 1668 年 7 月 25 日

图 5-6　山东临沂 8.5 级地震破坏区展布图

(六)平谷8级地震

1.发震时间与地点

平谷地震,清康熙十八年七月二十八日巳时(公元1679年9月2日),发生于北京市平谷县。地理坐标:北纬40°,东经117°。震级,8级(见图5-7)。

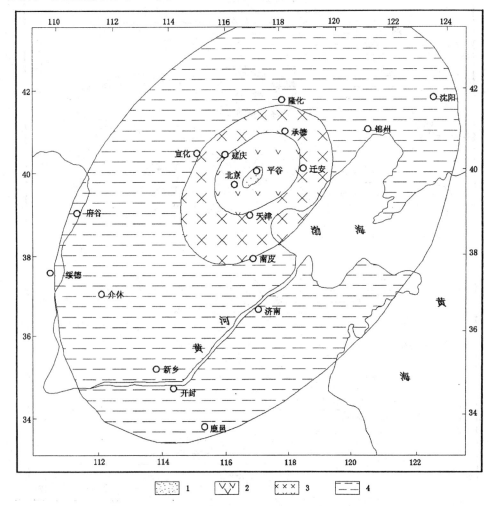

1—极震区;2—严重破坏区;3—较严重破坏区;4—轻度破坏区

注:①等震线引自科学出版社1971年出版的《中国地震目录》第一册第104页;

②此次地震发生于1679年9月2日

图5-7　北京平谷8级地震破坏区展布图

2.地震地质的主要特征

平谷地震震中,位于大兴断隆与燕山隆起的连接部位,即燕山断裂与断隆两侧边界断裂的交汇带。同时,又处于饶阳地幔隆起西北侧斜坡的转折处。然而,震区地壳厚37km,其中下地壳厚19km,上地壳厚18km。据宁晋地震所示,孕育大地震的能量主要蓄积于下地壳刚性岩体之中。而此处孕震与发震条件与唐山地震颇为类似。因此,在这样的构造带发生8级大地震不是偶然的。

3.地震灾害

1)极震区

极震区范围包括平谷与三河,地震烈度11度。等震线呈椭圆形,长轴方向北北东。破坏程度:城垣、城廓及村落民房荡然无存;地裂、地陷、涌黑水及沙;山体崩裂;死亡数千人,幸存者十之三四。

2)严重破坏区

本区破坏区范围:北到承德,南至天津,西界延庆,东止迁安。等震线呈椭圆形,长轴方向北北东。破坏程度:城垣、城楼、仓廒、衙署、宫殿、寺庙、楼阁及民房等倾倒坍塌十之八九或尽圮;地裂,涌黑水,尚有出现温泉者;死伤人畜甚众,譬如通县,压死者一万有奇。

3)较严重破坏区

该区破坏区范围:北到隆化,南至南皮,西界宣化,东临渤海。等震线呈椭圆形,长轴方向北北东。破坏程度:城楼、城垛多有损坏或倒塌;庐舍多塌毁或遭到严重破坏,亦有人员受伤。

4)轻度破坏区

轻度破坏区民房多遭破坏或倾倒,城垣、城垛亦有倒塌,寺庙墙垣受损或倾倒。

5)感应区

此次地震波及范围很广,河北、山西、陕西、河南、山东、辽宁、江苏、安徽、甘肃诸省及北京、天津两市,普遍有震感,感应区达94县(市)。

(七)渤海7.4级地震

1.发震时间与地点

渤海地震,1969年7月18日,发生于渤海东部海域(黄河口以北)。地理坐标:北纬38°12′,东经119°24′。震级,7.4级。

2.地震地质的主要特征

渤海地震震中,位于济阳裂谷槽地东侧之横向(东西向)断突南侧边缘,即东西向次级断裂与郯庐断裂的交汇带。同时,又是济阳地幔隆起东坡的转折部位。震区地壳最薄者仅31 km,而震中地带厚34 km。然而地壳主要由太古代泰山群组成,固结坚硬,为深变质结晶岩类。上覆盖层为新生界半固结与松散岩类,厚约7 km。可是,此次地震的震源深度:主震35 km,出现于地幔顶部;余震,2日内发生4.7~5.1级地震5次,震深均为33 km。由此可知,地震能量乃蓄积于地幔顶部及地壳底部之刚性岩体中。而且,以地热能为主。随着能量释放,震源上移。

3.地震灾害

由于震中位于渤海海域,未造成太严重的破坏,仅渤海周边陆地受到一定程度的损坏。死9人,伤300余人。具体破坏状况如下。

1)较严重破坏区

该区地震烈度7度。波及地区,主要是鲁北滨海地带及渤海西岸唐山、乐亭等地。破坏状况:黄河河口段大堤,长65 km的堤面石护坡砌缝,普遍产生裂缝;局部堤内地面普遍裂缝,多处喷水冒沙,冒沙孔口径大者达4 m以上;垦利段北岸堤外,沿小河沟裂缝;部分河段(长200 m)堤身下沉,沉陷量达5~15 cm,并出现裂缝;垦利县附近一座跨度10 m、单孔双曲混凝土拱桥,拱顶裂缝,宽 1 cm,拱肋以上全部横断,河岸护坡滑塌裂缝;利津附近,黄河大堤一双孔涵洞,震后张裂 10 cm,扭动错位 8 cm;沾化附近,地面多处裂缝,喷水冒沙;唐山地区乐亭等地,地面多处裂缝,喷水冒沙;上述地区民房多有损坏,或倒塌或墙壁裂缝及屋顶塌落等。

2)轻度破坏区

轻度破坏区,地震烈度 6 度。破坏区范围:北到河北北戴河,南抵山东潍坊,西界惠民,东临辽宁旅顺。等震线呈椭圆形,长轴方向近南北。破坏程度:滨海地带多处出现地裂缝,喷水冒沙;鲁山山前地带山崖崩落;民房墙壁多出现裂缝或山墙倒塌;山东半岛黄县水库,土坝坝体临水面发生两处滑坡,滑坡体长 50~160 m;汉沽、塘沽等地的工厂厂房均受到不同程度的破坏,如屋檐塌落、房架位移、铁烟囱弯曲、门窗变形等;长山岛等地的防波堤发生裂缝,且略微下沉;辽东半岛少数民房有轻微破坏等。

(八)大城 6.3 级地震

1. 发震时间与地点

大城地震,1967 年 3 月 27 日,发生于河北省大城县。地理坐标:北纬 38°30′,东经 116°30′。震级,6.3 级。

2. 地震地质的主要特征

大城地震的震中,位于沧州断隆西侧边界断裂带上,即饶阳裂谷槽地与沧州断隆的连接部位。同时,又是饶阳地幔隆起带东坡的转折处。因此,地震孕育形成的地质机理与渤海地震极为类似。

据地震爆发时展示的状况,6 s 内发震 5 次,前两次发震时间为 16 时 58 分 20 秒,震级 6.3 级,震源深 30 km;第三次发震时间为 16 时 58 分 23.9 秒,震级 5.5 级,震源深 33 km;第四次发震时间为 16 时 58 分 25.5 秒,震级 5.5 级,震源深 59 km;第五次发震时间为 16 时 58 分 26 秒,震级 6.25 级,震源深 72 km。由是观之,能量释放乃由浅部向深处转移。然而,海黄平原岩石圈底界埋深为 60~67 km。那么,最后一次地震能量的释放超越岩石圈,而来自深部的软塑层。此可说明,深部岩浆活动乃是孕育海黄平原大地震重要的热动力源。

3. 地震灾害

由于大城地震震源较深,对地表破坏的范围较小,强度相对较弱。但,仍有一定程度的影响。

1)较严重破坏区

本区地震烈度 7 度。波及范围,主要是大城、河间两县。河间县损坏房屋 5.6 万余间,其中倒塌 2 390 间;大城县倒塌 6 068 间,严重破坏者 20 539 间;河滩、洼地裂缝喷水。

2)轻度破坏区

轻度破坏区地震烈度 6 度。影响范围:北到廊坊,南抵沧县,西界雄县,东达静海,呈北东向带状展布,长 160 km,宽 20~100 km,面积约 8 000 km²。区内少量房屋倒塌,部分房屋有一定程度的损坏。

3)感应区

此次地震波及范围较广,北到北京,南抵山东宁津,西界保定,东临渤海。大致呈椭圆形,长轴方向北东,面积约 5 万 km²。普遍都有震感,或少数建筑物受轻微损坏。

三、黄淮海断块稳定性评估

黄淮海断块与构造带,因地壳结构、完整程度、运动特性及受地球内外动力影响程度之不同,各构造块体的稳定性也不尽一致,兹根据域内断裂构造、岩浆与地震等因素的活动状况,将其划分为不稳定域、次不稳定域、次稳定域及稳定域四类(见图 5-8)。关于各域稳定性的详情一一述之。

(一)不稳定域

不稳定域的地质基本特征,不仅断裂构造非常发育,而且块断运动亦非常强烈。然,线状断裂则以岩石圈断裂与壳层断裂为主。因此,域内地壳被切割成若干大小不等的断块,在深部岩浆上涌的驱动下,产生裂谷拉张与断隆挤压形变。于是,受挤压变形的刚性岩体不断储集能量而孕育高强度的大地震。故,域内不仅强震云集,并发生过 7 级以上的大地震,这是划分不稳定域的重要标志之一。总之,凡域内构造、岩浆与地震活动频繁而强度大者,说明构造体稳定性差,则称为不稳定域。关于区内不稳定域的具体状况分别述之。

1. 饶阳不稳定域

饶阳不稳定域,展布于海黄裂谷北段,具体范围:北界燕山隆起南缘,南达内黄断隆北缘,西临太行隆起东缘,东达海兴断隆西缘。北宽南窄,呈不规则的楔形。然而,域内近期构造运动非常活跃,不仅线状断裂活动明显,而且块状断裂活动也非常强烈。例如,饶阳、黄骅两裂谷槽地及沧州断隆全新统年均沉降速度分别为上更新统的 2.25、2.67、5.36 倍。由此可见,全新世以来诸构造域活动强度增量之一斑。

再者,早更新世以来,海黄裂谷深部岩浆活动极为活跃,如全谷多处出现早更新世至早全新世喷溢的拉斑玄武岩,就是有力的佐证。特别是饶阳与黄骅两条地幔隆起带隐伏于地壳底部,足以说明域内岩浆活动状况。

另外,自 8 世纪以来,全域发生 5 级以上破坏性地震多达 70 次,平均 17 年发震一次。其中,$5 \leqslant M < 6$,44 次;$6 \leqslant M < 7$,21 次;$7 \leqslant M < 8$,4 次;8 级地震 1 次。特别是 20 世纪以来,强震活动进入高峰期。该时段发震次数占总数的 47%。尤其是 $7 \leqslant M < 8$ 级地震竟多达 3 次,所占比例为 75%。此可说明,该构造域地震活动是何等强烈,而地壳又是何等的不稳定。

还有,对地基抗震稳定性来说,域内不利的地质因素颇多,如,第四系松散盖层厚度大,一般厚 300~500 m,局部达 700 m;表部覆盖层普遍含粉细砂及淤泥质软土层;地下水埋藏浅,浅层潜水埋深一般 3~5 m,部分地区小于 3 m,滨海地带多小于 1 m。像这样不利的地质环境,无疑会增大高强度地震的破坏效应。故此,域内多次发生大地震,凡烈度超过 7 度的破坏区,地表普遍出现地裂、地陷、地滑、地膨及沿裂缝喷水冒沙等现象。而这些现象的产生,则加剧了建筑物的毁坏。同时,也使震害更趋严重。

2. 菏泽不稳定域

菏泽不稳定域的展布范围:北到孙口,南达睢县,西界海通,东临巨野,包括菏泽断隆及黄骅与济阳两裂谷带南段。呈椭圆形,长轴方向北北东。四周被活动断裂围限,东西两

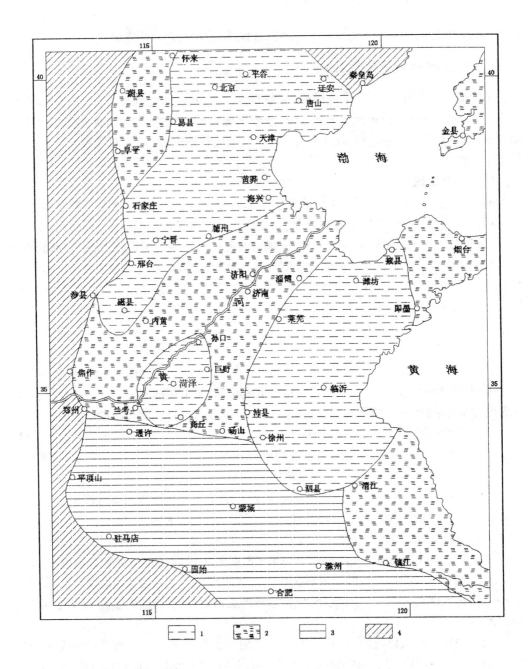

1—不稳定域;2—次不稳定域;3—次稳定域;4—稳定域

图 5-8　黄淮海断块区域稳定性略图

侧以北北东向张性壳层断裂为界,南北两侧均以北西西向压剪性断裂阻隔。域内纵横向活动性断裂呈网格状相互切割。因此,该地体断裂破坏严重,完整性差。加之位于开封地幔隆起的东北侧边缘,岩浆活动不仅促使该构造域破坏性地震频发,而且对其稳定亦产生重大影响。故,全新世年均沉降速度为晚更新世的 6.97 倍。据此判断,全新世以来,菏泽断隆活动强度不断增大。

关于菏泽不稳定域近期活动增强的征兆,从域内地震活动频度亦可知其梗概。据史籍记载,该区近500年来发生5级以上的强震7次,平均每100年发震1.4次。其中,$5 \leq M < 6$,3次;$6 \leq M < 7$,3次;7级地震1次。而且,20世纪以来发震次数占总数的57%,此可说明该构造域的地壳运动近百年来在不断增强,是为强烈地震活动带。

另外,域内第四系松散层,一般厚250~350 m,薄者小于150 m,最厚者达500 m许。可是,顶部上更新统及全新统,普遍夹多层淤泥质软土及粉细砂层。浅层地下水埋深大部分地区小于1 m,局部1~3 m。因此,往昔发生强破坏性地震7度以上烈度区,地表普遍出现地裂、地陷、喷水冒沙等现象,故而建筑物毁坏及人畜死伤等灾害严重。

3. 临沂不稳定域

临沂不稳定域展布范围:北临渤海,南达泗县,西界莱芜,东濒黄海,包括泰山隆起东部与胶东隆起西部,主体位于郯庐断裂带南段,呈椭圆形,长轴方向北北东。

由于更新世以来,郯庐断裂张裂陷落,而南段又发生反时针方向扭动。因此,沿该段断裂带形成若干小型山间剪切盆地,充填了厚度不大的第四纪松散沉积层。

另外,地壳底部顺断裂带隐伏一条北北东向地幔隆起带,而这条地幔隆起带成为孕育高强度地震的力源所在。因此,该构造域近300余年来发生5级以上强震9次,平均每100年发震3次,其中$5 \leq M < 6$,6次,以及6级、7级、8.5级各1次。尤其是8.5级地震,不仅破坏区波及范围广,而且极震区烈度达12度,是为黄淮海平原已发生的地震中最强烈的一次,所造成的灾难是毁灭性的。不过,强震主要发生于山区,覆盖层薄,基岩以古老的结晶岩类为主,固结坚硬,完整性好,抗震强度大。虽然地震烈度高,但,所造成的破坏程度相对较低。

(二)次不稳定域

次不稳定域,除展布于海黄裂谷南部、黄淮断块北缘及泰山隆起西部等诸地域外,余者尚有太行断裂北段西侧之阜平、辽东隆起南端之金县、胶东隆起北端之烟台及苏北断陷之清江等地域。然而,域内不仅断裂与岩浆活动明显,线状断裂以切穿壳体的大断裂为主,故而地壳的完整性遭到严重破坏。因此,块断差异运动为其构造活动的主要方式,这对于地体稳定来说是极端不利的,尤其是域内多次发生强震,并具备可能发生大地震的地质背景。同时,又与大地震带毗连,且在其强烈震动影响范围内。故此,凡具备上述条件者,则划归次不稳定域。

1. 济阳次不稳定域

济阳次不稳定域,北临渤海,南达黄河稍南,西界焦作,东抵沛县,为不规则带状,北窄南宽,呈北东向展布。所囊括的次级构造单元,除济阳裂谷带、菏泽断隆及泰山隆起西部外,尚有黄骅、饶阳两裂谷带南段和内黄断隆。然,诸构造体之间均以壳层活动断裂为界,稳定性差。加之沿济阳裂谷带之地壳底部,隐伏一条呈弧形弯曲的地幔隆起带。它的存在,不仅加强了断裂活动的驱动力,而且成为孕育地震的热动力源。故此,域内近400余年来发生5~6级地震7次,平均57年发震1次。其中,6级地震1次,$5 \leq M < 6$,6次。虽然域内至今尚未出现7级以上的破坏性大地震,可是并不等于今后就不会发生。因为具备了孕育大地震的地质背景。如内黄和海兴断隆孕震的地质条件与隆尧及菏泽断隆极为相似。还有泰山隆起西缘之长清一带的孕震构造背景颇与唐山大地震的地质条件相似,

况且历史上曾两次发生 5 级左右的强震,可算是征兆。诸如此类不稳定因素自然要列入构造域稳定性的评估之中。俗话常说"稳如泰山",其实,泰山并不稳定。

另外,域内第四纪松散盖层一般厚 150～350 m,但,顶部厚 50 m 左右的全新统与上更新统,普遍夹多层淤泥质软土与粉细砂,特别是黄河频繁迁徙改道所存留的纵横交错的古河道,成为粉细砂埋藏带。而且,浅层地下水埋藏浅,水位埋深一般 1～3 m,局部 3～5 m,个别地区小于 1 m。这些不利的地质因素,自然会降低地基的抗震强度。往日邻近地区发生 7 级以上大地震而破坏范围波及本区时,不少地方出现地裂、地陷、地滑、喷水冒沙等现象,就足以说明临近地区的强震必然危及本区。

2. 阜平次不稳定域

阜平次不稳定域,位于太行隆起北段东侧,介于荆紫关与太行两岩石圈断裂之间(荆紫关断裂位于太行断裂之西),北宽南窄,呈楔形,展布方向为南北。

由于受两条活动大断裂影响,近 400 年来曾发生 6 级地震 2 次,7 级地震 1 次,平均 133 年发震一次。因此,域内构造活动较为强烈。但,因位于山区,大部分地区基岩裸露,加之人烟稀少。即使发生大地震,震害并不会很严重。

3. 金县与烟台次不稳定域

金县与烟台次不稳定域,两者均展布于郯庐断裂东侧,受其活动影响,近 450 余年来发生 6 级地震 3 次,平均 150 年发震 1 次。这就说明域内仍处于较强烈活动状态,可是,除滨海地带被覆厚度不大的第四纪松散层外,其余地区均是基岩裸露,地基不易遭受地震破坏。

4. 清江次不稳定域

清江次不稳定域,展布于黄海西岸的苏北,略呈半月形,因受扬子陆块向华北陆块碰撞俯冲影响,形成陷落带,至今仍继续陷落。然而,地壳底部北西向波浪起伏的地幔隆起带之西部倾伏端,与断陷西侧边界基底断裂交会部位,曾发生一次 6 级地震。另外,在临近边岸海域,20 世纪 30 年代发生 6.3～6.5 级地震 3 次。由此可见,该构造域地壳活动是相当强烈的,大体处于不稳定状态,故划归次不稳定域。

再者,域内第四纪松散层厚 250～350 m,顶部普遍夹河湖与海相淤泥质软土与粉细砂层。浅层地下水埋深一般 1～3 m,滨海地区多小于 1 m。故此,地基抗震强度低。

(三)次稳定域

城内次稳定城,仅蒙城一处,然,蒙城次稳定域,呈不规则带状,展布于黄淮平原。具体范围:北界睢县,南达合肥,西至固始,东临镇江,域内活动断裂虽发育,但除边界大断裂切穿岩石圈外,其余多为基底或盖层断裂,规模小,活动强度不大。尽管将黄淮断块切割成若干东西向带状次级断块,并出现差异性运动,形成凸起与凹陷。可是,这些构造块体均呈单一的垂直运动,速度缓慢,升降幅度小,而且受整体构造运动控制。由于诸多断裂多发生在盖层,或切入下地壳的深度不大。因此,就整体而言,黄淮断块仍不失为完整性较好的断块。这个问题可从下列两方面得到印证:一是地幔顶面形态,二是第四系厚度变化。

1. 地幔顶面形态

黄淮平原地壳厚度稳定,大部分地区壳体厚 37 km,所以全区地壳厚度等值线平缓弯曲,唯有以阜阳为中心,出现 39 km 的闭合线。故此,黄淮平原地幔顶面形态,除阜阳附近存在局部洼陷外,其余广大地区,地势宽阔平坦,可称为地幔平原。

2. 第四系厚度变化

总的说来,黄淮平原第四系厚度变化不大。除南部部分地区厚度小于 50 m 或基岩裸露外,大部分地区一般厚 50～150 m,或有略大于此值者。唯有西侧局部达 250～350 m,也有稍大于此值的。

上述地质现象说明两个问题:一是深部岩浆近期处于宁静状态,无大规模入侵,地壳也相对稳定;二是壳体虽出现垂直差异性断裂运动,但活动强度与幅度都不大,且不危及黄淮断块的稳定。

另外,自 19 世纪早期以来,域内共发生 5 级以上的强震 13 次,平均 15 年左右发震 1 次。其中,$5 \leqslant M < 6$,11 次;$6 \leqslant M < 6.3$,2 次。然而,历次地震的震中多位于断裂带或其边缘。由此可知,这些地震系由断裂运动引起地壳下部岩体形变而产生应变能,能量不断贮集孕育而成的。不过,断裂活动不猛烈,能量贮集有限,故而未爆发高强度破坏性大地震。如此,说明域内地壳虽有所活动,但不强烈,大体处于半稳定状态,称次稳定域。

(四)稳定域

华北地区稳定域,主要位于黄淮海平原外围之西南部山区,其次为燕山东北部。所涉及的构造单元:太行、熊耳、大别及燕山隆起。由于它们形成年代久远,且均由基岩组成,并经历多次强烈构造运动,基底多半混合岩化,或为深变质结晶岩类。即使是盖层,亦固结硬化。故此,诸构造体完整性好,虽亦有断裂切割,而影响有限。然而,近期构造运动以整体缓慢隆升为主。况且,地壳厚度大,多在 40 km 以上。地幔拗陷深埋,无异常活动。除外围大地震波及诸构造域外,自身未出现强震震源。这就足以说明诸隆起构造是稳定的,特定为稳定域。

第二节　下游黄河稳定性

一、黄淮海平原河系稳定性

黄淮海平原水系网的稳定性取决于黄河是否安流,事实是:黄河乱则平原水系乱,黄河治则平原水系治。古有所谓"黄河治则天下治,黄河乱则天下乱"之说。由此可知,黄河安流与否的重要性不仅超越自然现象的本身,而且是涉及国家安定与否的全局性大问题,自然是不能等闲视之的。下面将各历史阶段黄淮海平原水系的稳定状况与控制机制一一述之。

(一)江、淮、河、济古水系的安流与稳定性的控制机制

江、淮、河、济四水为华北平原的主要古水系,同时形成于晚中更新世末至早晚更新世初。由于那时华北平原古湖泊星罗棋布,调蓄能力强,即使诸河系汛期洪水盛涨亦能吞吐自如,而且禹河(古黄河)循太行山东麓北流,虽斜穿内黄断隆西北隅与隆尧断隆东北角,但主要行河于强烈下沉的饶阳裂谷带。这样,大河西薄大山,东濒沧内断隆,镶嵌于两隆起带之间,河势自然稳定。与此同时,沿程大小古湖泊甚多,如沁阳、肥乡、大陆泽(巨鹿)、河间及文安等大型湖泊,容量大,具有很强的调蓄能力,有利于大河泄洪,从而保证了大河的安流。

然而,晚第四纪期间区域古气候变动幅度大,冷暖更替频繁,在短短十万年内发生两次全球性的冰川活动。当冰期来临时,气候干燥,降水偏少,而且以冻雨为主。故,降水难以返回海洋,致使洋域萎缩,海平面大幅度降低。譬如,早晚更新世之北冶冰期,海水不仅退出古渤海,而且回撤至南黄海东缘,古海面较今低 80 m。又如,晚晚更新世之百花山冰期,海水再度东撤,不仅退出古黄渤海,而且退至古东海大陆架东缘,古海面较今低 200 m。

由于海水两度东撤,平原河系的排泄基准面亦两度大幅度降低,河流负向侵蚀随之增强,自然有利于向平原外输水排沙,对河道稳定十分有利。尤其是对多沙的禹河来说,降低排泄基准面,提高输沙能力则尤为重要。禹河之所以能长期维持地下河而长达九万余年,症结就在于此。

然而,任何事物都有两面性,平原外围山区冰川广泛展布,当冰期莅临时则有利于河系稳定。可是,在此期间山区岩土物理风化作用增强,产生大量碎屑物,多堆积于原地。冰期一旦结束,气候转暖,降水增多,水流冲刷与搬运能力增强,冰期所存留的风化碎屑物经流水搬运而进入河流。如遇暴雨,山洪暴发,由大量粗粒碎屑物组成的泥石流,以排山倒海之势冲向山前,于地势平缓地带,停积而形成洪积扇,并不断向前推进。当进入河流时则使河道淤塞。例如禹河,就是淇县至安阳段河道过于逼近太行山,由于泥石流的堵塞而被迫改道。可是,那时的禹河并未进入衰亡期,若无此意外事件,是不会夭折于春秋晚期的。

诚然,以江、淮、河、济四河为主体组成的古华北平原水系网,实地考察尚未发现冰期洪水泛流形迹,即使是间冰期,气候转暖,降水充沛,海水多次大举入侵至今渤海西岸低平原之际,亦未发现禹河大肆泛滥的迹象。那么,《尚书·尧典》所述:"汤汤洪水方割,荡荡怀山襄陵,浩浩滔天。下民其咨。"及《孟子·滕文公上》描写的"洪水横流,泛滥于天下。"等古籍所叙述的洪荒时代水患境况又如何解释呢? 首先,这些古籍所形容的洪水到底发生在哪些地域? 不得而知。其次,所谓"泛滥于天下",这个"天下"在何方? 范围多大? 亦不得而知,然,诸典籍成书于春秋末期,而大洪水却发生在晚仰韶与龙山文化期,早于春秋晚期 2 000 ~ 3 600 年。可是,史前期无文字记载,那么,诸书作者只能根据当时传说臆测或杜撰,并非纪实,难以稽考,不足为据。不过,根据地质调查与勘探研究,禹河沿程的众多古湖泊,中全新统湖相沉积普遍出现超复现象,说明其时其地湖域的扩张,同时,也反映河水水量增大,河面拓宽是很自然的了,甚至威胁古代滨湖滨河居民的生活与生产安全是很有可能的。又据考古发掘,新乡、汤阴等地龙山文化期村落遗址,距禹河仅数里之遥,河水盛涨,势必危及村落。但,并不等于此时的大河"泛滥于天下"。

总之,晚全新世前,古华北平原江、淮、河、济四大古河系是稳定的,因而平原水系网也稳定,无相互侵夺之害。在长达数万年的岁月里,能持续维持恒定的态势是非常不容易的,关键在于那个时候的禹河为地下河(河床低于地面)。

(二)黄、淮、海、济四大河系格局的形成与维持河系稳定的内外因素

禹河溃决于宿胥口改道北流,主要行河于饶阳与黄骅裂谷,并斜切内黄与沧州断隆,入渤海湾,称西汉河。在此期间内,凡发源于太行山的诸河系,因失去干流而引起紊乱。然而,经过一段时间的调整,诸河系渐次汇流,形成统一的河系,即海河水系。于是,华北平原又多了一个新成员,出现黄、淮、海、济四大水系。加上沂江,就是五渎了。尽管后来发生黄河魏郡改道东流与商胡埽改道北流,亦未改变平原水系网配置格局。因此,这段时间并未出现河流相互袭夺现象,尚能维持平原河系的稳定。之所以如此,主要是下列内外因素发挥了重要作用。

1. 平原古地理环境对河系稳定的影响

总的说来,华北平原的地势,西高东低,河流总体的流向是,由西向东。但,大体以今黄河为界,北侧海黄平原的地势,则是南高北低,而南侧黄淮平原地势恰好相反,乃是北高南低。所以,黄河行河于海黄平原时,其流向:不是北流,就是东流。可是,行河于黄淮平原的淮河,平原河段的北侧支流,流向都是由北向南,然而,海黄平原河系的流向差别较大。如古济水,由西向东流;古黄河、禹河改道则由南向北徙,西汉河改道乃由西向东流,而东汉河改道又是北徙;古海河,诸支系出太行山折向北,汇流后折向东。

由于地势的控制,平原河系自择流向,各安其道。自春秋至北宋末,在长达1 700余年的岁月里,尚能维持平原水系格局稳定的原因,除地势控制外,古湖泊的调蓄作用亦是重要因素,特述之。

大河自宿胥口改道北流,于黄骅境内入渤海湾,沿程已查明的大型古湖泊有濮阳黄池、大名与景县。中小型古湖泊自然不在少数,难以馨述。然而,诸多古湖泊蓄洪屯沙,对大河稳定与寿命的延长作用巨大。但,经春秋战国及西汉的长期淤积,古湖泊调蓄功能日渐式微,最终完全消失,使之出现决溢泛滥。

尽管如此,大河虽失去湖泊调洪及河道严重淤塞而决口改道,并不断东泛。因受地势束缚,尚未危及南面的古济水及北面的古海河,更不用说远在黄淮平原的古淮水了。因为那时的邙山,山势乃是从古荥起折向东北,与武陟突起的郇山相连,形成一道垄岗,阻挡大河东进。这样,即使河水盛涨决溢,亦不至于夺济泛淮,而能维系古华北平原黄、淮、海、济诸水系网的稳定。虽然,尔后东流河道亦因长期淤积,使沿程古湖泊丧失调蓄功能及河道严重堵塞而改道北徙,也未破坏水系网的稳定。

2. 断块构造对河系稳定的控制

黄淮海断块总体运动方式是下沉。但,南北两断块的活动方式不尽一致。北部者表现形式为裂谷运动,并呈现东降西升的态势。而且裂谷内不同类型的构造体的驱动力特性与活动方式也不完全一致。例如,裂谷槽地,由于受深部地幔隆起的影响,地壳隆升而张裂陷落;断隆,则受两侧裂谷槽地扩张产生的侧压力推挤而抬升。

正因为这些活动构造体控制了各河系的流路,则海黄平原水系网才相安无事,未引起相互袭夺而造成紊乱。譬如,古海河,主要行河于西部饶阳与保定裂谷带,其东,则以沧内断隆带为屏障;古黄河之西汉故道,主要行河于饶阳裂谷带南段及黄骅裂谷槽地,东汉故道则行河于内黄与菏泽断隆及济阳裂谷槽地中部;古济水,行河于开封裂谷槽地及济阳裂谷带东侧。由于诸河多行河于裂谷张应力集中带,则有利于流路的稳定。

另外,古淮水行河于黄淮断块南部凹陷,且为清水河,流路是稳定的。然,断块北部为相对隆升的凸起,并以此为分水岭与古济水分流,故而岭南之水入淮,岭北之水入济,两者互不侵扰。

据上述，华北平原水系，不论是展布于海黄裂谷，抑或是位于黄淮断块者，多行河于张应力集中的构造沉降带。因为地壳下沉，地势低注，水流就下，势所必然，故此，平原治河，需循此理。若有悖于此理者，河系必然大乱，贻患无穷。

3. 堤防工程的兴起约束了河系泛流

傍大河兴建堤防，拦约洪水，始于战国。据《汉书·沟洫志》记述西汉贾让"治河三策"云："盖堤防之作，近起战国，雍防百川，各以自利。齐与赵、魏，以河为境，赵、魏濒山，齐地卑下，作堤去河二十五里。河水东抵齐堤，则西泛赵、魏。赵、魏亦为堤，去河二十五里。虽非其正，水尚有所游荡……"此可印证，战国时确实已开始修建黄河防洪大堤了。

然而，黄河全河统一修建的千里金堤，却自西汉始。《史记·河渠书》云："汉兴三十九年，孝文时河决酸枣，东溃金堤。"又云："其后四十有余年，今天子元光之中而河决于瓠子。"可见，汉时稳定大河流路全靠堤防了，无堤则河不治。其原因在于：商代以来，华北平原水系网的排泄基准面保持稳定，虽偶尔有所波动，但变动幅度不大，这就使河流负向侵蚀能力在一段时间内保持恒定状态，此其一；其二，海黄平原水系行河于沉降性裂谷，河流的动力作用主要是侧向冲刷与淤积，而非深向侵蚀，则河水只能漫流于河床，不可能下切转化为地下河，那么，靠河流自身的调节不可能安流；其三，华北平原宽阔平坦，坡降小，行河于平原，流程太长，而纵比降又小，自然易演化为淤积型河流，很难维持多泥沙河流流路的稳定。故此，此三者乃是多泥沙河流行河于平原的致命伤。若不采取治理措施，不可能长期维持平原河系的稳定。

诚然，在探讨治河方策时，古今都有"无堤而治"的议论。那么，此论当否？乍听近似荒唐，忖度之又觉得有一定的道理。不过，贵在"治"，而不在于"无堤"。若无堤而河不治，则此论就毫无意义了。"要害"在于要舍堤就必须改变行河方式，即将地面河转化为地下河，则此议可行，否则不可行。

譬如，西汉末期河决魏郡而东泛，因未及时修筑堤防，大河泛流竟长达70年。直到东汉永平十二年(公元69年)王景奉命治河，除整治河道与增设分洪设施外，更主要的是，修筑千里长堤遏阻水流，使之不得肆意泛滥。于是，大河规顺，安流竟长达970余年，由是观之，无堤则河乱。然，春秋战国至北宋，华北平原水系网之所以能维持长时间的稳定，与历朝历代兴建并维护堤防是分不开的。

(三)黄淮河与海河两水系的形成与破坏河系稳定的地质机理

大河北流与东流，虽非久安，尚能保持华北平原河系的相对稳定。可是，人为决口于李固渡而大河大举南泛之后，灭济夺淮，则平原河系仅存其二，一是远在海黄平原西北部的古海河水系；二是南泛的古黄淮河。两者北辙南辕，自然相安无事。然，大河南流却泛滥不已，其原因有二。

1. 黄淮平原地质结构与内动力活动特性不利于多泥沙河流输沙

1) 黄淮平原地势起伏变化不利于大河南流

鄄城以西地段的地势特点：南北两侧为高地，海拔高度50~100 m；中部为呈东西向展布的洼地，高程高于25 m而低于50 m。大河从滑县以西改道南流，必须穿越中部洼地，否则就无路可走。除非流至洼地后折向东，绕鄄城流经通许与泰山隆起之间的夹道折向南,西汉时瓠子决口,大河就是通过这条夹道南泛的。

然而,南宋时李固渡决口,大河南流泛道主要集中于东明与鄄城间。元代以来,决口上移至新乡以西,而泛道则多展布于兰考之西。这样,河水必须先潴积于开封洼地待抬高水位后才能漫越南部通徐高地而南下入淮。那么,洼地就成为天然的沉沙池与消能池了。每当河水漫越高地后流势顿减,流速降低,挟沙能力也随之减弱了。

2)黄淮断块块断构造活动削弱了大河的输沙能力

开封裂谷槽地,为饶阳、黄骅与济阳三条裂谷带汇交区,即海黄裂谷系的收敛端,因而为裂谷张应力集中带,其边界范围:西北以太行岩石圈断裂为界;南以泰山壳层断裂与黄淮断块分离;东北部边缘被兰考北西向盖层剪切断裂切断,乃为三角形槽状构造洼地。据全新世沉积层厚度概算,槽地年均沉降速度为 - 3 mm。又据 1968 ~ 1982 年地形测量数据计算,年均沉降速度为 - 2.1 mm。两者大体接近。总之,近万年来槽地一直张裂下沉,是为较强烈构造活动带。

然而,槽地之南的通徐凸起,则长期处于相对隆升状态。据 20 世纪 60 ~ 80 年代地形测量结果显示,年均上升速度为 3 mm。

可是,大河南行必先流经开封裂谷槽地,才能漫越通徐凸起。然,开封洼地与通徐凸起两者呈反向运动,随着时间的推移落差越来越大。例如,开封裂谷槽地海拔高度较南侧通徐凸起低许多(差一个数量级,见图5-9),这就足以说明,明清之际黄河南泛泛道众多的原因所在了。

显然,河水经开封槽地进入通徐凸起,乃逆坡而行,且逆坡比降随时间推移而不断增大,河流行洪与输沙能力自然渐次降低,河势日衰乃势所必然。大河南流之所以河患不已,久治而不愈者岂非逼河南泛确实有悖于大自然的规律么?!

另外,黄淮断块东缘之郯庐断裂东侧,为一条近南北向构造隆起带,绵亘于平原东部,形成一道屏障。而其西侧,则是以凹陷为主的沉降平原,全新世以来年均沉降速度为 - 1.5 ~ - 2 mm。就年均沉降速度绝对值而言并不算大,可是年深日久,累计起来其值就很可观了。更主要的是河流纵比降随时间的迁移而日益衰减,输沙能力亦随之降低。特别是多泥沙河流,对此尤为敏感。今之淮河,每逢大汛,多洪涝为患,其因盖此。

3)黄淮海平原地幔差异性活动对河流动力作用方式的影响

黄淮海断块地幔剧烈活动主要集中于北部海黄裂谷。例如,开封裂谷槽地壳底,即绵亘一条北东向地幔隆起带。而其南侧黄淮平原,地幔亦为平原,且宽阔平坦,说明该构造体地幔处于稳定状态。然,地幔与地壳的构造表现形式恰好相反,当地幔隆起,则其顶部的地壳就拗陷,反之亦然。那么,当大河穿越开封地幔隆起而流势已被减弱,再进入地幔亦为平原的黄淮平原,水流自然平缓,游荡滚动是平原型河流运动的基本特性,侧向侵蚀与淤积乃为河流动力作用的主要表现形式,输沙功能大为减弱。元、明之际,大河南行,常出现数股、十数股甚至数十股的泛流状况,也就不足为奇了。

2.治河主导思想有悖客观规律

大河南泛,纯系人为。金元之际,战祸连年,不仅河道疏于治理,而且敌对双方多以水当兵,驱河御敌,河焉能不乱?!特别是蒙古军灭宋,汉人奋起反抗,而蒙军大肆屠戮,大河上下,几无人烟。谁来治河? 谁来护河? 河之乱不也在情理之中么?!

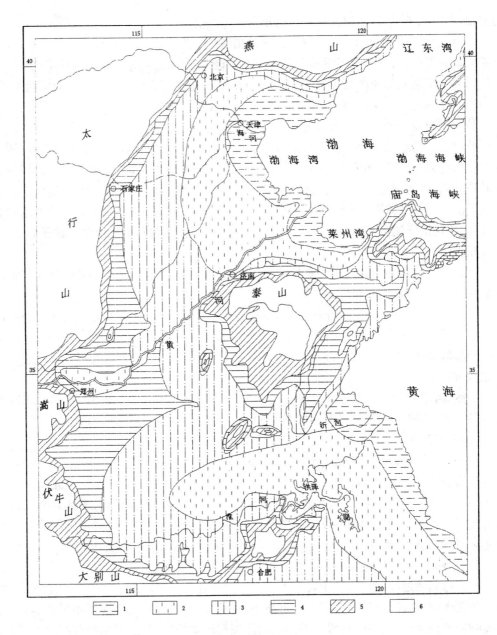

海拔高度(m):1—<5;2—≥5,<25;3—≥25,<50;4—≥50,<100;5—≥100,<200;6—≥200

图 5-9　黄淮海平原地势变化略图

迨至元灭明兴,治河又重新列入议程。不过,明代治河的主体思想为确保漕运,故而治河的基本方针与对策大体可划分为两个阶段:一是洪武至弘治的明代前期;二是正德至崇祯的明代后期。关于这两个时段治河方针的异同与成效分述之。

1)明代前期的治河方针与成效

这个时段河患多发生在河南境内,尤其集中于开封上下,决溢极为频繁。据《明实录》《明史》《明史纪事本末》等史籍记载,从洪武初至弘治末期的 130 余年,记载黄河决溢年份约 59 年,而且,十之八九集中在兰阳、仪封以上河南河段,仅开封有关决溢的记载就多达 26 年。

何以大河决溢多集中于仪封以上河段?因为当时的治河方针以"保漕运"为本,故而重北轻南。治理对策是:"北堤南疏,逼河南流"。然,开封地段为裂谷槽地,地势低洼。所谓南疏,乃是逼水往高处流,河焉能不溃?故此,明代前期治河,收效甚微。大河溃决之频繁,与金元两代无大异。

2)明代后期的治河方针与成效

正德元年(公元 1506 年)至崇祯末年(公元 1644 年),历时 139 年,据上述史籍记载,大河溃决年份仍多达 53 年,而且不少年份常常多处决口,洪水泛滥之频繁亦不亚于前期。所不同者频繁决溢河段乃下移至归德(今商丘)至徐州间。

此时段内,治河的基本方针未变,仍是以"保漕运"为主。可是,频繁决溢段下移,东犯运道的概率减小,担心破坏漕运的担子也相应减轻。不过,却又迎来另一个问题,嘉靖年间提出"护陵"任务,即保护凤阳皇陵、寿春王陵与泗州祖陵不受侵犯。这就使治河工作难上加难,处于十分被动的局面。

然而,正德、嘉靖年间,黄河归徐段决溢增多,此冲彼淤,常常出现多股分流,甚至出现河道分支多达十几股。于是,万恭、潘季驯等所采取的治河对策:"两岸皆堤,集河于一槽。"大河行河流路自郑州而下,经中牟、开封、兰阳、归德(商丘)、虞城、砀山、徐州、宿迁、桃源(泗阳)等地,至清河(清江)会淮入海,几百年的多股分流局面至此告一段落。直至崇祯末年仍维持此道,清代亦承袭之,史称明清故道。

潘季驯等运用"集流"之策治河,确实收到一定的成效,曾出现 11 年无大患的局面,可谓"小安"矣!不过,"束水攻沙"之策,并未收到预期效果。据潘氏《河上易感惑浮言疏》叙述彼治河时河床变化状况云:"河高于地者,在南直隶则有徐、邳、泗三洲,宿迁、桃源、清河三县;在山东则有曹、单、金乡、城武四县;在河南则有虞城、夏邑、永城三县,而河南省城(开封)则高于地丈余矣。"由此可见,那时的黄河开封至清河段已成为悬河了。如此高含沙的大河,采用简单的束水办法是不可能将大量泥沙输送入海的,至多也只能是冲上游淤下游,大部分粗泥沙最终还是淤积于河道。特别是砀山至清河段,不论是构造或者是地形均为隆起,对河道输沙具有阻滞作用。因此,集流后清河以上河段迅速形成悬河就不足为奇了。

总之,大河南下夺淮乃从人祸始,而久乱于淮又以治河方针不当而告终。由此可见,要征服大自然过分强调人的主观能动性是不行的。必须深刻认识大自然规律,依其势而力导之,方能做到"无为而治",否则必以失败告终。这就是治河者应从大河南下乱淮数百年的治理史例中汲取的教益。

(四)黄淮海河系的形成与影响河系稳定的因素

铜瓦厢决口,大河东去,黄、淮分流。于是,华北平原又出现黄、淮、海三河系鼎立的局面。然,这种格局已维持 150 年了,能否继续保持长治久安而不再乱呢?这是一个难以找到而又必须找到答案的问题。可是,平原河系稳定与否?要害在于黄河。黄河稳定,则平原河系稳定。黄河不稳定,则平原河系大乱。有关黄河河道等稳定性的评估将于下面两节叙述。

二、下游黄河河道稳定性

以往下游黄河河道的稳定乃随华北平原的地质结构、地壳运动、古地理与古气候环境的演化而演变的,大体可分为史前期(地质历史时期)、历史时期及近代三个时段。关于各时段大河河道的稳定与变化状况分述如下。

(一)史前期禹河故道的稳定性

禹河,系由若干湖泊型河系溯源侵蚀,相互串通而形成而发育的。因此,自形成之日起乃是地下河(河床低于地面),河道自然稳定。加之后来排泄基准面两次大幅度降低,使河流产生强烈的溯源与负向侵蚀,从而进一步深切。即使日后海平面再度回升,泥沙淤积强度增大,也未改变河流的性质,据此而论,禹河河道是稳定的,只因局部河段于晚全新世前期被泥石流堵塞被迫改道而夭折。有关禹河河道的演变与稳定状况,前文已述,本节从略。

(二)历史时期黄河河道的稳定性

大河自宿胥口决溢改道北徙,至铜瓦厢决口改道东流,历时 2 457 年,在此时段内行河年代较长者有西汉、东汉及明清河道。关于诸古河道稳定性的演化——叙述。

1. 西汉故道稳定性的演化

春秋中期,大河决溢于宿胥口,经内黄断隆、饶阳与黄骅裂谷北流入海。因行河地带地势南高北低,水流就下,流势顺畅。加之主要行河于沉降性裂谷,地势低洼。而且,西傍沧州断隆,东临海兴断隆,有利于径流汇集。同时,沿程多古湖泊,具有很强的调蓄功能。因此,行河初期,即春秋中晚期始,历时 220 余年,为大河的安流期,无大肆泛滥形迹,河道是稳定的。

然而,经过 220 余年的行河,河道淤积日趋严重,沿程古湖泊渐次消亡,河流滚动的幅度加大。故此,战国时期沿河的齐、赵、魏三国开始筑堤遏阻大河游荡与洪水侵犯。由此可见,那时的大河流势已开始恶化,在 120 余年的岁月里,河患渐渐增多,安流形势远不如昔,河道已进入半稳定状态。

迨至西汉,河势进一步恶化,只有靠两岸筑堤约束水流而维持河道的稳定了。即使如此,还难以长期保证大河的安流,决溢泛滥日益增多。如,文帝十二年(公元前 168 年),"河决酸枣,东溃金堤。"(《史记·河渠书》);元光三年(公元前 132 年)"夏五月,河决濮阳,氾郡十六。"(《汉书·武帝纪》);"孝武元光中,河决于瓠子,东南注巨野,通于淮泗。"(《汉书·沟洫志》)。此可说明,由于泥沙严重淤积,河势已开始衰败。至哀帝初年,有"河水高于平地",黎阳(今河南浚县)一带"河高于民屋"的记载。那么,那时的西汉河已成为地上悬河了。据《汉书·沟洫志》记载淇水口(今滑县西南)附近,堤身"高四五丈",相当于现代 9～11 m,已成天河,河道已进入衰亡期。其稳定性已达濒危临界状态,终于西汉末期王莽始建国三年(公元 11 年),河决魏郡东徙,西汉故道败亡。

2. 东汉故道稳定性的演化

大河决溢于魏郡,横切内黄断隆与黄骅裂谷后进入济阳裂谷,入渤海莱州湾。河势变化大体可划分下列四个阶段。

1）泛流阶段

公元 11～69 年，大河泛滥于魏郡以东，纵横乱流，主次莫辨。至平帝初期，荥阳境内河势也发生了很大变化。大河大幅度向南摆动，导致河、济分流地带岸坡严重坍塌，造成河、济、汴乱流交败。至明帝永平十二年四月（公元 69 年）才决定治理，派王景、王吴二人治理事宜。于是，修渠筑堤，自荥阳至于乘海口千余里。翌年四月，工程竣工，河、汴分流，水患遂除。

王景治河之策："商度地势，凿山阜，破砥绩，直截沟涧，防遏冲要，疏决壅积，十里立一水门，令更相洄注，无复溃漏之患。"

2）安流阶段

大河经王景等治理之后，历经东汉、魏晋、南北朝，在长达 520 年的岁月里，史籍很少记载黄河灾害。于是，有的学者怀疑这种现象是否与当时长年战乱而疏于记录有关。然，"怀疑"不能作为立论的依据。以《水经注》为例，也很少记载黄河水患，该书作者郦道元，系北魏晚期人，虽说注解《水经》，实则是以原书为提纲而重写。原书记载水道仅 137 条，而郦注却增至 1 252 条，共四十卷，约 30 万字，较原书增加了 20 倍。在他撰写此书时，还亲自考察，访问群众，博采碑碣，追溯源流，探查脉络，记载水道的分布与变迁。那么，若那时黄河水患频仍，郦氏是不会疏于记载的。由此可见，怀疑因战乱连年而影响黄河水害的记载的说法，很值得商榷。

既然史籍有关黄河灾害事件记载不多，可见那时的大河处于安流状态，河道是稳定的，至少没有出大的乱子。否则，史籍的记载也不会疏漏至此。

3）半安流阶段

隋唐时代，大河的流路与南北朝行河路线无大异。但，至唐末，东汉故道行水已历 899 年，由于泥沙淤积河势开始恶化，水患不断增多。从唐太宗贞观十一年（公元 637 年）至昭宗乾宁三年（公元 896 年）历时 260 年，据《旧唐书·昭宗本纪》与《新唐书·五行志》等史籍记载，大河决溢年份达 21 年，平均每 12.4 年出现一次水患年，不过尚无河道迁徙记载。故此，此时段的东汉故道已进入半安流阶段，河道自然处于半稳定状态。

4）衰亡阶段

自五代始，东汉故道河势日益恶化，尤其是政权频繁更替，相互征讨，以水代兵，决河淹敌，严重破坏了河道的稳定。55 年里决溢年份多达 18 年，平均每三年出现一次水患年，决口多达三四十处。显然，河势开始衰颓。

至北宋，河势进一步恶化，决、溢、徙频繁发生，在商胡决口北徙前 88 年里，决溢年份就多达 29 年，平均每三年出现一次水患年。由此可见，河道的淤积衰败已到了濒危阶段。尽管治河技术有了很大的发展，除修筑堤防约束水流外，还首创埽工护堤护岸，然终因河道不稳定难以挽回败局。尤其是商胡埽决口北徙后的三四十年里，曾三次挽河回归故道，均以失败告终，东汉故道也就寿终正寝了。

然而，东汉故道的发育经历了四个阶段，在黄河故道发育的历程中表现最为完整。尤其是安流与半安流阶段时间长，合计达 870 年。对此，古今学者有各种解释。由于史籍记载过简，语焉不详，所谓解读，多属臆测，难免牵强附会，说服力不强，可信度不高，不过东汉故道比较稳定，行水与安流时间较长，是客观事实。面对客观事实，应当运用现代科学进行研究,查明产生这种现象的机理与控制机制,而不必过分拘泥于历史文献的解读。

故此,作者近些年对这个问题作了初步探讨,也有自己的看法,书此供读者参考。

(1)行河流路选择较为合理。海黄平原地势西高东低,其变化自西而东可划分四个高度(海拔高度)带:濮阳至范县(西),50~100 m;范县(西)至高唐,25~50 m;高唐至利津(西),5~25 m;利津(西)至海口,<5 m。然,大河决口于魏郡东徙,至范县东,受阻于泰山折向北,至高唐再折向东,入于海。那么,这条行河路线恰好从高到低流经上述四个地势高度带。不仅行河顺,流程短,而且纵比降大,有利于输沙,不过,沿程尚有濮阳与往平等古湖泊调蓄水沙,这对多泥沙河流河道的稳定、安流与寿命的延长是颇为有利的。至于这条河道是如何形成的? 是大河经过长期泛流并袭夺原有小河改造而成? 抑或是人工挖掘而成? 难以断言。但,从王景等治河对策剖析,主要是在原有泛道的基础上进行疏浚治理,并于某些河段加筑堤防、护岸护堤及湖区分洪工程等,工程量不可能太大,技术也不会太复杂。否则,在科学技术并不发达的东汉,一年之内是不可能竣工的。

(2)行河地带地质结构与构造活动有利于河道稳定。大河于内黄断隆决口东流,横穿黄骅裂谷后,继之又纵贯济阳裂谷。然,断隆为相对抬升断块,裂谷则为沉降槽地,两者呈反向运动。据20世纪60~80年代地形变测量结果计算,年均形变速度(mm/a):内黄断隆为1.4,济阳裂谷槽地−3.6,两者年均升降差绝对值达5。以此作为参考值(实际数值可能更大一点)计算,自东汉永平十三年至唐代末年,东汉故道上下游河段升降幅度达4.2 m,即大河上下游落差增加4.2 m,这对于提高河流纵比降与输沙能力极为有利,从而增强了河道的稳定性,同时下游河道下沉,尚能吞噬部分泥沙,此可减慢河床淤高的步伐。但,古黄河含沙量太高,河道淤积速度实在太快,远远超过地壳沉降速度。所谓减负也只不过是杯水车薪,无济于事,到头来东汉故道还是被淤积消亡。

(3)区域古气候周期性演变影响古黄河水沙来量。黄土是干寒气候环境的产物,黄土高原乃是被覆黄土而得名,而黄河又是因流经黄土高原,河水混浊,色黄而得名。那么,黄河与黄土的亲缘关系是不可分的。因为黄河泥沙主要来自黄土高原。

然而,黄河流域气候多变,干寒与温湿呈旋回性演替。例如,春秋至西汉,流域气候温暖湿润;东汉至南北朝,干燥凉爽;隋唐至北宋,又温暖湿润。根据黄土高原古水文等遗迹研究,凡温暖湿润气候期,黄土层存留的古侵蚀面明显,表征径流强烈冲刷。而干冷与干凉气候期,不仅无地表径流侵蚀形迹,而且,黄土色浅,层厚,生物遗骸少。据此推测,西汉与北宋,下游古黄河水害多,大概与黄土高原水沙来量大有关。然,东汉至南北朝,史籍很少记载黄河水害,可能说明高原水沙来量少。因此,水患少,不一定是古人漏记。

3.明清故道稳定性的演化

大河于李固渡决口南泛,至铜瓦厢溃决东徙,总计728年,河势紊乱,无安流之日。河道稳定性的演化经历下列两个阶段。

1)泛流阶段

大河自南宋建炎三年(公元1128年)决口于李固渡南泛,至明弘治十八年(公元1505年),一直处于泛滥阶段,常分多股南徙,无固定河道。尽管金元及前明,有时也堵塞决口或修堤防防河东泛,最终也没有挽回颓势。河势总是紊乱不堪,无安流可言。

2）衰败阶段

那时的治河者违背大河流势的规律，强迫大河南流，自然不会有好结果。在大河南泛378年后，于明正德元年（公元1506年）开始改变治河方策，采取"两岸皆堤，集水于一槽"的治理措施。虽小有成就，取得短时间安流，但终未扭转败局。明代后期的河势仍一如既往，决溢频仍，与集流前无大异。由此可见，制订治河方策者，只考虑主观需要，却不顾是否违反客观规律，一味蛮干，焉能逃脱大自然的报复?!

然而，清代治河，固守明代河道，治理方策一一承袭之，其结局也与明代无异，也是决溢频仍。可是，河道淤积更加严重，河势衰败日甚一日。"兰阳以下河道纵比降只有1.1‰~0.7‰，异常平缓。河道滩面一般高出背河地面7~8 m，两岸堤防高出背河地面10 m左右。洪水期间河水高出堤外地面十几米。加之两岸堤间距，愈向下游愈窄，排洪能力尤低。"常常是"下游固守则溃于上，上游固守则溃于下。"（《魏源集·筹河篇》）。可见，高高隆起的悬河是难以固守的，最终于咸丰五年（公元1855年）决口于铜瓦厢东徙，南行黄河宣告衰亡。

据上述分析，大河脱离海黄裂谷南泛，则河无宁日，民无宁日，所谓河道稳定性就无从说起了。

（三）下游黄河今河道的稳定性

大河溃决于铜瓦厢北泛，至长垣分为两股：一股继续北泛，至濮阳东，受阻于横陇故道折向东；另一股东泛，至曹州（菏泽）折向北，经郓城北流，与北股会于张秋，东流穿越运河，夺大清河入海。尔后泛滥于豫东及鲁西南达30年。在此期间内泛流逐渐汇集，并冲刷出新的河道，居民傍水筑埝保护田园。后来，在民埝的基础上增高培厚而为新堤，与上游老堤连接便成为统一的缕堤，即为今日临黄大堤的前身。

由于战祸连年与满清及民国政府的腐败，大河有堤无防，以致河堤百孔千疮，破败不堪，何能御水？在满清政府统治的最后28年，决溢年份就多达23年。民国元年至二十七年（公元1912~1938年），决溢年份达17年。

1938年，为阻日寇西犯郑州，国军决堤于花园口，黄河大举南泛。至1947年，才堵口回归故道。由是观之，1947年前的93年，大河长期处于泛滥与决溢的紊乱状态，河势衰败也就可想而知了。

新中国成立以来，大力开展治黄事业。除加高培宽加固堤防工程外，尚进行了河道整治、修建分洪滞洪与展宽工程。同时，在上游干支流建库拦洪与调节水沙，从而形成了一整套河防工程体系。经过60余年来汛期行洪考验，除河口段出现两次溃决外，其余河段均能安全度汛，无溃决之患，保证了大河的安澜。由此可见，几十年的治河取得了可喜的成就。

不过，福兮祸所伏，几十年的安流使泥沙不能外泄，只有通过河道输送入海。可是，下游黄河为淤积性河道，在泥沙输移过程中沿程淤积，造成河床不断淤积升高。目前河床滩面一般高于堤外地面3~5 m，个别地段达10 m，成为"地上悬河"（见图5-10）。

另外，沁河口至东坝头两岸大堤高度，据1983年实测，右岸大堤平均高度为7.81 m，最高13.64 m；左岸大堤平均高度为10.6 m，最高14.75 m。虽然大堤壁立，但由于铜瓦厢与花园口两次决口改道，引起当地排泄基准面降低，使河道溯源侵蚀刷深，今河道尚未恢

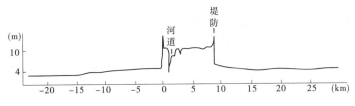

图 5-10 下游黄河悬河示意图

注:引自《黄河水利科学技术丛书·黄河防洪》第126页,黄河水利出版社,1996

复到老河道的高度,至今新滩低于老滩 1~2 m,而河槽淤积厚度约 4 m,年均淤积速度 4 cm。可是,东坝头以下的新河道则不同,从 1885~1994 年,行河 140 年,除 1855~1884 年及 1938~1947 年两次泛滥时段外,河床淤积高度:东坝头至高村 6~8 m;高村至艾山 5~6 m;艾山以下 4 m 左右。

纵观上述,以百年时间尺度计算,下游黄河河道年均淤积抬升速度较具代表性,然而,黄河流域自然环境复杂,产水产沙时空变化大,加之人为因素干扰,情况变得更为复杂。不过,可从下列两个方面探索下游黄河悬河河道稳定性的趋势。

1. 水沙来量变化对河道泥沙淤积的影响

黄河水文泥沙的主要特点为水沙异源,水沙不同步,降水时空分配不均,年内与年际变差系数大。而且,降水主要集中于 7~9 月,而泥沙的产生多集中在几场暴雨。因此,下游黄河来水多集中于伏秋,而高含沙洪水往往出现于伏汛。

据花园口水文站测算,下游黄河 1919~1978 年过站水沙变化状况,来水量:年均流量 1 365 m³/s,最大流量 2 720 m³/s(1964 年),最小流量 636 m³/s(1960 年);年均径流量 431 亿 m³,最大径流量 861 亿 m³,最小径流量 201 亿 m³。来沙量:年均输沙量 13.2 亿 t,最大输沙量 39.1 亿 t(1933 年),次大输沙量 27.8 亿 t(1958 年),最小输沙量 4.43 亿 t(1961 年);年均含沙量 30.6 kg/m³。

利津水文站,实测下游黄河 1950~1978 年过站水沙变化状况,来水量:年均流量 1 355 m³/s,最大流量 3 080 m³/s(1964 年),最小流量 289 m³/s(1960 年);年均径流量 432 亿 m³,最大径流量 973 亿 m³,最小径流量 91 亿 m³。来沙量:年均输沙量 11 亿 t,最大输沙量 21 亿 t(1958 年),最小输沙量 2.42 亿 t(1960 年);年均含沙量 26.7 kg/m³。

通过对下游黄河河道冲刷、淤积与水沙的研究,两者的相关性极为密切。平均含沙量临界值为 20~27 kg/m³,大于此值者则河道淤积,小于此值则河道冲刷。然,花园口与利津两水文站测试的多年平均含沙量大于或接近于此值,故而河道淤积。

另外,下游黄河河道冲刷、淤积与流量关系也十分密切。当流量大于 2 500 m³/s 时,则河道发生冲刷,而小于此值则河道淤积。可是,花园口与利津两水文站所测大河年均流量都小于此值,则其为严重淤积性河道乃是必然结果。

然而,下游黄河泥沙淤积量与水沙来量的多寡有关。20 世纪 50 年代年均淤积量为 4.04 亿 t;60 年代三门峡水库拦沙量为 52.7 亿 t,则下游河道冲刷 1.303 亿 t;70 年代三门峡水库不再拦沙,下游河道年均淤积量为 3.4 亿 t;80 年代年均淤积量只有 0.34 亿 t;最多的为 1933 年,淤积量达 17 亿 t。

还有,泥沙固体颗粒粒度组分与胶体物质含量的多寡,对河流输沙能力有重大影响。

因为,黄土高原产沙大体可划分两个区域:一是无定河以北,为粗泥沙主要产区,该区粗沙来自沙漠风沙、基岩风化壳及上覆黄土,由于这些产沙层所产之沙,不仅颗粒粗,而且黏粒、胶粒与有机质含量少,进入黄河后悬浮度低,易形成推移质,输沙能力弱;二是无定河以南地带,为细泥沙主要产区,产沙层主要为黄土,不仅骨架颗粒粗粒含量少,而且黏粒、胶粒与有机质含量高,进入黄河后常形成高浓度悬移质含沙水流,浮力大,输沙能力强。

可是,在远距离搬运的历程中,由于沿程来水来沙的补给,则流量与流速不断发生变化,含沙水流的力学特性也随之发生变异。于是,随着流程的延长及临界流速的不断变化,悬移质亦相应地渐次转化为推移质而沿程落淤。据勘探揭示,下游黄河各河段河道泥沙淤积状况变化如下:孟津至桃花峪,河床基底为上第三系红层,而上覆沉积物,下部为中上全新统砂砾石层,上部为现代中粗砂夹细砂;桃花峪至东明高村,河床基底为全新统河湖相砂黏土,砂黏土夹淤泥及淤泥质砂层,而上覆河道沉积物为现代细砂夹中粗砂透镜体;高村至艾山,河床基底为全新统河湖相黏砂土夹淤泥透镜体,上覆河道沉积物为现代粉细砂层;艾山至利津,河床基底为全新统河流相中细砂及黏砂土与砂黏土,上覆河道沉积物为现代粉砂。

从纵剖面来看,下游黄河河道泥沙淤积,其粒度组分具有明显水平分带性。从孟津到利津,由粗大颗粒渐渐转变为粉细粒。据黄河水利科学研究院研究资料展示,黄河泥沙,粒径大于 0.05 mm 的粗泥沙占来沙总量的 20.3%;粒径为 0.025 ~ 0.05 mm 的中泥沙占25.7%;小于 0.025 mm 的细泥沙占 54%。然而,粒径大于 0.1 mm 的粗泥沙,79.4% 落淤于下游河道;0.05 ~ 0.1 mm 的粗泥沙,落淤于河道者占其含量的 51%;粒径为 0.025 ~0.05 mm 的中泥沙,落淤于河道者占其含量的 32.3%;粒径小于 0.025 mm 的细泥沙,大部分输送入海。可是粗泥沙主要淤积于艾山以上河段,其中高村以上河段的落淤量占总量的 84.7%,高村至艾山段占 7.3%,艾山以下河段占 8%。还有一个特殊现象是,中细泥沙淤积于河道者,主要出现于花园口至高村段。而艾山以下河段,若水流含沙以中细泥沙为主,则发生冲刷。由此可见,对下游黄河危害最大的是粗泥沙,它是造成河床不断升高而成为不稳定的地上悬河的主因。

2. 行河地带地质地貌结构及构造活动对河道稳定与输沙能力的影响

今下游黄河完全靠缕堤约束水流,人们称之为人工河。其实,大河是在铜瓦厢决口改道自由泛滥迁徙冲刷与袭夺大清河而形成的新河道。即使是铜瓦厢以上河段,也是早年自由泛滥冲刷与袭夺古济水部分河段而形成的。总之,今下游黄河流路仍是河流自然选择,而非人工设计开挖而成的。严格地说,还是一条自然河,并非真正的人工河。所以,在河道运行历程中暴露出来的诸多问题,具有自然河流的特性,特详述之。

1) 行河地带地貌结构对河道输沙能力的影响

下游黄河行河地带,地势高度(海拔)变化很大,自西而东渐次降低,大体可划分下列四个高度带:孤柏嘴以西,大于 100 m;孤柏嘴至桃花峪,50 ~ 100 m;桃花峪至泺口,25 ~50 m;泺口以东,小于 25m。然而,其中有两个地段地势特殊:一是桃花峪至高村,二是艾山(西)至泺口。由于这两个河段地势的变化影响河流地貌结构,故而影响河道的输沙能力。特分述之。

桃花峪至高村段,该地段大河南北两侧地形隆起,海拔高度 50 ~ 100 m。两者之间为开封槽地,南北宽20~50 km,地势低洼,海拔高度25~50 m,呈东西向展布。其形状为中间宽两头窄,呈梭形,于东明附近形成峡口。

然而,大河纵贯其间,由于槽地地势低洼,且宽阔平坦,流势顿减,因河床宽阔,水流散乱,常分成数股,股间心滩发育,多支岔串沟,是为网状水系。主流不稳定,变动幅度大,特别是洪水期间,忽南忽北,来回滚动,形成游荡性河道。于是,水流滞缓,流速降低,造成泥沙大量淤积。尤其是洪水盛涨时,东明附近峡口泄洪能力不够,形成卡口,使上游宽河段滞洪,则泥沙淤积更为严重。这就是下游黄河河道粗泥沙淤积量近85%落淤于此河段之原因所在。同时,也是下游黄河唯一淤积中细泥沙之河段之缘由之所在。

艾山(西)至泺口段,该段河道原为大清河故道,河床低于地面十余米,为地下河,被黄河袭夺后,因流量猛增,泥沙含量增高,并不断淤积改造,在不长的时段内就转化为地上河了。

但,大清河的上游为发源于鲁山的大汶河,源近流短。当大汶河出山后穿越东平湖,流势顿减,再行河于泰山西缘之边缘地带,地势平缓,流势进一步减弱。于是,水流迂回辗转于山麓平原,形成弯曲性河道,这就是该河段弯曲性河道之由来。然而,黄河继承了大清河的故道,虽有所改造,却并未摆脱其固有河型的窠臼,仍然是河道窄狭弯曲。故此,下游弯曲性河段的形成,并非大河所塑造。

由于该河段河道弯弯曲曲,流程延长,纵比降减小,输沙能力降低。因此,粗泥沙落淤竟占下游黄河全段该类泥沙淤积量的8%,这个比值不算小。因为水流至此,粗泥沙含量已经大为降低,淤积比值还有如此之高,可见弯曲性河段输移粗泥沙能力不强。不过,水流含沙以中细泥沙为主时,则河道出现冲刷现象。显然,这与河道狭窄束水攻沙有关。那么,弯曲窄狭河道输移细泥沙能力还是比较强的。

由于下游黄河行河地带地貌结构复杂,河道形成发育受其控制,故而河型变化大。从上游游荡性的宽河,到下游演变成弯曲性的窄河,对河流行水输沙自然产生重大的影响。尤其是对高含沙洪水行洪能力的影响则更加重大。每逢汛期,该类洪水流经不同地貌类型河段的联接部位,由于河道收缩而形成卡口,洪水排泄不畅而壅高,从而加重上游河道的淤积。此类现象屡见不鲜,乃是造成河道纵比降不断衰减的重要原因。

据20世纪七八十年代黄河水利委员会所测绘的下游黄河剖面资料研究,各河段纵比降的变化状况如表5-1所示。

表5-1　下游黄河20世纪70~80年代河道纵比降变化状况

河段		河道纵比降(‰)		
名称	距离(km)	70年代	80年代	年均淤积衰减值
花园口至东坝头	135	2.03	1.78	0.025
东坝头至高村	70	1.72	1.50	0.022
高村至艾山	160	1.48	1.12	0.036
艾山至宁海	346	1.01	0.90	0.011

据表5-1展示的数据剖析,下游黄河纵比降随河道泥沙淤积而迅速衰减,从而使河道

输沙能力随岁月的迁移而日益减弱。依据 20 世纪 80 年代河道纵比降,其淤积强度的变化以艾山为界,区分两大段:花园口至艾山,为较强淤积性河段;艾山以下,为强烈淤积性河段。若按河道纵比降年均淤积衰减值推算,若黄河来沙量一如既往,而又不采取治河的特殊措施,则下游黄河河流特性将出现下列重大变化,花园口至高村段,大致在今后数十年内进入强烈淤积期;高村至艾山段,进入强烈淤积期的时间更短。那么,河道输沙能力会严重削弱,而开始进入衰亡期,粗泥沙将难以输移而大量淤积于河道。北宋与清代黄河故道之所以快速淤积,其因盖此。今艾山以下河段输移粗泥沙的能力不断减弱,亦可作为佐证。

　　2)行河地带地壳结构与构造活动对河道稳定性的影响

　　古今黄河自孟津东流进入华北平原,即步入了中新生代以来强烈下沉的沉降平原。尤其是禹河形成之后,除南宋至明清大河泛流于黄淮平原外,其余的漫长时段却行河于第四纪以来强烈张裂陷落的海黄裂谷。因此,就整体而言,大河行河于华北平原地质环境恶劣,不利于河道稳定。加之自晚全新世起黄河流域气候温湿与凉干演替频繁,致使水沙来量不均,忽大忽小,年际变差系数大,造成冲淤不平衡,严重威胁河道的稳定。然,大河自宿胥口改道行河于华北中东部平原。在初始出现堤防之日起,迄今历时约 2 600 年,而真正安流稳定期总计不超过 790 年,仅占行河时间的 30%。由此可知,大河河道大部分时间处于不稳定与半稳定状态,这就是大河之所以难治的症结所在。如不扭转这种被动局面,所谓根治黄河又从何谈起呢?!

　　今下游黄河,自郑州而东行河于海黄裂谷东南部边缘,南临黄淮断块,东靠泰山隆起,西濒内黄断隆。为此,大河主要镶嵌于裂谷沉降带。可是,由于裂谷深部岩浆强烈活动及地壳的强烈构造运动,壳体产生差异性断裂变形,出现两种不同型式的断裂构造,一是块状活动断裂,二是线状活动断裂。两者相伴而生,使域内构造异常复杂,严重危及河道稳定。其中,两个河段比较突出,一是花园口至艾山(西),二是艾山(西)至济阳。由于大河自孟津东流,于郑州花园口进入黄骅裂谷带南段之开封裂谷槽地,继之于东明高村斜切菏泽断隆,继之又横切济阳裂谷带南段郓城槽地。尔后,于艾山(西)开始穿越泰山隆起,于济阳再度进入济阳裂谷入海。

　　就行河流路而言,总是盘桓于沉降带与隆升带之中,由于各河段地壳升升降降,河道纵比降不断调整,从而影响水流特性与输沙能力。特别是行河时间越长,地壳升降差幅越大,对河道稳定性影响也越大。关于上述两河段存在的工程地质问题分述如下:

　　(1)花园口至艾山(西)段。本段的主要工程地质问题乃是断裂构造差异性运动对河道稳定性的影响。

　　段内断块的组合特点:中部为菏泽断隆,其东西两头分别为郓城与开封裂谷槽地。由于裂谷槽地深部地幔隆升,岩浆强烈活动,并侵入地壳,产生强大的上举力,使裂谷槽地地壳上拱,当岩浆上涌时,向两侧扩张,产生侧向推挤,则中部菏泽断隆成为压应力集中带,于下地壳深部贮集巨大能量,成为破坏性大地震的动力源。菏泽破坏性地震带就是在这样的地质背景中形成的,且于 1937 年 8 月发生 7 级强烈破坏性大地震,可为其例。

　　地壳隆起,则顶部形成张应力集中带。若拉张力超过壳体抗拉强度,便张裂陷落,所产生的牵引力使裂谷两侧出现阶梯状断落,从而形成密集的张性壳层断裂。譬如,东坝头至艾山（西）段之泰山、聊兰等四条壳层张性活动断裂带，乃是开封与郓城两裂谷槽地强烈张裂陷落的产物。

与此同时，在主张断裂诱导下产生众多派生断裂，其中以北西西与北东东向共轭剪切断裂最为发育。尤其是北西西向压剪性断裂，对河道稳定有明显影响。它的水平剪切运动，使河道产生横向位移，大河于兰考附近由东流急转弯折向东北，就和北西西向断裂的活动有关。其原因不在于大河决溢于铜瓦厢而北泛，而是开封裂谷槽地轴向于兰考附近由东西向折向北东，使槽地呈弯月形。然，这种弯月的形成与北西西向断裂剪切运动息息相关。因为远在铜瓦厢决口前，其西侧已存在弯月形洼地，大河决溢后自然流向洼地。即使是今日，该地带的地势仍然受基底构造与古地势的控制。

纵观上述，该河段存在两种断裂构造型式：一是块状，二是线状。块状者的活动方式，既具水平扩张又有垂直差异运动，这对地壳稳定来说，极具破坏性。然，线状断裂也同样具有巨大的破坏性。因为，域内不仅纵向断裂十分发育，横向断裂也为数众多，两者纵横交错，形成了网格状断裂系统。当这两种类型的活动断裂汇集于一区，则地壳的完整性自然遭到严重破坏，构造域也因之长期处于不稳定状态。那么，流经此地段的黄河又怎能稳定呢?! 故此，高村至艾山（西）段河势变化无常，水流紊乱，显然与域内复杂的断裂构造强烈活动有关。该河段之所以成为下游黄河的软肋，即通常所说的"豆腐腰"，其因盖此。

（2）艾山（西）至济阳段。大河于艾山（西）脱离裂谷而穿越泰山隆起。艾山（西）至济阳段的主要工程地质问题为地壳差异性形变对河道稳定性的影响。

据地震部门大地测量成果展示，该地带地壳年均形变速度：泰山隆起，1953～1972年，4.1 mm/a，1968～1982年，3.6 mm/a；济阳裂谷槽地，1953～1965年，−4.2 mm/a，1968～1982年，−3.6 mm/a。然而，郓城裂谷槽地无实测资料，据全新世沉积物厚度推算，年均沉降速度−2 mm/a左右。

纵观上述，地壳形变速度，泰山年均上升4 mm左右，而郓城裂谷槽地则年均下降2 mm，两者呈反向运动。随着时间的推移，上游地势则不断降低，而下游则与此相反。那么，河道纵比降也随之不断衰减，行洪与输沙能力亦因之而不断降低。对于多泥沙的黄河来说，河道输沙能力日减，淤积强度日增，河床将不断淤积升高，其稳定性自然随之而降低了。

三、下游黄河堤防工程地基稳定性

自战国以来，正常行河的黄河，多半靠堤防约束水流。而且屡决屡泛，并出现多次溃决大迁徙。那么，决溢的缘由除水流冲决或漫溢堤防外，还有无其他的自然原因呢？例如，堤基的稳定受自然力的破坏而引起堤防溃决，史书无记载，无从知晓。这类问题在科学不发达的古代是不可思议的，自然不会有记述。即使是今日，又有多少人重视这个问题呢？

然而，地壳是河流的载体，壳体的种种变化影响河流（包括堤防等建筑物）的稳定。只有地基坚如磐石，上层建筑物才会安然无恙。可是，黄淮海平原的情况并非如此。当然，不能说没有开展这方面的研究，不过所做的工作多半是表面文章，而涉及深层次的问题则不甚了了。

作者的研究只是初步的、宏观的，或者说提出了问题，同时，也指出了问题的所在及其危害性。至于更高层次与更深入研究只有留给后人了。因为要做到这一步非个人力量所能企及。在这里仅就下列三方面的问题对大河堤基稳定性的破坏叙述其梗概。

（一）断裂活动对堤基稳定性的破坏

东坝头至艾山（西），为活动断裂集中带，在行河范围内有三条北东向壳层张性断裂会交于黄河，其中的聊兰断裂，自兰考起与黄河平行而贴近黄河，至鄄城斜切黄河北延。该断裂东侧抬升，西侧下降，使濒黄河一侧的壳体形成阶梯状断落带，并向西侧裂谷槽地牵引陷落，这对堤基的稳定性说来是很危险的，特别是受主张应力的导引而派生的北西西向压剪性断裂的剪切位移，使壳体产生横向错位，对堤基的稳定性破坏尤巨。

另外，鄄城裂谷槽地东侧的泰山断裂及其西侧的鄄（城）成（武）断裂，均为阶梯状，两者相对错落（地堑式），使鄄城陷落成槽地。不过，两者均横切黄河，虽对堤基的稳定有破坏性影响，但，远不及聊兰断裂危害性那么巨大。

（二）砂土地基渗透形变对堤基稳定性的破坏

西汉以来，大河多次迁徙泛滥。尤其是金元至明清黄河大肆南泛，鄄城以西广大地区存留众多的古河道。除少数露于地表外，大部分浅埋于地下，然，河道淤积物主要为中细砂或粉细砂。今大河两岸缕堤无不横穿众多的古河道，特别是绵亘于平原的地上悬河，居高临下，当河水渗入地下，自然汇集于古河道而形成集中渗流带。每当渗流速度大于管涌临界流速时，常常产生潜蚀性管涌，从而破坏砂土堤基的稳定。况且，郑州至鄄城段为构造不稳定与次不稳定域，地震基本烈度大于 7 度，大大超过砂土地基抗振动液化临界值。以往域内多次发生 6 级以上地震时，砂土地层多出现冒水喷沙现象而引起地面陷落。为此，埋藏于大堤底部的古河道，乃是威胁堤基稳定的重大隐患。

（三）软土地基滑动形变对堤基稳定性的破坏

自郑州至河口，有三个河段为淤泥质软土集中分布区：一是郑州至开封，二是东坝头（北）至鄄城（西），三是高青至河口。此三个河段软土分布区，前两段软土的成因为河湖沼积相，以湖沼积为主，时代属全新世，厚 15～20 m。其沉积物组成为粉细砂与淤泥质黏土互层。淤泥质层有机质含量一般为 10%～40%，多为中等压缩性土，内摩擦系数小于 0.5。为此，该类土层抗滑稳定性差。特别是遭遇高强度破坏性地震，易使堤基产生剪切滑移。历史上黄淮海平原发生 7 级以上的大地震，凡极震与严重破坏区埋藏有此类土层者，多出现地胱与地滑现象。尤其是严重喷水冒沙地区，这种现象更为突出。由此可见，此类土层抗震抗滑强度是很低的。

另外，高青以下河段的软土层，为全新世河海交互堆积。土层结构为粉砂夹淤泥质黏土与泥炭层，厚 12～14 m。然而，泥炭层压缩性强，1969 年发生渤海 7.4 级地震，震害波及黄河河口段，除出现堤身与大堤内外地面裂缝、喷水冒沙外，还使部分堤段下沉，沉陷量达 5～15 cm，且部分堤防建筑物发生水平错位。看来这些现象的产生可能与软土地基振动压缩及水平滑动有关。

然而，下游黄河沿程软土分布区，以东坝头（北）至鄄城段堤防建筑物所受威胁最大。因该地段地震基本烈度为 7～9 度破坏区，同时又是可能发生强烈破坏性地震的菏泽与内黄两断隆，隔槽（开封裂谷槽地）遥遥相望的危险地带。为此，如何确保该河段堤基的稳定，是值得进一步深入探索研究的。

第六章　黄河的治理开发

第一节　历代治河方策

一、远古治水的传说

(一)鲧障洪水

传说"鲧作三仞之城"(《淮南子·原道训》)以障洪水,"九载绩用弗成"(《尚书·尧典》),结果失败了。

(二)禹疏导洪水

禹治水,乃是"开九州,通九道,陂九泽,度九山。"(《史记·夏本纪》)。采取疏通之策,导流入海,洪水遂平。

然而,后世论治水,多主张师禹而不师鲧。事实并非如此简单,姑且不讨论史籍是否可靠。因为所有记述均来源于传说,而非史实,无从考证,何能判断其真伪?! 不过,据作者实地调查研究,禹河为地下河,宿胥口决徙前无泛流改道形迹。只是淇县至安阳段发现多处泥石流冲入故道的遗迹,即太行山前洪积扇已侵入该段禹河故道。那么,由于泥石流入侵,部分河段断面变窄,泄洪能力降低,上游段洪涝成灾是很有可能的。

又据近几十年来的考古发掘,禹河沿程龙山文化(距今4 000～5 000年)村落遗址有两处,一是新乡,二是汤阴,距大河均只有数里之遥,可能受到洪水盛涨的威胁。鲧有可能率众筑土埝防护村落,终因水势过大而失败。但,由于原始社会生产力低下,抗御黄河大洪水非当时社会力量所能及,又怎能责备鲧治水无方呢? 更不应因此而遭杀身之祸。至于禹治水"通九道,度九山"的解释,也许是大河淇县至安阳段多处被泥石流堵塞,禹率众疏浚拓宽,使之排泄通畅,故而"陂九泽"。

由于禹治水之际,属于原始公社末期,人烟稀少。鲧禹所在的嵩部落,虽然是当时社会的一个大部落,可是人力资源毕竟有限。处于新石器时代,生产工具落后,生产力低下,治理黄河这样的大河,谈何容易! 故,禹治水,"劳身焦思,居外十三年,过家门,不敢入。"(《史记·夏本纪》)。"身执耒臿,以为民先,股无胈,胫不生毛,虽臣虏之劳,不苦于此矣。"(《韩非子·五蠹篇》)。经过如此艰苦的奋斗,才将大河疏通,使水由地中行(《孟子·滕文公下》)。

然而,鲧禹治水之策,孰劣孰优,难以定评。因为治水之策无它,非堵即排,或兼而用之,视情况而定。此所以鲧禹治水的故事流传至今而不泯灭者,其因盖此。

二、中近古治河方策

堤防之作始于战国,但,受鲧禹治水成败论的影响,从那时起历代在讨论与制订治河方策时,"拦"与"排"总是纷争不已。可是,事实多半是"拦"与"排"兼而用之。不过,在采用堤防方面历朝历代还是有所不同的。

譬如战国,沿黄主要诸侯王国有齐、赵、魏,而齐居河之东南,地势低,洪水盛涨则受威胁,于是,筑防洪堤以护其境。齐为堤则逼水犯赵、魏,赵、魏亦为堤以障洪。此战国堤防之由来。由是观之,战国之堤防多属于防漫滩洪水的短堤,并不具备约束整个水流的功能。同时也说明战国时大河尚未完全发育为地上河。

又如汉代至北宋,从汉代起,中国的封建社会开始进入兴旺发达期,不仅人口迅速增长,社会生产力也大为提高,尤其是科学技术蓬勃发展,铁器已成为工农业的主要生产工具,这就使大力开发利用华北平原的土地资源不仅必需,而且可能。与此同时,宿胥口改道后的黄河,经过近400年行河,因泥沙淤积,河势开始恶化,已渐渐转变为地上河,游荡性增大,自然危及沿河人民生命财产的安全。于是,西汉前期即沿大河两侧筑长堤约束水流,使之不得恣意泛流,这就是千里金堤的由来。并开创了缕堤御水的先河,直到北宋仍承袭之,所不同者唯河工建筑物随时代的演变与科学技术进步不断改进与提高,而治河理念是一脉相承的。

再如金元至前清,这个历史阶段,华北大地长期处于战乱。异族入侵,峰烟四起,逐鹿中原,敌对各方均以水挡兵,掘河淹敌。于是,黄水横流,恣意泛滥,河无宁日,民无宁日,沿黄人民怎能安居治河? 及至明代,国本稍固,治河之举遂起。但,统治者不顾客观实际,而强调朝廷利益,治河宗旨以保漕运为主。为防止大河东泛冲断运河而损漕运,故而前期治河之策乃北堤南疏,逼河南流。结果,河患之多与金元两代无异。

明代后期,万恭、潘季驯等主持治河事宜。虽治河宗旨仍以保漕运为主,但治河方策则采取"两岸皆堤,集水于一槽"。同时,创建了遥、缕、隔、月堤防系统,对巩固堤防来说是有益的。特别是强调"束水攻沙"之举,说明潘氏已认识到治沙是治河的重要一环。毋疑,治河理念是有所发展的。尽管"攻沙"成效有限,但开启了治河需治沙的先河,应该说是一个创举。

虽然,明清两代不遗余力治河,所费甚巨,而收效甚微,且河势每况愈下,水患频仍,最终还是免不了改道东徙。其故安在? 要害在于:治河者不顾行河地带的地质条件是否利于行河,而是人为地逼水南流,违反了大河行河的自然规律,遭到大河报复,就是理所当然的了。此可说明,这样的治理,并非治河,而是乱河,其得失岂不是不言自明了,后世治河者应引以为戒。

三、近代治河方策

铜瓦厢决口,大河东泛,这个时期恰逢晚清多事之秋。不仅政府腐败,而且战祸连年,日甚一日。加之外寇大举入侵,国势危殆,谁还顾及治河? 故而河泛达30年之久。尔后,沿河居民自发修埝保护家园。那时清政府所谓治河,只不过是将民埝连接起来,增高培厚而已。由此可见,此时此际有何治河方策可言。

及至民国,国民政府的腐败与满清政府无异。虽有治黄机构,形同虚设,涉及治河事业无人问津。加之战乱不已,先是军阀混战,后是日寇入侵,无不以水当兵,或毁堤修筑工事。如此所作所为,大河焉能言治? 更有甚者,1938年为阻日寇西犯郑州,国民党军队于花园口决堤,大河因而大举南泛夺淮,而泛滥竟长达11年。直到1947年花园口堵口,大河才回归故道东流,水患乃平。

第二节　当代黄河治理开发方策

一、当代黄河治理开发的基本方针

今治理开发黄河的基本方针,归纳起来就是一句话:"除害兴利"。要害在于如何认识"害"与"利"的辩证关系。首先要强调治黄的主要任务是除害。害不除何以言利? 因此,兴利是寓于除害之中的。"害",主要存在于下游。那么,治黄的重点应该在下游。如果下游黄河稳定问题解决不了,不管上游怎么治,也是无济于事的。虽然黄河治理需上下游同时动手,但是,消灾除害的重心应摆在下游,否则会本末倒置。近50余年来对黄河治理开发可分下列两个阶段。

(一) 黄河治理开发规划的制订与实施阶段

自中华人民共和国成立之日起,对黄河的治理就非常重视。不仅设立了治黄的专门机构,而且从1950年起就大力开展黄河流域地形、地质、水文、气象、土壤、植被、社会经济、土壤侵蚀等多方面的调查研究,并将资料汇编成册。

1953年成立黄河规划委员会,负责主持黄河治理开发的规划工作。并于1954年编写了"黄河治理开发规划"报告,称为《黄河综合利用规划技术经济报告》。有关《黄河综合利用规划技术经济报告》的主体内容与指导思想述之如下。

1. 规划范围

规划河段主要是龙羊峡至海口段黄河干流,龙羊峡以上河段未列入规划,对少部分支流提出了建库的初步要求。另外,对防洪、灌溉及电力利用等方面影响所及的地区,也作了适当的研究与列述。

2. 规划任务

明确提出治理黄河的主要任务,不仅要从根本上治理黄河水害,而且要同时制止黄河流域的水土流失和消除黄河流域的旱灾。尤其要充分利用黄河的水资源进行灌溉、发电和通航,促进农业、工业和运输业的发展。总之,要彻底征服黄河,改造黄河流域的自然条件,以便从根本上改变黄河流域的面貌,满足社会主义建设时期国民经济对于黄河资源开发的要求。

3. 规划指导思想

黄河中下游旱涝灾害的要害在于没有能够控制水和泥沙,不解决洪水和泥沙的控制问题,就不能解决黄河的灾害问题,只要能够控制黄河的洪水和泥沙,就能除害兴利,造福人类。据此,提出了从高原到山沟,从支流到干流,节节蓄水,分段拦泥,尽一切可能把河水用在工业、农业和运输业上,把黄土和雨水留在农田上的规划思想。其措施之一就是在黄河的干流和支流上修建一系列的拦河坝和水库。依靠这些拦河坝和水库,拦蓄洪水和泥沙,防治水害,调节水量,发展灌溉和航运,建设一系列不同规模的水电站,取得大量的廉价动力。

4. 黄河干流工程的布局

黄河综合利用规划包括远景和第一期工程两部分。远景计划的主要内容:"黄河干流梯级开发规划",计划在黄河干流上修建46座拦河坝,黄河改造成梯河。具体部署:龙羊峡至桃花峪段建坝44座,桃花峪至济阳段建2座。

至于选取第一期工程的目的在于:首先解决黄河防洪、发电、灌溉和其他方面的迫切问题,故而选择三门峡、刘家峡两座综合性水利枢纽和青铜峡、渡口堂、桃花峪三座灌溉为主的枢纽工程作为第一期开发对象,要求在1955~1967年内实施。

5. 规划评估

黄河干支流一系列的水坝建成后,下列问题将获得解决。

1)黄河洪水灾害可以完全避免

三门峡水库可以把黄河最大洪水流量由37 000 m³/s减至8 000 m³/s,可以经过山东境内窄河道安然入海。黄河泥沙由于受三门峡及其以上干支流水库的拦蓄,下游河水将变为清水,河身将不断刷深,河槽将日趋稳定。下游人民各种防洪负担将来都可以解除。然而,刘家峡水库修成后,把黄河最大洪水流量8 330 m³/s减至5 000 m³/s,兰州及宁蒙河套地区可免除水灾。

2)利用黄河干流46座拦河坝可装机2 300万kW

46座拦河坝的电站年平均发电量为1 100亿kW·h,则青、甘、宁、蒙、晋、陕、豫、冀等省(区)的工业、农业、交通运输业得到廉价电源,促使广大地区电气化,为国家节约大量燃料用煤。

3)扩大耕地面积,在支流上修建水利工程

整修和兴修一系列渠道和其他灌溉工程后,灌溉面积可由1954年的118.8万hm²扩大至760万~786.7万hm²,占黄河流域可灌溉面积1 186.7万hm²的65%左右,其余35%土地灌溉问题,因黄河水量不足,除依靠井水和雨水解决一部分外,还需从邻近流域引水补给。

4)发展航运

在46座拦河坝修成并安装过船装置后,黄河中下游可全线通航。500 t拖船可由黄河入海口航行至兰州。

5)水土保持

在实行上述阶梯开发计划的同时,必须在甘肃、陕西、山西三省和其他黄土地区展开大规模的水土保持工作。按照各侵蚀类型区的具体情况,采取农业技术措施、农业改良土壤措施、水利改良土壤措施、森林改良土壤措施等进行治理。这一计划实现后,黄土区域的面貌将大为改变,农林牧业生产将大为增加。

6. 规划的实施

黄河规划提出的第一期工程,至1970年已建成刘家峡、青铜峡、三盛公(取代渡口堂)及三门峡四项工程。超额建成者有盐锅峡水电站。1975年与1977年又分别建成八盘峡与天桥两座水电站。原定桃花峪枢纽未按坝址兴建,1958年建花园口枢纽工程代替之。同时,还于1958年建成了远景工程位山枢纽。然而,后两者均于1963年破除拦河大坝而停用。

至于三门峡水利枢纽工程,虽于 1961 年建成投入运用后,因潼关以上库段淤积严重,尤其是渭河库段库尾淤积回水壅高,威胁西安,不得已改变水库的运用方式,由原设计"蓄水拦沙"改为"滞洪排沙",并两次进行改造,增大泄流排沙设施。同时,只能低水头运用,一般情况下水库回水不过潼关。

7. 规划存在的主要问题

由于我国首次编制河流治理规划,对问题的复杂性认识不足,缺少经验,特别是像黄河这样复杂的自然环境的河流,许多问题的认识本来就很不容易,不可能在一两年内搞清楚。如此匆忙地编制规划,盲目性在所难免。通过工程实践所暴露出来的问题如下。

1) 黄河控制性水利枢纽工程的选址多有不当

干流水利枢纽工程坝址多选在峡谷上口,以开阔的川地为水库,淹没损失大,不符合我国人多地少、良田更少的国情。另外,平原型水库库盘纵比降小,而黄河又是世所罕见的多泥沙河流,一旦建库蓄水,泥沙大量淤积。尤其是平原库段淤积的泥沙,不易排泄,往往造成难以预料的严重后果,如三门峡水库泥沙淤积问题就是很好的例证。虽然,该水利枢纽工程经多次改建,并取得一定的成效,但,水库改变运用方式,使黄河中下游一系列除害兴利的迫切问题不能很好的解决,延缓了治理开发黄河的进程。

2) 对干流整体性开发认识不够,缺乏全面的系统分析

规划将各河段割裂开来,分别拟定其开发任务,不符合黄河上中下游除害兴利紧密联系、相互制约的客观情况,因为黄河的主要特点是水少沙多,水资源主要产自上游。故此,上游水库对径流的调节不仅影响该河段,而且关系到全河,中上游控制性水库工程必须根据治理开发黄河的全局需要,统筹考虑,相互配合协调,合理确定开发任务与开发程序,以便取得除害兴利的最大效益。不能只考虑局部河段的开发需求,而不顾全局利益。

3) 对黄河中游段中生代红色岩系建坝的工程地质条件评价不准确

中游河口镇至禹门口及三门峡至桃花峪河段,当时认为砂页岩地区不能修建高于 40 m 的混凝土坝。修建土石坝则因河谷狭窄,洪峰流量大,施工导流及泄洪建筑物布置困难,因而将绝大多数梯级工程都布置为中低水头的径流电站,并列为远期开发工程,造成三门峡水库孤立无援的被动局面,不能满足除害兴利治理开发黄河的总体安排和国民经济发展对水利水电建设的要求。

(二)黄河治理开发规划的修订阶段

1954 年编写的"黄河治理开发规划"经过 30 年的实践,暴露出不少问题,必须修订。同时,对黄河流域自然环境经过几十年深入研究,积累了大量资料,认识上也有了很大提高。这就为规划修订奠定了理论基础,并提供了必要的科学依据。于是,1984 年国务院批准了《修订黄河治理开发规划任务书》的要求,从而开展了规划的调整修订工作,并确定调整原则如下:

(1) 以 1954 年规划的工程布局为基础,根据国民经济发展对黄河治理开发提出的新要求及各方面情况的变化,统筹兼顾,力争使调整后的工程布局能更好地服务于沿黄地区经济的发展。

(2) 根据黄河水少沙多,水沙异源,上中下游除害与兴利联系紧密,相互制约的特点,运用系统分析观点,坚持将黄河上中下游、左右岸及除害与兴利的各个部门作为一个有机

整体统筹考虑,使调整后的干流工程布局更具系统性和完整性。

(3)在尽量减少耕地淹没的同时,尽量利用上中游峡谷河段的有利地形,修建高坝大库,充分发挥干流骨干工程对水沙的联合调节作用。

基于上述三项原则,对黄河干流枢纽工程的部署做了如下调整。

1. 各河段枢纽工程的调整

1)龙羊峡至河口镇段

将1954年规划布置的19座梯级枢纽工程调整为26级,即龙羊峡、拉西瓦、尼那、山坪、李家峡、直岗拉卡、康扬、公伯峡、苏只、黄半、积石峡、大河家、寺沟峡、刘家峡、盐锅峡、八盘峡、河口、柴家峡、小峡、大峡、乌金峡、大柳树、沙坡头、青铜峡、海勃湾和三盛公。全部梯级建成后,可获得总库容464亿 m^3,利用水头1 263 m,发电装机容量1 611万kW,年发电量593亿kW·h。

2)河口镇至桃花峪段

1954年规划共布置25座梯级枢纽工程。除三门峡为以防洪为主的综合利用枢纽,桃花峪为灌溉壅水枢纽外,其余均为中、低水头电站。为了更好地适应黄河除害兴利的各项迫切要求,尽量利用峡谷河段的有利地形修建高坝大库,进一步控制和调节黄河洪水泥沙,同时考虑水库泥沙淤积上延对梯级水位的影响,将原规划的25个梯级枢纽合并调整为10级,即万家寨、龙口、天桥、碛口、古贤、甘泽坡、三门峡、小浪底、西霞院和桃花峪,该布局方案可获得总库容543亿 m^3,利用水头666 m,发电装机容量882万kW,年发电量269亿kW·h。

3)桃花峪以下河段

为了有利于排洪排沙,桃花峪以下河段不再布置拦河枢纽工程。

2. 干流枢纽工程总体布局

1)枢纽工程的布局

龙羊峡至桃花峪段,调整后的枢纽工程共布置了36个梯级,总库容1 007亿 m^3,比原规划多9亿 m^3,长期有效库容505亿 m^3,相当于黄河花园口站多年平均天然径流量的90%。共利用水头1 930 m,发电装机容量2 493万kW,年均发电量862亿kW·h,利用水头和年发电量分别比原规划少182 m和186亿kW·h。淹没耕地比原规划少11.3万多 hm^2。

2)总体布局特点

规划修订后的干流工程布局,高坝大库与径流电站或灌溉壅水枢纽相间布置,形成以龙羊峡、刘家峡、大柳树、碛口、古贤、三门峡和小浪底七大控制性骨干工程为主体而较完整的综合利用工程体系。虽然,七大骨干工程的开发任务各有所侧重,但彼此之间联系紧密,相辅相成。同时,又具有较大的综合利用效益,是全河水沙调控体系的重要组成部分。龙羊峡、刘家峡、大柳树三座骨干工程联合运用,构成黄河水量调节工程体系的主体。碛口、古贤、三门峡、小浪底水利枢纽联合运用,构成黄河洪水和泥沙调控工程体系的主体。然,水量工程调节体系和洪水、泥沙调控工程体系相互配合,可以更好地适应黄河水沙特性和治理开发要求,使黄河径流得到较好的调节利用,满足沿黄城市和工业基地的供水要求,可提高黄河沿岸灌区的供水能力,扩大灌溉面积。水库群防洪、防凌联合运用,使兰州和宁蒙河段防洪标准分别达到100年一遇和50年一遇,黄河下游段防洪标准有较大的提高,基本消除内蒙古和山东段凌汛的威胁,碛口、古贤、小浪底三座骨干水库可拦泥沙401亿t,可以减少禹门口至潼关段淤积量54亿t,减少黄河下游河道淤积215亿t。

二、当代黄河治理开发的成就

近几十年来,不仅黄河治理开发取得巨大的成就,而且黄河流域自然环境与资源调查研究也是硕果累累,令人称羡。兹将这两方面所获得的成就简述之。

(一)自然环境与资源调查研究的成就

自中华人民共和国成立以来,水利部、地质部、中国科学院及黄河水利委员会等部门,组织力量对黄河流域的自然环境与资源进行了大规模的调查与观测研究,取得了丰富的第一手材料。这些材料对国家国民经济建设布局与决定治黄方针和对策是必不可少的。兹将这方面的调查研究所获得的成就分别述之。

1. 水文泥沙调查研究

黄河流域为干旱与半干旱气候域,降水时空分配不均,且季节与年际变化大,降水主要集中于7~9月,多为暴雨。加之中游又广泛被覆黄土与风沙,形成黄土与沙漠高原。当暴雨集中于黄土高原或沙漠高原时,往往形成高含沙洪水,对黄河下游河道与水库造成严重淤积,甚至威胁大河的安全。历史上黄河之所以洪涝频仍,称为"害河",成为中国人民的心腹之患,问题就出在这里。为此,加强黄河的水沙调查与观测研究,适时掌握流域水情与沙情的变化状况及其搬运规律,对制定治黄方针与决策说来,是不可缺少的重要的科学依据。正因为如此,近几十年来有关这两方面做了如下大量调查与观测研究,并获得丰硕的成果。

1)水文调查与观测研究

黄河流域水文观测工作开展较晚,民国元年(公元1912年)才在泰安建立第一个雨量站,1915年在大汶河南城子设立第一个水文站,1919年先后在陕县、泺口设立黄河干流水文站。至1949年,黄河流域已建雨量站45个,水文站44个,水位站48个。

中华人民共和国成立之日起至1990年,全流域已建水文站451处,渠道站129处,水位站60处,雨量站2 357处。

另外,从20世纪50年代初开始,对黄河干支流多次进行历史洪水调查和古洪水研究,获得了一大批极为珍贵的调查资料。如黄河干流1843年陕县洪峰流量36 000 m³/s,开封黑岗口1761年洪峰流量30 000 m³/s,伊河龙门镇223年洪峰流量达20 000 m³/s,沁河九女台洪峰流量14 000 m³/s等。这些资料对制定黄河下游防洪标准、规划与建设防洪工程体系发挥了重大的作用。

还有,从1952年开始,对1953年以前的全部水文资料进行了系统整编,并于1956年按国家水文年鉴的格式与要求刊印出版。并从1954年开始,逐年整编刊印水文年鉴。

2)土壤侵蚀调查与泥沙观测研究

黄土高原与沙漠高原为黄河泥沙的主要产区。20世纪50年代初期以来,有关部门及众多的专家学者对该地区土壤侵蚀类型、侵蚀产沙方式、产沙强度、产沙层位与主要产沙区的范围进行了大量地调查研究,特别是对粗泥沙产区进行了深入调查,从而准确地界定了粗泥沙产区位于无定河以北的黄土高原与沙漠高原,而主要产沙层为侏罗白垩系红色砂泥岩、沙漠风砂及晚第四纪黄土。无定河以南则为中、细泥沙主要产区,这就为治黄治沙指明了方向,同时,也为改善黄土高原生态环境而进行水土保持指明了方向。

另外,通过黄河干支流数十年至近百年观测研究,基本弄清了黄河水沙运行规律,例如下游河道多年平均含量为 35 kg/m³,输沙量 16 亿 t 左右,其中,约占输沙量 25% 的泥沙淤积于河道。然而,淤积于河道的泥沙,以粗、中骨架颗粒为主,输移入海者主要为中、细泥沙。

2. 地质、水文地质与工程地质调查研究

1)区域地质调查

原地质部所属单位,于 20 世纪 50 年代初开展黄河流域 1:20 万区域地质调查与矿产普查,至 80 年代已全部完成,并编写了各图幅的地质调查与矿产普查报告,从而为开展流域其他地质研究奠定了基础。

2)区域水文地质普查

20 世纪 50 年代中期至 80 年代末,原地质部所属单位对黄河流域进行了 1:20 万水文地质普查。同时,对重点开发区进行了 1:10 万水文地质普查勘探。通过这些调查与勘探研究,基本查明了域内地下水水质、水量、开采条件及可开发利用的淡水资源量。这就为编制流域水资源开发利用规划与合理分配调度水资源提供了地下水的基础资料。

3)工程地质调查研究

这项工作分两部分:一是河道地质调查与水利枢纽工程地质勘察研究;二是流域区域工程地质研究。前者,20 世纪 50 年代前期,以原地质部为主承担勘察任务,尔后,乃由水利部有关单位负责。在 50 余年的岁月里,为编制《黄河治理开发规划》及水利枢纽工程设计,进行了大量的勘察研究工作,并一一提交了工程地质勘察研究报告,为黄河治理开发发挥了重要作用。

后者,即黄河区域工程地质研究,作者是先行者,在作者的主持与实际参与下,于 20 世纪 70 年代后期开展黄河中游区域工程地质研究,在 20 世纪 80 年代中期完成了此项任务,提交了《黄河中游区域工程地质研究报告》,在原地质部主持下,邀请相关部委与有关单位的代表参与评审,获得通过,后改写为《黄河中游区域工程地质》专著,由中国地质出版社出版,公开发行。

尔后,作者调至河南省地矿局,继续开展黄河下游区域工程地质研究,由于种种人为的原因,研究工作的开展遇到了极大的困难,甚至难以为继。所以,作者退休后,独自继续研究,本著作乃为研究成果。

作者之所以独辟蹊径,以地学为基础,汲取其他相关学科的理论而融会贯通之,目的在于:从更广阔的视野,多棱角观察研究黄河流域自然生态环境的过去、现在和未来的演化规律及其形成机理与控制机制,以便从更深更广的层面认识黄河问题的复杂性,为今后制订黄河治理开发方针与决策提供科学依据。

3. 自然资源调查研究

据近几十年观测资料,黄河全河天然年均径流量 580 亿 m³,其中花园口断面 559 亿 m³,占全河的 96%;兰州断面 323 亿 m³,占全河的 56%。另外,黄河全流域地下水淡水年均可开采资源量 182 亿 m^3 左右。两者合计,黄河全流域年均可开发利用的淡水资源量 762 亿 m^3。至目前为止,流域内年耗水量:农业用水 300 多亿 m^3,工业与生活用水 86 亿 m^3,合计占年均水资源总量的近 51%。加之年输沙入海需水约 200 亿 m^3,则所需水量占总量的 77%。那么,所余水量有限。随着国民经济的迅速发展,耗水量会急遽增加。况且,水资源时空分配不均,保证率又低。因此,流域缺水问题会越来越严重。

4. 能源资源调查研究

黄河流域为我国能源富集区,除水力资源外,煤炭与油气资源异常丰富。

1) 煤炭资源

山西与内蒙古两省(区)已查明的煤炭资源蕴藏量占全国储量的 60% 以上,而山西省焦煤储量占全国同类煤种总储量的 1/2 以上,再加上宁夏、陕西、河南、山东沿黄等省区煤炭蕴藏总量,估计占全国总储量的 70%。根据 20 世纪 80 年代末期统计材料,全国煤炭保有储量(埋深 800 m 以内)为 8 600 亿 t,而黄河流域就有 4 700 亿 t,占 54%。据概查,鄂尔多斯盆地埋深 1 500 m 内煤炭地质储量达 18 000 亿 t。若在技术上能突破深层煤的开采(如气化开采),则黄河流域煤炭资源量将更为可观。

2) 油气资源

黄河中下游流域勘探发现三个油气田,并已投产多年。它们是鄂尔多斯、中原及胜利三个油气田。然而,三者各具特色。胜利油田,气少油多,蕴藏量较为丰富,不仅陆地储油,而且渤海海域新的储油构造不断被发现,是个开发潜力较大的大型油田;中原油气田,为石油与天然气并存的大型油气田,天然气储量居我国已探明气田第三位;鄂尔多斯油气田,总的说来气多油少,已探明天然气储量达 1 287 亿 m^3,进入世界 1 000 亿 m^3 级大气田行列。

5. 固体矿产资源

黄河流域固体矿产资源丰富,包括金属与非金属矿床两大类。

1) 金属矿产资源

金属矿产资源包括黑色金属、有色金属、贵金属及稀有金属等,已探明具有开采价值的矿种达 20 余种。

2) 非金属矿产资源

黄河流域非金属矿产种类繁多,蕴藏量丰富,已探明具开采利用价值的矿种有耐火黏土等 20 余种。

6. 土地资源

黄河流域土地资源丰富,总面积 11.2 亿亩(1 亩 = 1/15 hm^2,下同),占全国土地总面积的 7.8%,人均占有土地面积 13.3 亩。

(二) 水利、水保与防洪工程建设的成就

1. 水利工程建设

水利工程建设内涵,包括水利枢纽、灌溉引排水、供水及河防等工程系统。近几十年来,在黄河治理开发中上述几个方面进行了大规模的工程建设,取得了巨大的成就,为国民经济建设写下了辉煌灿烂的一页,兹分别简述之。

1）水利枢纽工程建设

自20世纪50年代早期开始，即开展了黄河干支流大规模水利枢纽工程建设。至今为止，黄河干流已建成的水利枢纽工程有龙羊峡、李家峡、刘家峡、盐锅峡、八盘峡、青铜峡、三盛公、万家寨、天桥、三门峡、小浪底等。这些工程的完成，不仅在发电、灌溉、供水等方面获得了巨大的效益，而且在防洪、防凌与调水调沙等方面也充分发挥了作用。

另外，黄河两岸主要的大支流，虽未统一编制治理开发规划，而由省（区）自行安排，但目前已建成大中型水库171座。其中，多数为蓄水拦沙、灌溉水库，少数属于综合开发利用的水利枢纽工程，如伊河陆浑与洛河故县两处水利枢纽工程。诸水库与水利枢纽工程的建成运用，所取得的效益基本达到设计要求，为省（区）经济建设与发展发挥了重要的作用。

2）灌溉与供水工程建设

（1）引黄灌溉与渠系工程建设。黄河流域土地资源丰富，尤其是平原与盆地，多为我国重要的粮、棉、油生产基地。加之地处干旱或半干旱气候区，灌溉成为保障农业增产的先决条件。因此，近数十年来黄河流域水利灌溉事业建设发展神速。据不完全统计，有效灌溉面积近7 000万亩，为1949年前全流域灌溉总面积的5.8倍。灌溉引水方式，除支流水系修坝建库引水或建站高扬程抽水外，余则多为渠灌。除干渠设闸放水外，支渠纵横交错，形成灌溉渠系网。

另外，还兴建了几处大型提灌与流域内调水灌溉工程，如景泰提灌工程，渠首位于腾格里沙漠南端，灌区包括甘肃省景泰、古浪两县部分地区，灌溉面积82万亩。然，扬水工程的兴建始于20世纪70年代末，完成于90年代初，建泵站44座，设计提水能力18 m³/s，总扬程1 156 m，最大提水高度602 m，平均提水高度423 m，干渠总长114 km。盐环定扬黄工程，从青铜峡灌区东干渠引水，向盐池、定边、环县送水，解决人畜饮用水与农业灌溉用水，设计流量11 m³/s，干渠总长81 km。固海扬水工程，解决固原、海原等县人畜与灌溉用水，从中宁县泉眼山抽黄河水，引至固原等地，线路长153 km；引大入秦工程，引大通河水灌溉甘肃省皋兰与永登县秦王川，引水枢纽位于天堂寺，坝高10 m，总干渠长93 km，以隧洞穿越分水岭，洞长15.72 km，最大埋深404 m，引水流量32 m³/s。

上述许多灌溉工程的建成，对于促进流域内农业生产的发展与解决极端缺水地区居民生活用水发挥了重大的作用。

（2）城市与工矿业供水工程建设。流域内大中城市及工矿业用水，主要靠黄河干流及其支流供水。迄今为止，年均供水量达30余亿m³。同时，引黄济青（岛），并多次向天津送水，以救燃眉之急。不仅如此，黄河流域为我国重要的能源基地。中下游的煤田与油气田开发均靠黄河供水。为此，黄河供水工程的建设速度与规模都是空前的，而且还在高速发展。

2.水土保持工程的建设

黄土与风沙，质地疏松，抗侵蚀强度低。加之高原暴风骤雨，侵蚀能力强。冬春之际，风暴频仍，强劲的西北风无遮拦地劲吹，卷起地面的尘土与风沙，形成风沙流，滚滚向前，遮天蔽日，难以阻挡。风息则尘埃落定，形成沙丘与沙墙。风再起时，又是风沙流，迁徙靡定，如此往复不已，造成沙漠土壤严重流失。

夏秋之时,大雨滂沱,山洪暴发,泥流滚滚,浊浪排空。汇集于黄河,形成高含沙洪水,奔腾澎湃,直泄下游,成为河道与水库淤积物的主要来源。

为了解决黄河下游河道与水库泥沙淤积,近几十年来采取一系列防止土壤过度侵蚀的治理措施。例如,于黄土冲沟与沟道打坝淤地,或修中小型水库与拦泥库;于黄土梁峁缓坡修梯田,陡坡种草植树等;于沙漠腹地种沙蒿与耐旱植物,边缘地带植树造林,以便形成防风林带。诸如此类的防治措施,据不完全统计,迄今为止,修梯田5 000余万亩,建淤地坝30 000余座,种草植树9 000多万亩;沙漠治理,则采取翻土压沙、引水拉沙与种草造林固沙等。当然,所采取的种种治理措施,对改变当地生态环境取得了一定的成效,这是有目共睹的。然而,对治黄减沙来说,局部可获短期效果。若从全局或长远效益来看,则成效有限,不可寄望太高。因为区域生态环境是受全球气候演变控制的,它的变化周期长。据研究,在相当长的时间内黄土高原与沙漠高原的气候环境不会向好的方向转化。

3. 河防工程的建设

黄河河防工程建设展布于宁蒙、小北干流(包括渭河下游渭南段)及下游。除小北干流段筑堤防洪外,其余两段的任务均为防洪、防凌。然而,主要的河防任务还是在下游,近几十年来所进行的河防工程建设及其成效简述如下。

1)堤防工程建设

下游临黄大堤总长1 397 km。近50余年来已加高三次,每次增高1~2 m。同时,对背河堤脚的潭坑,洼地采用多种方式引洪淤背固堤,减少了渗漏管涌等隐患,从而提高了大堤的稳固性。迄今为止,放淤量累积达2亿余 m^3 ,淤背固堤总长615 km。

然而,为了防止水流直接冲刷堤身,多在临水堤段大堤迎水面修建丁坝、短坝和护岸工程,称为险工,至今已修建险工139处,丁坝、短坝及护岸工程5 184个,工程累计长度315.7 km,占堤防总长的23.6%。

堤防,系由临河大堤与防护工程两部分组成,称为堤防工程系统。

2)河道治理与拓展工程建设

今黄河下游河道的特点:上宽下窄,上直下弯。为了控制河势,使水流规顺,采取了一系列的整治措施。如,疏导护滩、治理滩区及疏浚与拓宽河道等工程治理,取得一定的成效。

3)滞洪工程的建设

今下游黄河的排洪能力:上大下小,河南宽河段堤防标准乃按花园口22 000 m^3 /s洪水流量设防,而山东窄河段防洪标准为10 000 m^3 /s,堤防则按11 000 m^3 /s设防。当洪水流量超过上述标准时则不能全部宣泄。故此,在宽河段两岸分设滞洪区,一是黄河北岸濮阳、范县、台前等县(市)境内的大片天然洼地,南临黄河,北靠金堤,面积2 316 km^2 ,设计分洪流量10 000 m^3 /s,有效滞洪容积20亿 m^3 ;二是南岸东平湖,采取扩展湖区范围增大蓄洪量,并修筑围堤136 km,湖区总面积632 km^2 ,滞洪库容20亿 m^3 ,设计分洪能力11 000 m^3 /s,洪水过后大部分滞蓄水量可回归黄河。

除采取上述种种河防工程建设外,尚利用三门峡、小浪底、陆浑、故县等水库调洪,减轻下游黄河防洪负担。如此,则建成了上下游联合防洪的工程体系。那么,如无意外,遇100年一遇的洪水,在一定年限内可保大河安全度汛。

第三节　黄河治理与开发途径

黄河流域自然环境恶劣,水沙异源,且时空分配不均。而洪水泥沙主要产自中上游,其危害又多集中于中下游。为此,黄河的治理必须着眼于全流域,而且要标本兼治。如果只顾眼前利益,不治本而治标,那是解决不了黄河的问题的。多少年之后问题还会继续存在,甚至更为严峻。然则不治标只治本又当如何? 那也行不通。因为不治标,眼前就过不去,还谈什么未来。所以,治黄正确之道就是标本兼治。这样做恐怕专家们歧见不多。不过,何谓治本? 何谓治标? 理解不同,解释会各有说词,可能是"仁者见仁,智者见智"了,难以统一。

不过,不管怎么治,中上游的洪水与泥沙还是要进入下游河道的。因此,从根本上解决泥沙的出路,使之不至于长年淤积于河道,不但要彻底治愈黄河易淤、易决、易徙的痼疾,而且应能扭转地上悬河不稳定的被动局面,使之转化为地下河,长期稳定而安流。能达到此目的者可谓治本。非此即治标。

原治黄规划与修订后的治黄规划均提到了标本兼治的问题,也进行了一整套的工程建设部署。至于"规划大纲"完成之后能否达到上述目的,难以预料。作者对未来的治黄途径提出下列设想。

一、黄土高原与沙漠高原的治理

近万年来黄河流域经历了三次温湿与凉干长周期的气候旋回性演替,近 2 000 余年来气候正处于第三个旋回的凉干期。因此,中游黄土高原与沙漠高原生态环境恶化,干旱少雨,植被不发育,使黄土与风沙大面积裸露于地表,长期遭受侵蚀,成为黄河泥沙的主要来源区。不仅如此,就连无定河以北广泛出露的晚中生代红色砂泥岩,由于地域气候环境恶劣而强烈风化侵蚀,亦成为粗泥沙主要产区之一。为此,无定河以北的干旱气候域,为黄河粗泥沙的主要来源区,而其以南的半干旱气候域,为黄河细泥沙的主要产区。

另外,在自然生态环境中,植被生长发育与气候分带有明显关系,据作者长期观察研究,黄土高原森林分布乃受气候控制。譬如,多年平均降水量小于 500 mm 的北部黄土梁峁区,为荒漠;多年平均降水量 500~600 mm 的黄土塬梁地区,为森林(包括次生林)生长带。

还有,北部沙漠高原植被生长也同样受大气降水量控制,如多年平均降水量 300~400 mm 分布区,尽管还有移动沙丘裸露,但,种树可以成活,形成了人工林带;多年平均降水量 100~300 mm 分布区,耐旱的矮小灌木与蒿草科植物可以生长,形成活动沙丘与生长植被的半固定沙丘相间展布区;多年平均降水量小于 100 mm 的活动沙丘区,则为荒漠。

诚然,对干旱与半干旱的黄土高原与沙漠高原有效的治理途径,应该开展水土保持,但如何有效地进行水土保持,就大有文章可做了。至少有两个问题需要着重研究:一是水土保持的目的与任务,二是有效的水保治理措施。

先谈谈第一个问题,开展黄土高原与沙漠高原水土保持工作的目的有两个:一是改善生态环境,发展当地经济;二是黄河减沙。近50余年来所开展的水土保持工作,从结果剖析,多侧重前者。虽然,某些治理项目也考虑了为黄河减沙,但数量太少,针对性不强,故而收效甚微。因为,对黄河下游河道危害最大的是粗泥沙,而粗泥沙的主要产区在无定河以北,可是,并没有将其列为治理重点。原因何在? 由于水土保持治理是地方部门组织实施,缺少必要的统筹安排。加之粗泥沙产区,自然环境最恶劣,竟是毫无生机的不毛之地,人烟稀少,工作开展难度大,自然不易调动群众的积极性。若不采取特殊措施,恐怕此项任务是很难完成的。与此同时,还应列为重点防治区。

再谈第二个问题,据资料统计,1949 年前黄河年均输沙量 16 亿 t(陕县站),1950 ～ 1979 年为 16.7 亿 t。两者无太大差别,也就很难说黄土高原水土保持治理在此期间取得多大的成效了,否则,上述两个数据又如何解释呢? 当然,产沙的丰贫具有周期性变化,它与区域气候周期性演变有关。因此,两个数据不能简单地对比,更不应直观下结论。不过,对粗泥沙产区,没有采取有效的针对性防治措施确是事实。首先,对粗泥沙产地没有进行细致的调查研究,特别是没有开展必要的工程地质调查,故而粗泥沙产地的确切范围,产沙层的结构、厚度与特性,侵蚀产沙方式、强度与产沙量,以及所产泥沙的搬运方式、运动规律及控制机制等,均不甚了了,至今也没有深入开展这方面的研究工作。缺少翔实的第一手资料,又怎能编制可靠的防治规划呢?

从当前情况看,最主要的任务是要大力开展调查研究,充分获取第一手资料,为开展防治工作奠定坚实的基础。

二、黄河中上游干流水库的合理调蓄运用

修订后的黄河治理开发规划所部署的 7 大控制性骨干水利枢纽工程中的 4 座,位于河口镇以下的中游河段,设计拦沙总容量达 215 亿 m³。关于这些库容如何使用,很值得研究。如果侧重的是拦多少泥沙,可以为下游河道减少多少泥沙淤积量,从而使河道寿命延长多少年,那就太失算了。因为黄河下游两岸无大型湖泊可调蓄水沙,不管现在和将来,指望滞洪调沙只有这 4 座水库了。因此,要最大限度地扩大这 4 座水库的有效调节库容,把死库容降到最低限度,只有在特定条件下才拦沙,譬如碛口与古贤两库,当洪水来自粗泥沙产区,而且形成了高含沙洪水,就应当拦蓄,以免造成下游水库与河道的严重淤积。

另外,小浪底水库为黄河干流最后一座峡谷型水库,它所肩负的防洪与调水调沙任务,是其他水库所不能替代的。因此,它不仅现在担负调蓄任务,而且还担负长期的调蓄任务。故而,确保其调蓄库容并尽可能扩大之,使之长期发挥调节功能是十分重要的。特别要以三门峡水库运用方式(先拦后排)为殷鉴,从中汲取教益。

三、下游黄河的治理

历代治河,不管拦和排均局限于黄河下游,而且仅仅是治理河道。可是,而今治黄则别开生面,上下游齐治,除害兴利,其成效自然非昔日可比。然而治河实践证明,没有上下游齐治,合理分配任务,让下游河道独撑局面是难以维持大河长期安流的。不过,要维持下游黄河长期安流的先决条件:一是行河地带的地质结构与构造环境是否有利于河道的稳定,无毁灭性地质隐患;二是河流地貌结构与行河地带地势是否有利于河道行洪输沙;

三是河堤是否坚固牢靠而不是百孔千疮,隐患四伏。那么,今下游黄河的状况如何? 它的出路在哪? 特述之。

(一)今下游黄河行河地带的地质隐患

今下游黄河行河于海黄裂谷的东南缘,地势平坦,乃为平原,而且裸露于地表者多为近代沉积物,似乎地质条件很简单。然而,就平原整体地质环境而言,乃大谬不然了。不仅行河地带地质结构复杂,而且断裂构造活动非常强烈,深部岩浆活动又异常活跃,实为高强度破坏性地震频发区。诚然,在地质病害如此汇集地带,悬河基底自然不会平安无事,总括起来有下列三大地质隐患。

1. 块状活动断裂的差异性运动对今河道稳定性的破坏

今下游黄河行河的构造部位,大体以艾山(西)为界,其西,为不均匀张裂陷落的黄骅与济阳裂谷带,年均总体下沉量约 4 mm;其东,至济阳,为不断抬升的泰山隆起,年均隆升约 4 mm。两者呈反向运动,遂使东段下游河道急遽收缩而形成弯曲的窄河道,泄流量降低。然而,西段上游河道则因水流滞缓而形成游荡性宽河道。两者连接部位形成卡口,造成上游河道排洪不畅而回水壅高,使泥沙大量落淤,则河床不断淤积升高而成为地上悬河。与此同时,由于上游河道实际上起到了消能作用,水流进入下游流速减缓,输沙能力降低,亦加大了河道泥沙淤积,使之不断淤积升高而成为悬河。并且,这种不良地质现象将不断发展而人力又无法阻止。随着时间的推移,其破坏性影响将日益显著。更有甚者,它将破坏悬河在发育历程中水沙自行调节,从而使河道冲淤达到极限平衡而形成均衡纵剖面的可能性化为乌有。

2. 线性活动断裂对今河道堤基稳定性的破坏

东坝头至艾山河段活动断裂密布,除大致平行河道的纵向断裂外,横向剪切断裂则更为发育。于是,该地带断裂的展布纵横交错,形成断裂网系统。加之,纵向者为壳层张性大断裂带,以垂向断落为主;横向者为盖层共轭派生断裂,以水平剪切运动为主。两者相互切割,使该河段成为活动线状断裂集中破坏区。不管堤防建筑物怎样布局,都在其破坏范围之内。同时,断裂规模大,属于海黄裂谷系的组成成员。因此,其活动具周期性,与海黄裂谷运动同步。确切地说,系受太平洋板块扩张运动的支配,外来驱动力巨大,活动周期长,破坏能量大。故此,对堤基稳定性的破坏,不管采取何种工程防治措施都无法阻止,唯一的办法就是回避。

3. 高强度大地震对今河道与堤基稳定性的破坏

东坝头至孙口河段,为不稳定域。有史记载以来,曾多次发生 6 级以上的强震,尤其是 1937 年发生 7 级大地震。因此,该地段为高强度大地震频发区,并且属于地震基本烈度 8 度左右破坏区。

据地震部门物理勘探资料,该地域近期深部岩浆活动非常活跃,于开封裂谷槽地形成地幔隆起,而菏泽断隆恰好位于地幔隆起带的东部边缘,为地震能量贮集的主要部位。该构造域具备孕育高强度破坏性大地震的地质条件,如果将来该地区再度发生 7 级的大地震,是不会令人感到意外的。

另外,根据华北平原所发生的 6 级以上强烈地震对地表破坏状况来看,普遍出现地裂、喷水冒沙、建筑物倒塌与坍滑等现象。特别是强度超过 7 级的大地震,在极震与严重破坏区,除出现上述破坏现象外,更有甚者常产生地臌、地陷与地滑等灾难性破坏现象。若这些现象一旦发生于悬河地带,则对悬河河道与堤基稳定性的破坏自然是毁灭性的。

(二)长期维持黄河下游悬河稳定的可能性

高悬于地表的大河,本来就是一条不稳定的河。自堤防工程兴建以来,下游黄河成为悬河共有四次:一是西汉故道,二是东汉故道,三是明清故道,四是今河道。前三条故道成为地上悬河后,其行河延续时间大致维持 130～150 年,衰亡时河道平均纵比降均小于 1‰。当然,古代治河受科学技术与社会生产力的限制,不可能采取强有力的防治与抢救措施。因此,形成悬河后所维持百余年的行河时间也不一定代表悬河的极限寿命。不过,小于 1‰ 的平均纵比降可以作为评估悬河发育阶段的参照值。

然而,下游黄河各河段纵比降由于泥沙淤积而渐次衰减。据 20 世纪七八十年代河道纵比降对比分析,艾山以下河段已进入衰亡期,高村至艾山段临近衰亡期,高村以上河段估计数十年后亦将步入衰亡期。总之,今下游黄河河道的寿命是极为有限的。在正常情况下,如采取各种有效的治理措施减少泥沙淤积,尚可以延长其寿命。不过,受行河地带地质地貌结构的制约,减淤作用有限,不可能挽河道衰亡于寿终正寝之时。纵然采取高强度治理措施,恐怕也难挽救河道的败亡。至于河道何时消亡,则取决于大自然诸多随机因素出现的概率与河道纵比降衰减速度。

(三)下游黄河治理的根本出路何在

当前黄河治理的基本方策是:"上拦下排,蓄清排浊,两岸分滞"。从下游黄河当前行水输沙能力看来,这套治河办法还行得通。不过,当情况发生变化,即下游河道行洪输沙能力大幅度减弱,不要说大洪水,就连中小洪水来临也难保安全时,下排恐怕就成问题了,何况上拦的控制作用毕竟有限。譬如,水土保持,确实需要保持的是无定河以北(简称北部)的粗沙。然而,至今未深入开展调查研究,缺少翔实可靠的资料,情况不明,更不用奢谈减沙效用了。即使今后大力开展相关的研究工作,确确实实找到了有效的防治方法,最多也只能部分减少入黄泥沙,不可能长期全部拦蓄于当地。

另外,无定河以南(简称南部)广袤的黄土高原,近几十年来大力开展了水土保持,确实取得了一定的成效,这是必须肯定的。不过,有两个问题需要弄清楚:一是水土保持的目的,二是水土保持的效益比较。

1. 水土保持的目的

南部所产之沙主要为细泥沙,即使大量入黄也都会输送入海,不至于造成下游黄河严重淤积。因此,域内开展大规模水土保持的目的在于改善当地的生态环境与发展农业经济,不一定要为治黄减沙。

2. 水土保持的效益比较

南部水保主要目的在于改善当地的生态环境,因为地区黄土厚度一般 100 m 以上,薄者也不小于 50 m。而土壤是重要的农业经济资源,若不开发利用而长期闲置之,岂不变宝为废? 如果通过黄河将它输送入海,填海造陆,为人多地少的滨海省份扩大可利用土地面积,不比闲置于黄土高原更加有利么?! 据农民耕种经验,一般农作物种植层厚度 3～5 m 即可。所以,开展黄土高原的水土保持必须拓宽思路,从国家整体利益出发,通盘考虑,不要只着眼于一地之土层流失。须知:"失之西隅。而得之东隅。"不是更好么!

再如,水库拦沙,据黄河中游已建或拟建的 4 座控制性骨干水库枢纽工程,拦沙库容总量仅 215 亿 m³。面对浩瀚无垠而强烈侵蚀产沙的黄土高原,靠水库拦蓄解决下游黄河泥沙淤积,岂非太过奢望,充其量只能稍为减缓河道淤积速度而已。因此,4 座水库的主要任务应该是"调"而不是"拦",必须尽最大可能压缩淤积库容,最大限度地发挥其调节水沙功能的作用,才是上策。

基于上述缘由,不管上游怎样进行水保治理,大量泥沙还是要进入下游黄河的,现在是这样,将来也一样。可是,下游河道因泥沙淤积而成为悬河,即使上游采取种种减沙措施,下游河道淤积仍在所难免。所以,面对不稳定的悬河,当前各种治河对策不可能彻底解决下游河道的决溢与迁徙问题,倘若决徙于郑州以上,大河循卫河北泛至天津,海河必为其所乱。如决徙于郑州以下,而南泛夺淮,黄淮平原必成泽国。假使上下游河段同时溃决,北徙南泛同时发生,那么,黄淮海平原水系必然大乱,则平原中东部均为泛区(见图6-1)。所带来的灾难是不堪设想的。此非危言耸听,而是很有可能。为避免发生这样可怕的悲剧,下游黄河的治理可设想分两个阶段:一是近期,二是远景,两者应统筹规划,互为呼应。所谓近期治河,乃是按已制订的规划实施,此为治标的举措。而远景治黄,就是根治,变悬河为地下河,水行地中,输沙入海则无堤而治。那么,治河的原则,不管是前者还是后者,总的目的是,必须维持华北平原水系网的稳定,即现有平原水系格局不能打破。因此,大河必须长期稳定而安流,永绝决徙之患。

如欲达到上述目的,首先要解决的问题,必须将泥沙全部输送入海而不淤积于河道。那么,危机四伏的现行悬河是万万办不到的。所以,治河近期必须尽最大努力维持现行河道的安全,确保无决徙之虞。

此外,尚需加强下面两项工作:

(1)充分利用上游水库调沙。上游黄河来沙极不均匀,少沙年份仅数亿吨,多沙年份则达数十亿吨。变差系数如此之大,对下游行河极为不利。为此,要使水沙来量保持均衡,就需要充分利用上游水库进行调节,尽量减少下游河道超负荷运用,以免损害其寿命。

(2)利用水土保持减少粗沙入黄。对下游黄河危害最大的是粗泥沙,而粗泥沙主要产于鄂尔多斯高原北部。如能加大调查研究的力度,并进行各种防治措施的试验。倘能取得突破,哪怕是减少小部分粗沙入黄,也是功德无量的。

四、黄河治理开发与渤海的改造

(一)渤海地质结构与海底地貌

渤海,为大陆平原所环绕,唯余东侧狭窄的渤海海峡与黄海连通。然,海峡宽仅 113 km,由 30 余个大小岛屿组成,如庙岛群岛,呈北东向展布,形成岛链,锁住渤海,乃成为其门户。岛屿间有宽窄不一、深浅不等的水道与黄海连通,故而海水进退需通过诸水道。

然而,渤海为海黄平原的组成部分,结晶基底与陆地同为一体,海底地貌由三部分组成:东部为洼地,称渤东凹陷,包括辽东湾、渤东洼地及莱州湾等,系济阳裂谷带北延段;中部为隆起,称渤中凸起,系海湾断隆带北延倾伏端;西部为洼地,称渤西凹陷,为黄骅裂谷带北延段,因南侧黄河三角洲大幅度向海域扩张,形成陆洲,使洼地成为海湾,称渤海湾。

由于现代黄河入海处为渤海沉降裂谷洼地,海底平坦,由南向北缓缓倾斜,平均坡降

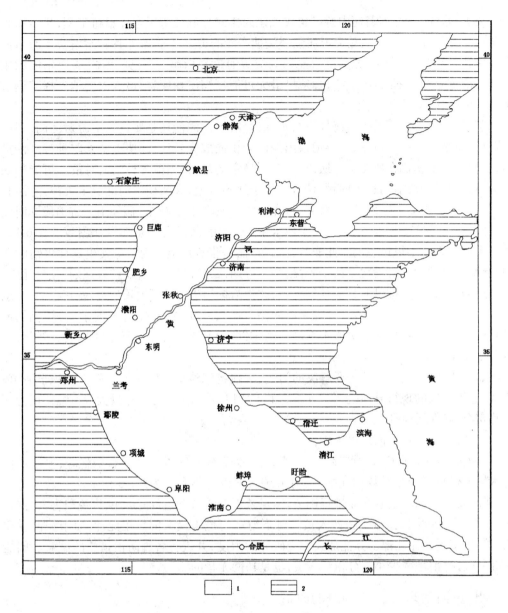

1—泛滥区;2—非泛滥区

图 6-1　下游黄河泛滥范围略图

为 0.16‰。同时,水浅,滨岸地带水深不超过 5 m,而远岸海域也只有 10～20 m。

　　然,因莱州湾海域地貌条件不利于泥沙向外海扩散,使黄河大部分泥沙淤积于河口,形成巨大的三角洲。故此,黄河三角洲发展神速,总面积达 8 000 余 km²。其中,陆地三角洲面积 5 400 余 km²,每年以 23.5 km²(多年平均值)的速度扩展;水下三角洲面积 3 000 km² 左右,年均扩展面积 30 km²。

　　(二)渤海变迁史

　　晚更新世前(10 万年前),渤海一直为华北平原的淡水湖。只是到了早晚更新世早

· 196 ·

期,海水入侵,古湖水咸化才转化为地表浅海。尔后,古海水大幅度东撤,又恢复为古淡水湖。至晚晚更新世早期(距今3万~5万年),海水再度入侵又一次转化为海。之后,古海水东撤幅度更大,又转化为古淡水湖。然而,第三次海侵事件发生于距今近万年。由是观之,严格地说渤海非海,乃是被海水咸化的大陆湖泊。若进行改造,使之恢复淡水湖的本来面目,对环渤海区的经济发展是十分有益的。

(三)渤海海流的动力特征及其对黄河泥沙外输的影响

渤海水浅,平均深度约18 m,大部分地区10~25 m,局部25~30 m。唯老铁山海峡最深,达60~86 m。

由于渤海为半封闭式的内海,水文动力特性不仅受外海海流的影响,同时还受沿岸陆地地貌轮廓、河系径流、海底地貌及大气环流的强烈影响。因此,渤海海流由潮流、边岸流及黄海暖流三部分组成,关于诸海流的水文特征及其组合的运动方式与水动力特性述之如下。

1. 潮流

由潮汐产生的海流,为渤海海流的主要组成部分,分全日潮与半日潮。所谓全日潮,即每日出现一次高潮与低潮;而半日潮,乃是每日出现两次高潮和低潮。然而,渤海大部分水域为半日潮,全日潮只出现于局部,如秦皇岛外围、渤海湾与莱州湾交界处。可是,潮差大小因海域而异,大部分海域小于2 m,近岸处3 m左右,海峡区平均约1 m,最大值为辽东湾及渤海湾湾顶,竟达5 m以上。

潮流涨落随月球赤纬大小而增减。故而,朔望大潮,两弦小潮。当月球赤纬大时,半日潮流与全日潮流的振辐合并,最大流速显著增加。据观测,大部分海域最大流速2~3节(1节=1.852 km/h,下同),莱州湾较弱,小于2节。海峡地带最强,3~4节,老铁山水道可达5节。

2. 洋流

影响渤海的大洋性海流,有黑潮分支暖流和东海寒流。夏季,黑潮乘东南风北上,其西支流经黄海进入渤海。冬季,强烈的西北风把黑潮吹离我国,而不能达到渤海。同时,随着黄渤海水温的降低,孕育成一股冷水流,自渤海南部沿山东半岛南下,流向东海,形成东海寒流,流速为0.2~0.4节。

3. 边岸流

黄河、海河、滦河及辽河等大陆河系,挟带大量泥沙呈放射状注入渤海,形成边岸流。据统计,多年平均入海径流量达900亿 m³。

上述三类水流组成渤海两大水团:一是潮流与边岸流组成的沿岸水团,分布于等深线(水深)20 m以内的沿岸地带,主要特征是,含盐量低,水平梯度大,水温与盐度年变幅大;二是黄海暖流带来的外海高盐分水和渤海沿岸低盐度淡化水组成的混合水团,特点是,盐度较高,为29%~33.5%,水温与盐度年变化显著,水温年较差17~24 ℃,盐度年较差1%~4.5%。

然而,黄海暖流高盐分水经海峡侵入渤海中部,并延伸至西岸,受海岸阻挡分成南北两支,北支沿辽东西岸北上,与沿岸流低盐分水汇合,形成顺时针方向环流。南支伸入渤海湾后折向南,与黄河口及莱州湾东流低盐沿岸流汇合,形成反时针方向的环流,从海峡南部流出渤海。

夏季,辽东湾东岸盛行东南风,西岸却刮东北风,迫使湾内低盐沿岸流南下,流速可达0.3节。并且,黄海暖流北支沿辽东湾东岸北上,与上述南下沿岸流汇合,形成反时针方向的环流,并具密度流性质,与此同时,黄海暖流南支与渤海沿岸流组成渤南环流,经年顺逆时针方向流动。于是,两股水流合流后,形成统一的环流,从海峡南侧流出渤海。

由于夏季黄海入侵水团势力减弱,辽东湾与渤南逆时针方向环流也减弱,则挟沙能力降低。因此,黄河汛期入海泥沙多淤积于河口及其外围,而不能大量输送到外海,所以黄河三角洲发展神速。然而冬季,大陆河系入海水沙虽然大幅度减少,但渤海沿岸浅水区常常封冻,并形成冰原,海流滞缓,输沙能力更弱,自然不利于向外海排沙。

(四) 利用黄河水沙改造渤海

未来改道后的新黄河,于羊角沟入渤海莱州湾。这样,就可以汇合渤南环流经庙岛海峡入黄海。然,北黄海西缘近海岸地带为海底台塬,台面平缓,向东南倾斜。可是,其前缘阶梯陡峻,几呈峭壁,顶底高差20~30 m。海底台塬之北,为海底峡谷,最大水深达80 m。当黄河注入黄海后,流经海底台塬而进入海底峡谷。那么,在流经台塬阶梯时会形成海底瀑布,这就可以提高潜流的挟沙能力,将黄河泥沙输送至南黄海,并于黄海峡口东缘停积而形成水下三角洲。当三角洲发展到一定规模时,则可形成海底屏障,阻挡黑潮西侵入渤海。若无高盐度黑潮入侵,则渤海咸水会逐渐淡化而转化为淡水。现今渤海水盐度低于3%,充其量为半咸水。当人工增大洪水流量的黄河及渤海沿岸诸多河系的淡水不断注入,是会将其淡化的。果如此,则渤海又会恢复为华北平原的淡水湖了。到了那时,环渤海经济区的供水也就不成问题了,岂不美哉!

参考文献

［1］水利电力部黄河水利委员会．黄河流域图 1:200 万［Z］．北京:中国地质图制印厂,1987.

［2］中国地质科学研究院．山东省地质图 1:200 万·中华人民共和国地质图集［M］.北京:中国地质图制印厂,1993.

［3］国家海洋局第一海洋研究所．渤海黄海地势图［M］．北京:地图出版社,1984.

［4］张兆忠,张雯化．华北断块区太古界原岩建造及其地质意义·华北断块区的形成与发展［M］．北京:科学出版社,1980.

［5］徐煜坚,等．华北北部地区地质模型与强震迁移［M］．北京:地震出版社,1985.

［6］亚洲地质图编图组．亚洲地质［M］．北京:地质出版社,1982.

［7］北京市区域地层表编写组织．华北地区区域地层表·北京分册［M］．北京:地质出版社,1977.

［8］河南省地质矿产局.河南省区域地质志·中华人民共和国地质矿产部地质专报·区域地质第17号［M］．北京:地质出版社,1989.

［9］地质部地质辞典办公室．地质辞典(三)·古生物地史分册［M］.北京:地质出版社,1979.

［10］陈望和,等．河北第四纪地质［M］．北京:地质出版社,1987.

［11］周慕林,等．中国的第四系［M］．北京:地质出版社,1988.

［12］李毓尧,等．大别山第四纪冰川遗迹初步观察·中国第四纪冰川遗迹研究文集［C］.北京:科学出版社,1964.

［13］陕西省地质矿产局第二水文地质队．黄河中游区域工程地质［M］．北京:地质出版社,1986.

［14］戴英生．黄土高原的形成发育与演化 黄土高原水土保持·黄河水利科学技术丛书［M］．郑州:黄河水利出版社,1996.

［15］丁东．莱州湾南岸第四纪地层与海岸线［J］．海洋地质与第四纪地质,1987,7:131.

［16］李兴唐．华北断块区前震旦纪的形成与断裂系统·华北断块区的形成与发展［M］．北京:科学出版社,1980.

［17］张步春,等．华北断块区构造单元的划分及其边界问题·华北断块区的形成与发展［M］．北京:科学出版社,1980.

［18］陈墨香．华北地热［M］．北京:科学出版社,1988.

［19］叶洪,张文郁．华北新生代地壳运动的历史及变形力学机制·断块构造文集［M］．北京:科学出版社,1983.

［20］戴英生．黄河下游河道地质特征与古地理环境·黄河防洪·黄河水利科学技术丛书［M］．郑州:黄河水利出版社,1996.

［21］L A 费雷克斯．地质时候的气候［M］．赵希涛,等译.北京:海洋出版社,1984.

［22］李四光．冰期之庐山［J］．中央研究院地质研究所专刊,乙种第2卷,1947.

［23］杨怀仁．第四纪地质［M］．北京:高等教育出版社,1987.

［24］刘东生,等．黄土与环境［M］．北京:科学出版社,1985.

［25］戴英生.黄河流域晚新生代气候变迁［J］．人民黄河,1991(2):61.

［26］竺可桢．中国近五千年来气候变迁的初步研究［J］．考古学报,1972(1):481.

［27］世绍．去年是近百年来气温最高一年［N］．人民日报(7 版).1989,02−03.

[28] 中国科学院地理研究所气候变化组.气候变迁若干问题[M].北京:科学出版社,1977.

[29] 秦蕴珊,等.东海地质[M].北京:科学出版社,1987.

[30] 天津市文物考古编写组.天津市文物考古工作三十年·文物考古工作三十年[M].北京:文物出版社,1979.

[31] 戴英生.黄河中游流域土壤侵蚀的基本规律[J].人民黄河,1985(1):53-54.

[32] 戴英生.黄河泥沙问题与治理方案浅析·中美黄河下游防洪措施学术讨论会论文集[M].北京:中国环境科学出版社,1988.

[33] 人民黄河编辑部.关于黄河源讨论(编者按)[J].人民黄河,1983(4):42.

[34] 祁明荣.黄河源头考察文集[M].西宁:青海人民出版社,1982.

[35] 阙勋吾.简明历史辞典[M].郑州:河南教育出版社,1983.

[36] 吴忱,等.华北平原古河道研究[M].北京:中国科学技术出版社,1991.

[37] 徐福龄.黄河下游河道五次大改道·黄河防洪·黄河水利科学技术丛书[M].郑州:黄河水利出版社,1996.

[38] 张含英.历代治河方略探讨[M].北京:水利出版社,1982.

[39] 叶青超.黄河下游河流地貌[M].北京:科学出版社,1990.

[40] 中央地震工作小组办公室.中国地震目录[M].北京:科学出版社,1971.

[41] 谢毓寿.中国地震历史资料汇编(第五卷)[M].北京:科学出版社,1983.

[42] 张肇诚.中国震例[M].北京:地震出版社,1988.

[43] 《黄河水利史述要》编写组.黄河水利史述要[M].北京:水利出版社,1982.

[44] 徐福龄.黄河下游堤防不致"隆之于天",河道尚可继续百年·当代治黄论坛[M].北京:科学出版社,1990.

[45] 潘贤娣,赵业安.黄河下游河道冲淤演变·黄河泥沙·黄河水利科学技术丛书[M].郑州:黄河水利出版社,1996.

[46] 熊贵枢,等.黄河的降雨、径流、泥沙特征·黄河水文·黄河水利科学技术丛书[M].郑州:黄河水利出版社,1996.

[47] 陈效国.黄河枢纽工程技术·黄河水利科学技术丛书[M].郑州:黄河水利出版社,1997.

[48] 陈先德.黄河水文·黄河水利科学技术丛书[M].郑州:黄河水利出版社,1996.

[49] 席家治.黄河水资源·黄河水利科学技术丛书[M].郑州:黄河水利出版社,1997.

[50] 秦毅苏,等.黄河流域地下水资源合理开发利用[M].郑州:黄河水利出版社,1998.

[51] 中国科学院海洋研究所海洋地质研究室.渤海地质[M].北京:科学出版社,1985.